U0309623

国家出版基金资助项目

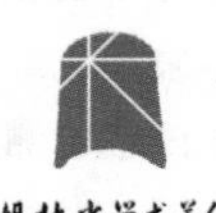

湖北省学术著作出版专项资金资助项目

数字制造科学与技术前沿研究丛书

机械装置的光纤光栅动态检测技术及应用

谭跃刚　洪　流　著

武汉理工大学出版社
·武汉·

内 容 提 要

光纤光栅动态检测技术可通过光波长调制实现多参数、分布式、大容量的动态检测，可有效弥补电类传感器在长期稳定性、耐腐蚀性、抗电磁干扰、多测点布置等方面的不足，可用于各种设施和设备/装备的在线监测。本书在介绍光纤光栅传感与波长解调等基础理论知识的基础上，结合作者课题组10余年来在光纤光栅传感检测技术及其应用研究所取得的经验和成果，详细介绍了光纤光栅传感网络及光纤光栅传感检测技术在机械装备监测方面的应用案例。

本书可供从事结构及机械装备监测等工作的工程技术人员、相关领域科研院所的科研人员与大专院校相关专业的本科生、研究生参考阅读。

图书在版编目(CIP)数据

机械装置的光纤光栅动态检测技术及应用/谭跃刚，洪流著. —武汉：武汉理工大学出版社，2018.1

(数字制造科学与技术前沿研究丛书)

ISBN 978-7-5629-5683-9

Ⅰ.①机… Ⅱ.①谭… ②洪… Ⅲ.①机械设备-光纤光栅-动态测定-研究 Ⅳ.①TB4

中国版本图书馆CIP数据核字(2017)第285851号

项目负责人：田 高 王兆国　　**责任编辑**：黄玲玲

责任校对：李正五　　**封面设计**：兴和设计

出版发行：武汉理工大学出版社(武汉市洪山区珞狮路122号 邮编：430070)

http://www.wutp.com.cn

经 销 者：各地新华书店

印 刷 者：武汉中远印务有限公司

开 本：787mm×1092mm 1/16

印 张：12.5

字 数：238千字

版 次：2018年1月第1版

印 次：2018年1月第1次印刷

印 数：1—1500册

定 价：75.00元

凡购本书，如有缺页、倒页、脱页等印装质量问题，请向出版社发行部调换。

本社购书热线电话：027-87515778 87515848 87785758 87165708(传真)

数字制造科学与技术前沿研究丛书
编审委员会

总　　序

当前，中国制造2025和德国工业4.0以信息技术与制造技术深度融合为核心，以数字化、网络化、智能化为主线，将互联网＋与先进制造业结合，兴起了全球新一轮的数字化制造的浪潮。发达国家（特别是美、德、英、日等制造技术领先的国家）面对近年来制造业竞争力的下降，大力倡导“再工业化、再制造化”的战略，明确提出智能机器人、人工智能、3D打印、数字孪生是实现数字化制造的关键技术，并希望通过这几大数字化制造技术的突破，打造数字化设计与制造的高地，巩固和提升制造业的主导权。近年来，随着我国制造业信息化的推广和深入，数字车间、数字企业和数字化服务等数字技术已成为企业技术进步的重要标志，同时也是提高企业核心竞争力的重要手段。由此可见，在知识经济时代的今天，随着第三次工业革命的深入开展，数字化制造作为新的制造技术和制造模式，同时作为第三次工业革命的一个重要标志性内容，已成为推动21世纪制造业向前发展的强大动力，数字化制造的相关技术已逐步融入制造产品的全生命周期，成为制造业产品全生命周期中不可缺少的驱动因素。

数字制造科学与技术是以数字制造系统的基本理论和关键技术为主要研究内容，以信息科学和系统工程科学的方法论为主要研究方法，以制造系统的优化运行为主要研究目标的一门科学。它是一门新兴的交叉学科，是在数字科学与技术、网络信息技术及其他（如自动化技术、新材料科学、管理科学和系统科学等）跟制造科学与技术不断融合、发展和广泛交叉应用的基础上诞生的，也是制造企业、制造系统和制造过程不断实现数字化的必然结果。其研究内容涉及产品需求、产品设计与仿真、产品生产过程优化、产品生产装备的运行控制、产品质量管理、产品销售与维护、产品全生命周期的信息化与服务化等各个环节的数字化分析、设计与规划、运行与管理，以及产品全生命周期所依托的运行环境数字化实现。数字化制造的研究已经从一种技术性研究演变成为包含基础理论和系统技术的系统科学研究。

作为一门新兴学科，其科学问题与关键技术包括：制造产品的数字化描述与创新设计，加工对象的物体形位空间和旋量空间的数字表示，几何计算和几何推理、加工过程多物理场的交互作用规律及其数字表示，几何约束、物理约束和产品性能约束的相容性及混合约束问题求解，制造系统中的模糊信息、不确定信息、不完整信息以及经验与技能的形式化和数字化表示，异构制造环境下的信息融合、信息集成和信息共享，制造装备与过程的数字化智能控制、制造能力与制造全生命周期的服务优化等。本系列丛书试图从数字制造的基本理论和关键技术、数字制造计算几何学、数字制造信息学、数字制造机械动力学、数字制造可靠性基础、数字制造智能控制理论、数字制造误差理论与数据处理、数字制造资源智能管控等多个视角构成数字制造科学的完整学科体系。在此基础上，根据数字化制造技术的特点，从不同的角度介绍数字化制造的广泛应用和学术成果，包括产品数字化协同设计、机械系统数字化建模与分析、机械装置数字监测与诊断、动力学建模与应用、基于数字样机的维修技术与方法、磁悬浮转子机电耦合动力学、汽车信息物理融合系统、动力学与振动的数值模拟、压电换能器设计原理、复杂多环耦合机构构型综合及应用、大数据时代的产品智能配置理论与方法等。

围绕上述内容，以丁汉院士为代表的一批制造领域的教授、专家为此系列丛书的初步形成提供了宝贵的经验和知识，付出了辛勤的劳动，在此谨表示最衷心的感谢！对于该丛书，经与闻邦椿、徐滨士、熊有伦、赵淳生、高金吉、郭东明和雷源忠等制造领域资深专家及编委会成员讨论，拟将其分为基础篇、技术篇和应用篇三个部分。上述专家和编委会成员对该系列丛书提出了许多宝贵意见，在此一并表示由衷的感谢！

数字制造科学与技术是一个内涵十分丰富、内容非常广泛的领域，而且还在不断地深化和发展之中，因此本丛书对数字制造科学的阐述只是一个初步的探索。可以预见，随着数字制造理论和方法的不断充实和发展，尤其是随着数字制造科学与技术在制造企业的广泛推广和应用，本系列丛书的内容将会得到不断的充实和完善。

《数字制造科学与技术前沿研究丛书》编审委员会

前　　言

在大型工程结构健康监测和机电装备安全监测等领域，多测点（分布式）的参数检测已成为一种必然的发展趋势，特别是在航空航天、核工业、石油化工等领域，相应设施和装备的状态监测更是需要多测点（分布式）多参数的动态检测技术。光纤光栅作为一种新型的光纤无源传感器件，以其细小柔软、抗电磁干扰、环境适应性强、耐腐蚀、传感光信号可远距离传输，且在一根光纤上可制备多个光纤光栅实现一线多点测量等特点，可组成多测点（分布式）多参数动态监测系统所需的理想传感网络。因此，近年来，光纤光栅传感器技术受到了人们的广泛关注，先后研究开发了多种光纤光栅传感器及其传感网络和相应的检测系统，形成了多测点（分布式）多参数光纤光栅动态检测技术，并在工业各领域得到了广泛的应用，在未来的智能制造、智能家居、智能交通等领域也将扮演重要的角色。

光纤光栅动态检测技术可通过光波长调制实现多测点（分布式）多参数、大容量的动态检测，可有效克服电类传感器在长期稳定性、耐腐蚀性、抗电磁干扰、多测点布置等方面的不足，应用于各种设施和设备/装备监测，可实现从静态检测到动态检测、从单信号检测到多信号检测、从单测点检测到多测点检测、从离线检测到在线检测、从定期检测到长期连续检测的转变，基于这种多测点（分布式）多参数的动态检测易于获得设施和设备/装备运行所呈现的多维性、时变性、耦合性和非线性的特征信息，从而可提高各种设施和设备/装备健康安全监测的水平。另外，光纤光栅动态检测技术也可应用于新产品开发，可从多维、分布、动态等多个角度提供性能测试与验证手段，对提高新产品开发能力和水平都有积极的作用。因此，研究和开发光纤光栅动态检测技术及其系统，对发展现代检测技术、提高监测诊断技术的水平和促进新产品开发都具有重要的意义。

本书是对我们十余年来在光纤光栅传感检测技术研究及其应用所取得成果的总结，得到了国家国际科技合作专项（科技部）“重型数控机床光纤传感在线监测与热误差补偿合作研究”（项目编号：2015DFA70340）的支持，其主要内容包含光纤光栅传感基本原理、光纤光栅传感器及其传感网络，以及在机械装备监测方面的应用。希望本书的出版能对监测技术领域的科研和工程技术人员有所帮助，同时也希望通过本书的出版扩大与读者的交流、切磋和讨论，以共同推动我国检测技术的发展。

本书在编写过程中得到了很多老师和学生的大力支持，周祖德教授、刘明尧教授、曲永志副教授对本书的撰写提出了很好的建议，李天梁博士、李瑞亚博士、黄晓博士、夏萍博士、张志建硕士、王资硕士等为本书的撰写、整理等付出了大量的时间和精力，在此一并表示真诚的感谢。

鉴于作者水平有限，书中可能会有不妥和错误之处，恳请读者指正！

谭跃刚　洪流

2017年4月于武昌马房山

目　录

1 绪　论

检测是采用合适的方法和装置拾取系统信息的过程，在国民经济建设与发展及人们的日常生活中起着重要的作用，科学研究、新产品开发、产品质量检验、生产自动化等都需要检测。进入21世纪后，现代机械系统日趋复杂，其功能越来越多，自动化和智能化的要求越来越高，系统的测试、分析和验证已经成为当今新型机械产品开发的基本要求。现代机械系统的可靠运行和维护、自动化和智能化等功能的实现都必须依靠先进的监控手段，这些都离不开检测技术的支撑。因此，现代检测技术及其系统作为"感官"功能部件已成为现代机械系统必不可少的组成部分。

1.1　动态检测的概念和任务

1.1.1　动态检测

信号是信息的载体，机械系统的信息是其客观存在或运动状态的特征，它往往反映于机械系统各种信号的变化上，这种随时间变化的信号就称为动态信号。机械系统的振动/噪声、力/压力、应力/应变、温度等信号的变化就是其运行状态特征的反映。通过对这些动态信号的测量和分析，就可以掌握机械系统的运动过程、运动状态及性质。机械系统的检测就是对各种信号进行测量与分析，提取出机械系统运行状态的信息，它是认识和掌握机械系统运行规律的一种有效方法。因此，检测技术不仅是机械系统运行监测、故障诊断、可靠运行维护的基础，也可为新的机械产品开发提供数据和技术支撑。

动态检测就是通过对系统动态信号的测量和分析，提取系统动态特性信息的过程。简单地说，动态检测就是对动态信号的检测，在时域上就是对随时间"快速"变化信号的检测，在频域上就是对"高"频率信号的检测。动态检测过程主要包含动态信号的采集、变换、传输、存储、分析处理和显示，动态检测技术就是针对信号采集、变换、传输、存储、分析处理和显示过程的方法、工艺、技巧和手段，也可认为是动态检测工程实践的方法、工艺、技巧和手段。

与动态检测相对应的有静态检测，静态检测主要是对不随时间变化或随时间缓慢变化的信号的检测。静态检测和动态检测是针对信号时域特性的不同检测方法。

现代机械系统的运行通常是一个连续的动态过程，必须采用动态检测技术来掌握或了解其运行状态及性质，特别是一些关系到国防和国民经济发展的重要战略性机械装备（系统），从设计制造到安全运行维护的整个生命周期都已离不开动态检测技术，动态检测不仅可为机械装置或机械系统的运行质量和性能评估提供准确可靠的运行数据和技术支撑，而且可为进一步改进、探索、开发新产品提供有效的测试和验证方法与手段，从而促进新技术、新产品的发展。另外，随着科学技术的发展，现代机械系统往往在高速、高温、重载等极端工况下运行，其运动呈现出高速/超高速、高精度、高可靠性的发展趋势。这就对动态检测技术提出了新的要求，多维、分布、动态、实时、准确地描述和刻画现代机械系统的运行状态及性质已经成为一种必然趋势。

在实际的动态检测中，有时为了研究被测对象运动的某些特征规律，常采用试验装置人为地将需要的信息从被测对象中激发出来，再进行检测。因此，从信息论的观点来看，动态检测过程包含信号激励、测量、传输、存储、分析处理及显示记录等环节。

1.1.2　动态检测的主要任务

对于处于高速、高温、重载等工况下的机械装备（系统），动态检测的目的就是实时在线测量和监视机械装备（系统）的实际运行状态。为达到这种实时在线测量和监视的目的，动态检测的主要任务就是针对实际机械装备（被测对象）分析设计相适应的动态检测方法及系统，亦即面向被测对象设计合适的动态测量方法和建立性能指标满足相应要求的动态检测系统，以获得描述被测对象运动特征的信息。因此，动态检测的根本任务就是通过某种方法和装置（系统）复现表征被测对象运行特征的动态信息。

动态检测系统一般由传感（子）系统和数据处理（子）系统等组成。传感系统的主要作用是将被测对象的动态信号（一般是非电信号）转换为易于分析处理的信号（一般是电信号）；数据处理系统的主要作用是对由传感系统获得的信号按照一定要求和规则进行分析处理，以获得被测对象的特征信息，并进行记录或显示。传感系统的响应特性和处理系统的实时有效性是动态检测系统的重要性能。

传感（子）系统主要由传感器等器件组成，其响应特性是指在输入信号（被测信号）作用下的输出信号变化特性，一般分为动态响应特性和静态响应特性。动态响应特性主要表示传感系统的输入信号与输出信号之间的动态关系，反映系统输出响应的稳定性和快速性，其评价指标分时域指标和频域指标，时域指标主要有动态过程时间、超调量等，频域指标主要有带宽、稳定裕量等。静态响应特性主要反映传感系统的输入信号与输出信号之间的稳态关系，主要反映系统输出响应的准确性，其评价指标主要有线性度、量测范围和量程、迟滞和重复性、灵敏度、分辨力和阈值、漂移和静态误差等。这些响应特性都与传感系统的信号转换方法及结构密切相关。

数据处理（子）系统主要是由数据处理单元及I/O接口单元等组成（或者就是一个计算机系统），主要作用是对信号进行计算和分析处理，如降噪处理、时频分解处理等，以获得描述被测对象运动特征的动态信息。这要求数据处理系统的数据计算和分析处理有较高的有效性、可靠性、实时性，这都与数据分析处理的方法密切相关。

因此，要想从被测对象中获取所需的动态信息，就必须有合适的检测系统，且检测系统需具有相适应的动静态响应特性和有效的数据计算分析处理方法。动态检测技术的研究重点就是检测系统的响应特性和有效的数据分析处理方法，其关键是信号转换方法及传感器。

传感器是实现检测方法的关键器件，即将感受到的被测对象的信号变换成所需形式的信号的器件或装置。若检测方法或传感器能直接测量被测对象中的特征信息，那么后续的信号分析处理就会很简单甚至不需进行分析处理。目前，由于检测方法或传感器所获信号的限制，动态检测领域内的很大一部分研究侧重于信号分析处理的算法上，希望从有限的信号中获取足量的有用信息。这就好比人们到医院诊断病情一样，早期由于缺乏有效的检查手段（检测方法），诊断病情主要靠医生的经验和水平（诊断算法），而先进的病症检查方法出现后，对原来认为的疑难病症进行诊断就容易多了。因此，动态检测技术的发展主要依赖于传感器和信号分析处理方法的发展。

1.2 光纤光栅动态检测技术与系统

1.2.1 光纤光栅动态检测技术

光纤布拉格光栅（Fiber Bragg Grating，FBG）（以下简称光纤光栅）是由加拿大光通信研究中心的Hill等人在20世纪70年代末研究光纤非线性光学效应时发现的，它可以形象地看成是在一般光纤的纤芯内额外加入了一个窄带反射镜或窄带滤光器，当一束宽光谱光经过光纤光栅时，与窄带反射镜（窄带滤光器）相匹配的光波就被反射(被透射),不相匹配的光波就被透射(被反射)。现在一般是利用光纤材料的光敏性,通过紫外光曝光的方法将入射光相干场图样写入光纤纤芯,形成一个窄带的反射镜,即通过紫外光干涉条纹在纤芯内产生沿纤芯轴向的折射率周期性变化,这种折射率的周期性变化就恰似在光纤纤芯内"刻蚀"出了一道道的光栅,其栅距的变化就会引起反射光波长的变化,也就是说若能将被测物理量的变化转化为光纤光栅栅距的变化,就会引起光纤光栅反射(透射)光波长的变化,即反射(透射)光波长的变化对应着被测物理量的变化。因此,光纤光栅可以作为一种波长调制传感器,依据光纤光栅反射波长的变化就可获得被测物理量的变化。

在一根光纤上制备的光纤光栅将被测物理量信息转化为光信号,光信号再由光纤传输,亦即光纤光栅传感及信号传输是一体的。加之光纤材料所具有的稳定性高、环境适应强等特性,使得光纤光栅作为传感器的优势十分明显,主要表现在:

① 传感信号和传输信号都是光信号,不受电磁场干扰,且光纤信号传输距离一般比电类传感器信号的传输距离远。

② 光纤光栅结构简单,体积小,光纤轻巧柔软,易于实现一线多点、多参量测量。一根光纤上可制备出多个光纤光栅传感器,若被测对象的测量部位、所需测量的物理量符合要求,有时可通过铺设一根光纤进行测量。

③ 光纤光栅稳定性高,耐腐蚀性好,环境适应性强。一般电类传感器有较严格的使用环境要求,如半导体传感器就不能在高温、高湿环境下使用,而光纤光栅传感器一般能承受300~400 ℃的高温,高湿、油污等环境对光纤光栅传感及信号传输几乎没有影响。

④ 光纤光栅的传感响应灵敏,可在较大频率范围内检测动态信号。

光纤光栅动态检测技术就是以光纤光栅作为主要传感器件的一种动态检测技术,这种动态检测技术的主要特点除了环境适应性强、抗电磁干扰、抗腐蚀外,突出的就是可较方便地实现多测点(分布式)多参数的动态检测,或者可以说光纤光栅动态检测就是一种多测点(分布式)多参数动态检测。因此,光纤光栅动态检测技术要研究的主要问题除了响应特性、准确性等动态检测系统的基本特性外,还需重点研究针对被测对象的测点传感网络规划、多测点(分布式)多参数传感信号时空配准传输及其分析处理方法等问题。

1.2.2 光纤光栅动态检测系统的基本组成

光纤光栅将被测信号转换为光信号主要是基于光栅栅距的变化,即被测物理量变化引起光纤光栅栅距变化,光栅栅距变化就会引起光纤光栅反射光波长变化。因此，只要能将被测物理量的变化转变为光栅栅距的变化，光纤光栅就可对被测物理量进行测量，从而可设计制作多种面向不同物理量的光纤光栅传感器。由光纤光栅传感器组成传感网络，就可实现多测点（分布式）多参数测量。

光纤光栅动态检测系统的基本组成如图1-1所示，主要包含光纤光栅传感网络、光耦合器、宽带光源、波长测量装置和信号处理装置等。宽带光源将一定带宽的光通过光耦合器入射到光纤光栅阵列中，这些宽带光波在通过光纤光栅时，符合光纤光栅波长选择条件的光波就被反射，反射窄带光再由光耦合器送入波长测量装置。波长测量装置的作用就是用某种方法识别反射窄带光的中心波长，并将其转换为对应的电信号再输出。当光纤光栅传感阵列中某个或某些光纤光栅测点感应到被测量变化时，相应的反射光波长就发生变化，由波长测量装置检测这些反射光的波长变化就可获得对应测点处的被测量变化情况。

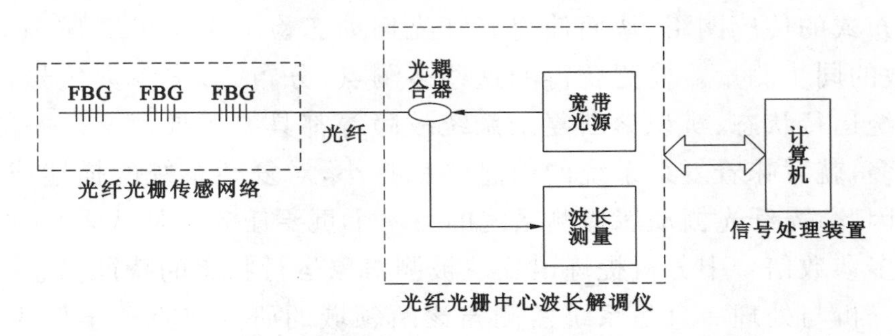

图1-1 光纤光栅动态检测系统的基本组成

光纤光栅本质上是一个波长调制型光器件，被测量变化引起的光纤光栅反射中心波长的变化就是对光纤光栅反射中心波长的调制。因此，波长测量实际上就是对光纤光栅反射中心波长进行解调。实际应用中，一般将宽带光源和波长测量装置做成一体，称为光纤光栅波长解调装置（或仪器）。显然，波长解调仪是光纤光栅动态检测系统的关键部件，它对光纤光栅反射中心波长变化的解调速度、解调精度和解调范围直接关系着光纤光栅动态检测系统的动态响应特性和检测精度。目前，中心波长检测方法有很多，一般来说，可调谐滤波法、光源波长可调谐扫描法、射频探测法和干涉法等解调技术适合于对解调精度、动态测量能力要求高的系统。

图1-1所示的光耦合器（也称为光纤耦合器）实际上起着光分路的作用，将输入的光信号按照一定要求分配给相应支路输出，每条支路上的光信号分配比例可以相同，也可以不同。光纤光栅动态检测系统中的光路就是由光耦合器这类光学器件连接起来构成的，随着光纤光栅传感网络的规模化和宽带化、光纤复用技术的发展，对光耦合器这类光学器件的工作带宽和传输损耗提出了更高的要求，希

望传感光信号在传输过程中其信息和能量都不损耗或损耗尽可能小。

在光纤光栅动态检测过程中，一个重要的问题就是如何实现多测点（分布式）多参数信号的时域一致性和识别其空域位置，这就是多测点（分布式）多参数信号测量与传输的时空配准问题。多测点（分布式）多参数信号的规模越大，这个问题越突出。只有在准确获得同一时刻下的多测点（分布式）多参数信号及其位置信息的情况下，进行信号的分析处理才是有效的。处理多测点（分布式）多参数信号的时空配准问题，与采用的光纤光栅复用技术（或光纤光栅传感网络结构）、中心波长解调方法等有密切关系。

1.2.3　多测点（分布式）多参数动态信号的分析处理

由于一根光纤上可同时制作多个传感光栅，利用光纤的轻巧柔软性易于构建多测点分布式的传感网络，从而使得光纤光栅动态检测系统可实现多测点（分布式）多参数的同步测量。检测获得的这些多测点（分布式）多参数信号，对分析评估复杂系统运行状态、辨识诊断复杂系统故障等都具有重要意义。一般地，获得的信息越多，就意味着复杂系统的信息熵就越小，对复杂系统的描述或认识就会越精确。因此，光纤光栅动态检测系统的另一个重要任务就是从采集到的多测点（分布式）多参数信号中分析提炼出反映被测对象运行状态的特征信息。

信号分析与处理一直是系统监测与诊断领域的研究热点。早期主要研究单测点信号（单维信号）的分析处理问题，随着监测诊断系统的复杂化和传感系统分布式（网络化）的发展，需在这种单维信号分析处理的基础上，研究多维分布信号的分析处理问题。这个问题不能简单看作是单维信号分析处理的叠加，它涉及多传感器信息融合、场信号（或同步多测点信号）计算分析方法等，这是建立分布式多参数动态监测系统的基础，也是光纤光栅动态检测技术研究的重点内容。

随着传感器网络的发展，不同传感器的组合及其传感网络结构可提供被测系统不同部位、不同类型的信号，这些信号在整体上包含了被测系统的空间信息（多维、分布）和时域信息（多参数、动态）。对这些多测点（分布式）多参数信号进行分析处理首先遇到的问题就是场信号的表征与计算，场信号包含了被测系统不同部位的信息和不同参数动态变化的信息。人的五官实际上就是一种分布传感系统，虽然各感觉器官获得的信息量不同，但人们通过五官所获信息的融合及分析处理就可获得被观察事物的特征信息，近年来利用神经网络进行多信号分析处理显示出了巨大的优势。总之，场信号分析处理是目前信息领域一项具有挑战性的工作。

1.3 光纤光栅动态检测技术的应用现状

光纤光栅检测技术的应用领域很广，可对大型工程结构的载荷状态及其变形进行广域的安全监测，也可对大型构件分布的应力/应变、不同部位的振动等进行监测，还可将分布式光纤光栅植入某些材料中形成智能材料等。

1.3.1 大型工程结构状态检测的应用

监测大坝、桥梁、隧道、边坡、建筑物等大型工程结构的受力、变形及其变化情况对其安全服役和有效维护至关重要。近年来，光纤光栅传感网络技术在大型工程结构健康监测中的应用十分迅速，已经成为光纤光栅检测技术应用最活跃的领域。

大型桥梁的健康监测主要包含桥梁基础沉降、倾斜，桥梁构件(如斜拉索、悬索)和结构的变形等，可以应用光纤光栅传感网络技术并在桥梁相应部位安装传感器来实现监测。当桥梁结构受载荷作用、温度变化或地震影响发生基础沉降、变形时，就会引起安装在相应部位的光纤光栅传感器的传感信号变化，这些传感信号由光纤可以远距离传输到监控室，在监控室通过对这些变化信号的分析处理就可获得桥梁的实际运行状况。光纤光栅监控系统可以连续实时地对桥梁状况进行监测，通过对监测数据的分析和积累，总结桥梁的变形规律，综合评价其安全性和预测其寿命，从而为桥梁维护管理提供可靠的科学依据。现在，世界上许多大型桥梁，如加拿大的 Beddington Trail 大桥、美国俄勒冈州马尾瀑大桥、香港的 TsingMa 大桥、武汉长江二桥、黑龙江呼兰河大桥、九江长江大桥、象山港大桥、天津西河大桥等都采用了光纤光栅监测技术。

光纤光栅传感网络技术在大型边坡、大坝、隧道结构安全监测方面的应用，一般是将光纤光栅传感器粘贴在混凝土结构表面或预先埋入混凝土结构中，或者将光纤光栅传感器置于结构预应力锚固体系(如锚索、锚杆)上，通过对结构或构件应力/应变及其分布情况进行测量和分析处理，就可获知结构整体的健康状况或局部的损伤状况，从而对边坡、大坝结构的服役安全性进行评估并给出维护管理的依据。在大型隧道监测中，除了结构健康监测外，火灾(温度)监测也是安全性监测的一项重要内容，特别是大型交通隧道的火灾监测报警尤其必要。利用光纤光栅对温度变化的敏感性，将光纤光栅传感网络置于隧道中对其各部位温度进行监测，一旦发现隧道内某部位温度突然变化，可及时进行报警。目前我国一些重要交通线的边坡(如高速铁路和高速公路的防滑边坡)、大型交通隧道(如厦门翔安隧道、沪蓉西高速隧道等)、水利大坝(如湖北清江水布垭大坝等)都采用了光纤光栅传感网络监测技术。

1.3.2　机械装备运行状态检测的应用

近年来,光纤光栅动态检测技术在机械装备状态监测与诊断领域也得到了广泛应用,光纤光栅的细小轻柔性为其在复杂机械结构中的布置提供了便利,同时利用光传输具有的无接触耦合性,可实现光纤光栅传感网络对旋转机械状态的动态检测。

相比于传统电类传感器,光纤光栅传感器不但具有对应变、温度敏感的特点,而且还具有细小柔软、安装灵活、抗电磁干扰、抗油液腐蚀,易于实现一线多点的测量优势。因此,光纤光栅传感网络能在不干涉机械装备正常运行的前提下,直接深入到机械装备壳体或箱体(结构)内部,在靠近所需测量部位对动态变化的应力/应变、温度和振动等参数进行测量,且以光纤作为测量光信号的传输介质,避免了电信号在传输过程中受到干扰或产生畸变。

大型数控机床的床身、立柱、横梁等大型零部件,在加工过程中容易受力载荷、热载荷等因素的影响产生变形,如被加工件的重量和切削力都会引起导轨、立柱、横梁等零部件的变形,环境温度的变化和加工过程中的热源影响也会引起导轨、立柱、横梁等大型零部件的热变形,这些变形最终将影响切削刀具与被加工件的相对位置,从而产生加工误差。因此,动态检测大型数控机床关键零部件的变形,对大型数控机床结构优化和误差补偿都具有十分重要的意义,这是智能制造装备发展的必然趋势。武汉理工大学对某重型数控铣床床身的基础用光纤光栅分布式应变传感器进行了机床床身基础变形的动态测量,在重型门架移动过程中观察到了机床床身基础的明显变形量。还以某重型数控钻铣床为对象,在其主轴、立柱、横梁上布置了多个光纤光栅温度传感器,通过测量环境温度和加工过程中热源温度梯度的变化,获得了相应零部件的热变形量,为进一步的误差补偿奠定了基础。

光纤光栅的细小柔软性和光信号的无接触耦合传输的特性,为光纤光栅传感网络用于旋转机械动态检测提供了便利条件,特别是对旋转叶片轴系的动应变分布测量具有明显的优势。武汉理工大学在某中小型汽轮机转子动平衡实验台上,用光纤光栅传感网络实现了对转动叶片动应变的分布式测量,即将由多个光纤光栅应变传感器组成的光纤光栅串粘贴在旋转叶片上,信号传输光纤由设置在旋转轴心处的光耦合器与外界实现信号互通,通过测试获得了叶片在旋转状态下的动应变变化情况,为进一步分析旋转叶片的动态特性提供了实际数据的支持。同时,武汉理工大学也在某退役航空发动机的二级压气机旋转叶片上进行了四个点的光纤光栅应变测量,获得了压气机旋转时旋转叶片的动应变变化规律,为分析旋转态下叶片的振动特性奠定了基础。还将光纤光栅传感网络技术应用于某港口翻煤机工作状态的监测，将具有 48 个测点的光纤光栅网络布置在翻煤机关键部位上，在工作环境十分恶劣的条件下实现了对翻煤机关键部位安全状态的 24 h 连续监测，为翻煤机的正常运行提供了保障。

对机械装备运行状态的检测有时需要承受较高的温度，如汽轮机运行状态的检测、发动机运行状态的检测等都需要耐高温的传感器，光纤光栅传感器就具有耐高温特性，普通光纤光栅一般能承受 300～400 ℃的高温，特殊光纤能承受 700～1000 ℃的高温，有的(如蓝宝石光纤)甚至能承受近 2000 ℃的高温。因此，光纤光栅传感技术可用于热力机械装备的动态测量。加拿大的一个研究小组曾提出用光纤光栅传感器测量喷气涡轮航空发动机内的压力和温度，国内也有学者在开展汽轮机热态下的旋转轴系应力/应变、温度、振动等参数的多点光纤光栅测量的研究，这些研究可为热力机械装备状态监测和故障诊断提供很好的技术支持，同时也可为热力机械装备的优化设计提供实际的数据支持。

1.3.3 其他检测应用

光纤光栅动态检测技术除用于大型工程结构健康监测、机械装备状态监测外，在石油工业、航空航天、医疗等领域也有广泛的应用。

石油矿井存在温度高、压力大、腐蚀强等环境问题，电类传感器很难适应这样的环境。在油气罐、油气管等设备的安全监测方面，使用电类传感器有较大的风险。光纤光栅传感器的本质安全性和环境适应性强的特点，在石油工业领域大有用武之地。光纤光栅动态监测技术在石油工业领域的应用主要是监测石油设施和装备的温度和压力。目前已有国内研究机构将光纤光栅传感器技术用于石油完井的连续测量，国外已经开发了用于井下永久测量的光纤光栅温度、压力传感器，也有将光纤光栅传感器采用特殊方法置于钻井工具上和油管管壁内，在钻井和采油过程中可同时监测温度、应力/应变等参数，也有人已将光纤光栅传感技术用于监测海上钻井平台上复合材料索链的强度和疲劳度等[1]。

航空航天领域是一个使用各种传感器密集的地方，且对测量传感器的大小、质量、精度、稳定性等诸多方面有严格的要求，同时对飞行器的应变、温度、振动等参数进行监测往往需要很多的传感器，这正是细小轻柔、环境适应性强、可一线多点测量的光纤光栅传感网络可发挥的领域。飞行器结构使用先进的复合材料已成一种必然趋势，光纤与复合材料有较好的相容性，很容易将光纤光栅传感网络埋入复合材料结构中，从而可对飞行器运行过程中的健康状况进行实时监测。航空航天工业发达的国家已经在各种飞行器上开展了光纤光栅传感网络监测的研究工作，如飞机机翼和机身的光纤光栅传感网络监测，飞行器燃料箱、高压舱的光纤光栅传感网络监测等。

光纤光栅动态检测技术在大型船舶和潜艇的健康监测、电力系统的安全监测、核工业设施的安全监测、人体康复辅助设施和医疗设备的温度等状态参数的监测方面都有广泛的应用。总之，光纤光栅作为一种无源光学器件，利用它可组成各种光纤光栅传感器及传感网络，在动态检测领域有广阔的发展和应用前景，在未来的智能制造、智能家居、智能交通等系统中将扮演重要的角色。

2 光纤光栅检测基础

1978 年，Hill K O 等人[2]利用光纤的光敏效应，采用驻波写入法制成了第一根光纤光栅。1989 年，Meltz G 等人[3]将位相光栅写入纤芯。此后，光纤光栅技术飞速发展，各种光纤光栅传感器件相继问世，已成为目前最有发展前景的无源传感器件之一。

2.1 光纤光栅

光纤光栅是利用光纤材料（主要是掺锗光纤）的光敏性，通过某种方式使纤芯内折射率发生永久性的周期性变化，从而改变某波长光的原有传输路径。其实质是在纤芯内制成了一个窄带的（透射或反射）滤波或反射镜。

2.1.1 光纤光栅的制作

目前，光纤光栅的制作方法主要有分振幅干涉法、分波面干涉法、逐点写入法、振幅掩模法、相位掩模法等[4-14]。

（1）分振幅干涉法

如图 2-1 所示，紫外光束入射至光束分束器后被分成两束强度相等的光束，分别经平面镜反射后相互交叠形成干涉条纹（照射）作用于光纤，经过一段时间的照射，即可在纤芯内部形成与干涉条纹相同分布的折射率变化分布，从而制成光纤光栅。光纤光栅折射率分布周期为：

$$\Lambda = \frac{\lambda_W}{2n_W \sin\theta} \tag{2-1}$$

式中，λ_W 为紫外光束的入射波长，n_W 为纤芯折射率，θ 为两紫外光束相交的半角。

从式（2-1）可以看出，只需要改变两光束的夹角 θ，即可改变光纤光栅的栅格周期。这种写入法对光源的空间相干性和时间相干性要求很高，同时对光路的调整精度及曝光时光路的防振也有较高的要求。

(2) 分波面干涉法

图 2-2 说明了晶体分波面干涉法的基本原理。这种方法主要是利用棱镜干涉仪,将紫外光束分成两束,其中一束光经棱镜的内表面反射后与另一束光在棱镜外形成干涉条纹。

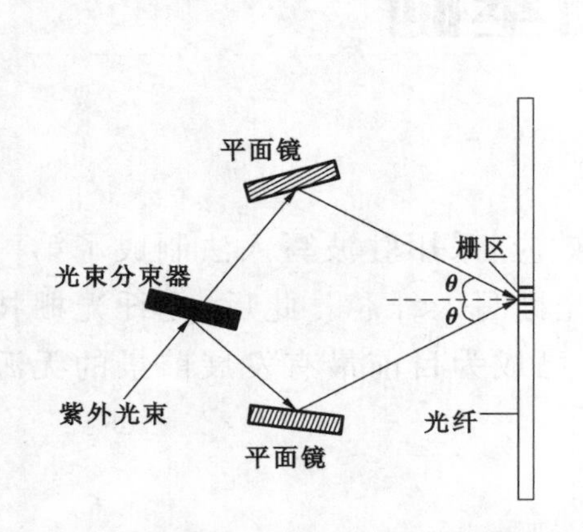

图 2-1 分振幅干涉法制作光纤光栅原理图

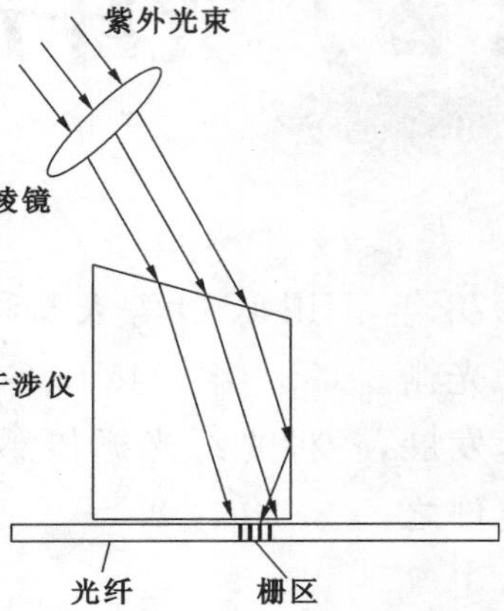

图 2-2 晶体分波面干涉法制作光纤光栅原理图

(3) 逐点写入法

逐点写入法的基本原理是将聚焦激光束投射到光纤上,通过精密机构控制光纤轴向移动,从而实现沿光纤轴向逐点曝光。这种方法的关键是控制好光纤和写入光斑之间的相对位置。其优点是对光源的相干性没有严格的要求,并且光纤光栅参数如光栅长度、周期、光谱等都很容易调整。通过调节光纤轴向上的曝光距离可制作啁啾光栅。其缺点是曝光时间长,容易产生栅间距误差,适合于长周期光纤光栅的制作。

(4) 振幅掩模法

振幅掩模法制作光纤光栅的关键器件是振幅模板。振幅模板由石英基片与沉积于石英基片表面周期排列的遮光线构成。当紫外光入射至振幅模板时,其上排列的遮光线将产生干涉条纹,利用一个光学系统将干涉条纹成像于光纤上,使其实现曝光,从而使纤芯的折射率形成周期性变化。这种制作方法中,振幅模板的制作较为简单,适合于制作各种周期的光纤光栅。

(5) 相位掩模法

与振幅掩模法类似,相位掩模法的关键是相位模板,如图 2-3 所示。相位模板是利用光蚀刻技术在硅基片表面形成一个周期性的相位光栅,实质上是一种特殊的光学衍射元件。通过相位模板的光束会发生衍射,其每一级衍射光束的衍射角可由光栅方程决定:

$$\sin\theta_m - \sin\theta_i = m\frac{\lambda_W}{\Lambda_{PM}} \quad (m = 0, \pm 1, \pm 2, \cdots) \tag{2-2}$$

式中，θ_i 为紫外光束的入射角，θ_m 为第 m 级衍射光束的衍射角，Λ_{PM}为相位模板的周期。通常情况下只考虑 0 级和±1 级衍射光波。各级衍射光束在模板后产生干涉条纹，导致光纤中产生折射率的周期性变化，从而形成光纤光栅。

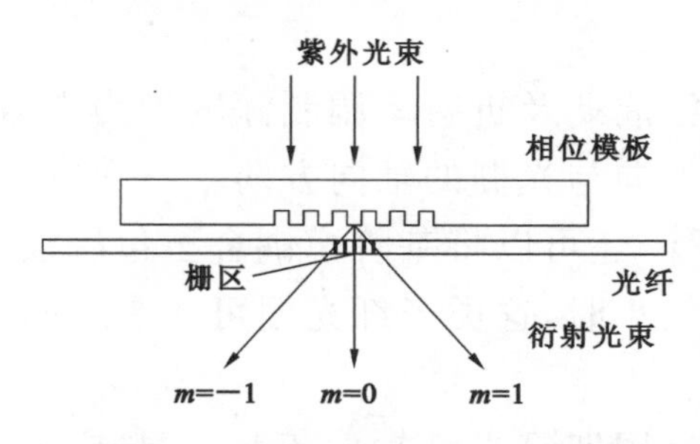

图 2-3 相位掩模法制作光纤光栅原理图

光栅的栅格周期与入射光的波长无关，仅仅取决于相位模板的周期。若光束是斜入射至相位模板，则相位模板的周期即为光栅的栅格周期；若光束是正入射至相位模板，则相位模板的周期是光栅栅格周期的 2 倍。因此，这种方法对光源的相干性要求较低，制作所得光栅的栅格周期较为准确，稳定性和重复性好，适用于大规模制作光纤光栅。缺点是相位模板的制作较为复杂，且一个相位模板只能制作一个波长的光纤光栅。

2.1.2 光纤光栅的类型

光纤光栅应用领域的不断扩展，催生了不同类型的光纤光栅。按照其光学周期沿光纤轴向是否均匀，可将光纤光栅分为均匀光纤光栅和非均匀光纤光栅[5-7]。

1. 均匀光纤光栅

此类光纤光栅的光学周期沿光纤轴向始终保持不变，为一固定值。一般地，光纤布拉格光栅、长周期光纤光栅和闪耀光纤光栅均属于均匀光纤光栅。

（1）光纤布拉格光栅

光纤布拉格光栅的调制深度与栅格周期均为常数，其栅格周期多为 500 nm 左右，光栅波矢方向与轴线方向一致。此类光纤光栅结构简单，具有较窄的反射谱和较高的反射率，对温度和应变均有良好的敏感度，是目前应用最为广泛的一种光纤光栅。

（2）长周期光纤光栅

与光纤布拉格光栅相比，长周期光纤光栅的栅格周期大于 100 μm。虽然仅仅是栅格周期较大，其模式耦合却完全不同于光纤布拉格光栅。它使波长符合干涉加强条件的光在纤芯模中发生多次散射，耦合到包层模中迅速损耗，而其他波长的光则基本没有变化。因此，长周期光纤光栅是透射型光栅，相当于一个透射型带阻滤波器。光纤布拉格光栅则主要利用其反射谱，相当于一个反射型带通滤波器。长周期光纤光栅的耦合特性会受外界温度、应变等环境因素的影响，且灵敏度较光纤布拉格光栅更高，在传感器领域也有广泛的应用。

（3）闪耀光纤光栅

闪耀光纤光栅的栅格周期及折射率调制深度均为常数，但是与前两种光纤光栅不同的是光栅的波矢方向与光栅的轴向方向不一致，成一定的夹角。它除了会引起反向导波模耦合之外，还可以将基阶模耦合至包层模中损耗掉。当光栅的波矢方向与光纤轴向夹角较小时，这类光纤光栅可作为空间模式耦合器。

2.非均匀光纤光栅

此类光纤光栅的栅格周期沿光纤轴向不均匀或者其折射率调制深度不为常数，啁啾光纤光栅、相移光纤光栅、变迹光纤光栅、超结构光纤光栅均属于非均匀光纤光栅。

（1）啁啾光纤光栅

啁啾光纤光栅的栅格周期是沿着光纤轴向变化的，这种变化一般都比较缓慢，可以是线性的或非线性的。不同的栅格周期对应于不同的反射波长，因此啁啾光纤光栅能形成较宽的反射谱。线性啁啾光纤光栅是最常用的，它能够产生稳定的色散和较大的带宽，其带宽可覆盖整个脉冲的谱宽，因此在光纤通信系统中被广泛应用于波分复用的色散补偿。

（2）相移光纤光栅

相移光纤光栅是在均匀光纤光栅的某些位置，通过一些方法破坏其连续性，使得这些位置点发生相位跳变，即每个位置点都会产生一个相移，这些点称为相移点，通常是在 π 相位跳变。相移会在相应的反射谱中打开透射窗口，透射窗口的位置由相移的大小决定，深度由相移在光栅轴向的位置决定，因此这类光纤光栅可用来制作带通滤波器。

（3）变迹光纤光栅

变迹光纤光栅是通过采用一个特定的变迹函数对光纤光栅的调制深度进行调制而形成的。常用的变迹函数有高斯函数、升余弦函数和双曲正切函数，选择不同的变迹函数及其相关参数可得到不同的反射谱形状，从而使得折射率调制的开始和结束都有一个过渡过程。变迹光纤光栅的反射谱对边模振荡具有很强的抑制作用，称为光纤光栅的切趾，所以变迹光纤光栅又称切趾光纤光栅。这类光纤光栅可应用于一些对边模抑制比要求较高的器件，如密集波分复用器等。

（4）超结构光纤光栅

超结构光纤光栅也称取样光纤光栅，是由多段具有相同参数的光纤光栅以相同的间距级联构成。其折射率调制是周期性间断的，相当于在光纤布拉格光栅或啁啾光纤光栅的折射率调制基础上又加上一个调制函数。其反射谱往往是多个反射峰，相当于一个梳状滤波器，可用作密集波分复用系统中的分插复用器件和色散补偿器件。

2.2　光纤光栅的传感原理和性能指标

光纤光栅在各种传感领域的应用十分广泛，可用于多种物理量的静态测量和动态测量。目前，光纤布拉格光栅在传感检测领域的应用中占据着主导地位。因此，以下内容中未特别说明时，均以单模光纤布拉格光栅(简称光纤光栅)为例进行分析阐述[5-14]。

2.2.1　光纤光栅的传感原理

光纤光栅的传光原理如图 2-4 所示。

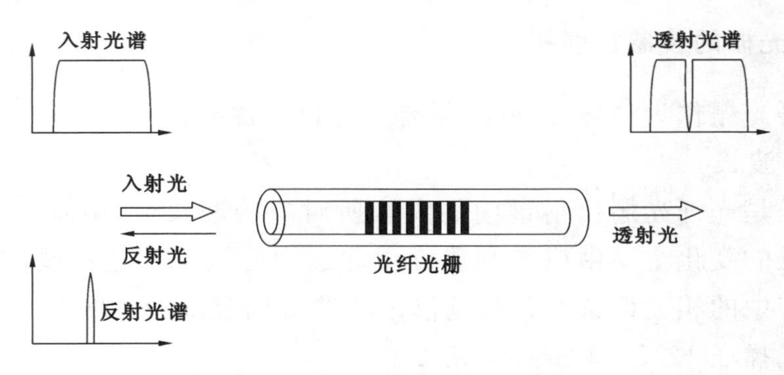

图 2-4　光纤光栅的传光原理示意图

其中，反射谱中尖峰对应的中心波长 λ_B 取决于光纤光栅的栅格周期 Λ 和有效折射率 n_{eff}，即

$$\lambda_B = 2n_{eff}\Lambda \tag{2-3}$$

光纤光栅传感的本质是通过某种方式将被测物理量(如力/压力、温度等)的变化转化为光纤光栅周期 Λ 和/或有效折射率 n_{eff} 的变化，从而导致光纤光栅的中心波长发生偏移。因此，可以通过光纤光栅的中心波长偏移量来确定被测物理量。

当外力或振动作用于光纤光栅时，会产生弹光效应。光纤光栅的波长相对变化量 $\frac{\Delta\lambda_B}{\lambda_B}$ 取决于光纤的弹光系数 P_e 和轴向应变 ε：

$$\frac{\Delta\lambda_B}{\lambda_B} = (1-P_e)\varepsilon \tag{2-4}$$

纯熔融石英光纤的弹光系数 P_e 约为 0.22,即若光纤光栅的中心波长为 1300 nm,光栅的应变灵敏度为(1－0.22)×1300 nm＝1.014 pm/$\mu\varepsilon$。

若光纤光栅没有受到任何外力或振动作用,而所处的环境温度变化 ΔT 时,有

$$\frac{\Delta\lambda_B}{\lambda_B} = (\alpha_f + \xi_f)\Delta T \tag{2-5}$$

式中,α_f 为光纤的热膨胀系数,ξ_f 为光纤的热光系数。

对于纯熔融石英光纤,$\alpha_f = 0.55\times10^{-6}$/℃,$\xi_f = 6.67\times10^{-6}$/℃。若 $\lambda_B =$ 1300 nm,光纤光栅的温度灵敏度为 9.386 pm/℃。

当温度和应变同时作用时,光纤光栅中心波长的相对偏移量可利用以上两部分叠加而成:

$$\frac{\Delta\lambda_B}{\lambda_B} = (1 - P_e)\varepsilon + (\alpha_f + \xi_f)\Delta T \tag{2-6}$$

2.2.2 光纤光栅的传感性能指标

选用光纤光栅作为传感元件时,需要考虑以下性能指标:

(1) 中心波长

中心波长是光纤光栅反射谱中的尖峰所对应的波长值,由式(2-6)看出光纤光栅中心波长的变化主要由应变和温度引起。中心波长的选择受限于解调仪等波长测量系统中的相关设备。若解调仪标注的解调范围为 1280～1320 nm,则中心波长最好选择在 1285～1315 nm 之间。

在实际测量中,经常在一根光纤上同时布置多个不同中心波长的光纤光栅,考虑到光纤光栅制作、波长解调过程中的误差,以及测量反射谱中心波长的变化范围,为使实际测量时各光纤光栅反射谱不重叠,应保证各光纤光栅中心波长之间有足够的间距。

(2) 反射率

反射率 R 是指满足其反射条件波长的光的反射功率与入射时该波长光的入射功率的比值,一般用百分数表示,可表示为:

$$R = \tan h^2\left(\frac{\pi\Delta n_{max}}{\lambda_B}L\right)\times 100\% \tag{2-7}$$

式中,Δn_{max} 为折射率最大变化量,L 为光纤光栅长度。可以看出,Δn_{max} 越大,反射率越高;L 越大,反射率越高。

在实际应用中,一般要求反射率大于 90%,以获得较大的反射能量。但不能一味提高反射率,同时还需要考虑边模抑制比。

(3) 带宽

带宽是指反射波峰值点以下 3 dB 处的光谱宽度，单位以 nm 表示。光纤光栅的带宽可近似表达为：

$$B_{\lambda} \propto \sqrt{\left(\frac{\Delta n_{\max}}{2n_{\mathrm{eff}}}\right)^{2}+\left(\frac{\Lambda}{L}\right)^{2}} \tag{2-8}$$

式中，B_{λ} 为光纤光栅的带宽。由此可知，$\Delta n_{\max}$越大，带宽越大；L 越大，带宽越小。

带宽过大会导致测量准确性降低，理论上带宽越小越好。但是，实际应用中受到制备工艺水平和其他参数的限制，带宽小于 0.3 nm 即可认为是较为理想的情况。

(4) 边模抑制比

边模抑制比是指中心波长的光功率最大值与边噪峰值的光功率最大值之比，单位通常用 dB 表示。该指标表述了中心波长与边噪的隔离程度，所以又称隔离度。边模抑制比决定了信噪比，若边模抑制比很差，则主峰两侧会产生许多旁瓣，这些旁瓣易被解调仪误认为峰值。因此，边模抑制比是一个较重要的参数。反射率大于 90%时，边模抑制比应高于 15 dB。

(5) 光纤光栅长度

光纤光栅长度 L 是指写入的光栅部分在光纤上的长度，单位以 mm 表示。目前市面上 3 mm、5 mm、10 mm、15 mm 的光纤光栅长度较为常见，用户也可根据自身需要联系厂家定制。

光纤光栅长度 L 会影响到反射率和带宽。就目前的制作工艺水平而言，若要求光纤光栅长度较短，如 1 mm，反射率一般低于 80%，带宽一般大于 0.5 nm。因此，除非使用环境要求光纤光栅长度必须较小外，建议选择较长的光纤光栅长度(如 10 mm)以提高反射率、降低带宽。

(6) 其他参数

单根光纤的抗拉强度很大，且可弯曲。但是，若光纤表面有损伤，其抗拉强度和弯曲性能会显著下降。因此，在应用光纤光栅时，有时还需确定是否对栅区光纤进行涂覆保护。目前经常使用的涂覆材料有两种，一种是 ACRALATE，另一种是 POLIYIMIDE。ACRALATE 与光纤原有的涂覆层材料相一致，可用于光纤光栅使用温度不高的场合。而 POLIYIMIDE 是一种耐温性能较好的材料，适用于温度较高的场合。

2.3 光纤光栅增敏封装

由式(2-4)和式(2-5)看到，对于中心波长为 1300 nm 的裸光纤光栅，纯熔融石英光纤的应变和温度灵敏度分别为 1.014 pm/$\mu\varepsilon$ 和 9.386 pm/℃。实际应用中，为提高测量灵敏度，一般需要对光纤光栅进行增敏处理。

2.3.1 光纤光栅应变增敏

为提高光纤光栅感应应变的灵敏度，可采用应变增敏弹性结构，使光纤光栅实际感受的应变变大，以实现增敏作用。增敏结构可以有多种类型，如悬臂梁、简支梁、层叠型梁、空洞型梁等。图 2-5 所示是一款新型光纤光栅应变增敏传感器，主要包含以下几个部分：弹性杠杆增敏基片、光纤光栅及传感器附件。弹性杠杆增敏基片包含有左右固定平板与杠杆增敏机构。通过合理设计尺寸，该传感器的应变灵敏度可达到裸光纤光栅应变灵敏度的 5.76 倍。

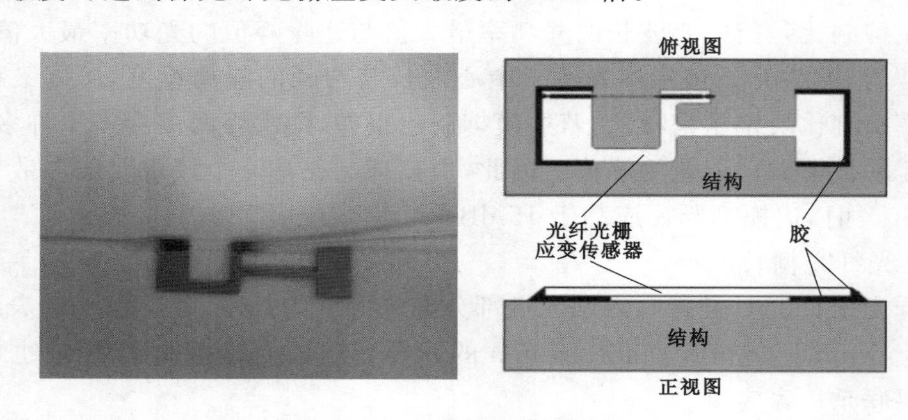

图 2-5 光纤光栅应变增敏传感器

2.3.2 光纤光栅温度增敏

依据式(2-5)，温度变化引起的光纤光栅波长偏移量为

$$\frac{\Delta\lambda_B}{\lambda_B} = (\alpha_f + \xi_f)\Delta T$$

若将光纤光栅封装（嵌入）在某种热膨胀系数较大的材料中，封装后的光纤光栅波长变化量与温度变化的关系会发生变化：

$$\frac{\Delta\lambda_B}{\lambda_B} = [\alpha_f + \xi_f + (1 - P_e)(\alpha_s - \alpha_f)]\Delta T \tag{2-9}$$

式中，α_s 为封装材料的热膨胀系数，$\alpha_s \gg \alpha_f$。此时，封装结构下的光纤光栅温度灵敏度可表示为：

$$K_T = \frac{\Delta\lambda_B}{\lambda_B \Delta T} = \alpha_f + \xi_f + (1 - P_e)(\alpha_s - \alpha_f) \approx \alpha_f + \xi_f + (1 - P_e)\alpha_s \tag{2-10}$$

因此，选用热膨胀系数较大的封装材料，如有机材料、金属或合金材料等，可较大地提高光纤光栅的温度灵敏度[15-16]。例如，可根据机床主轴的结构特点，通过将光纤光栅粘贴于铝片上抵消主轴膨胀影响，内腔填充导热膏使之导热，表面加盖封装构成光纤光栅温度传感器，其结构示意图和外观图如图 2-6 和图 2-7 所示[16]。在 20～80 ℃测量范围内，该传感器的温度灵敏度为裸光纤光栅温度灵敏度的两倍，且线性度好、迟滞性小。

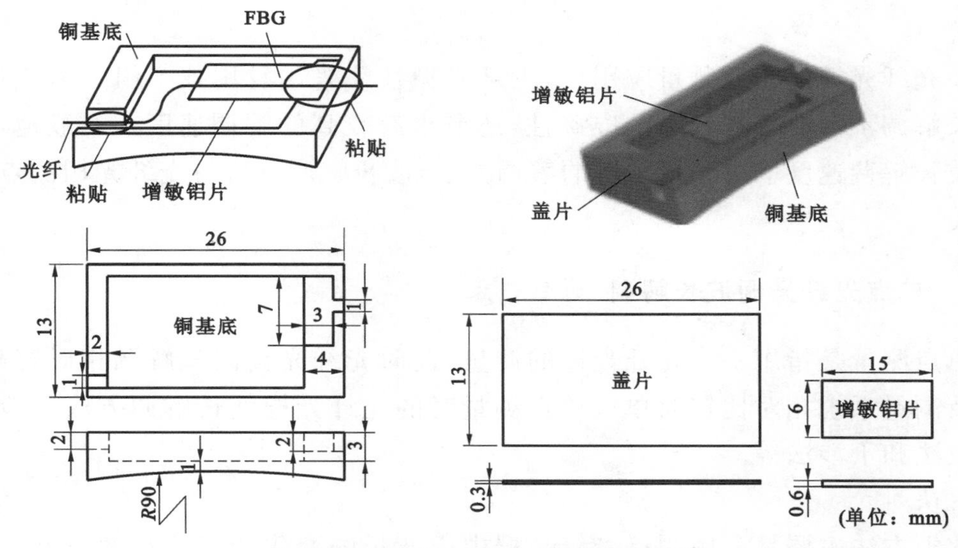

图 2-6 光纤光栅温度传感器结构示意图

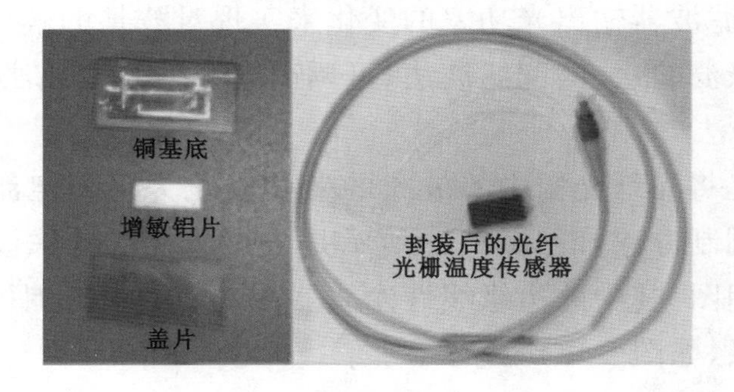

图 2-7 封装后的光纤光栅温度传感器外观图

2.4 光纤光栅波长解调技术

光纤光栅的中心波长变化与被测量的变化有确定的对应关系。因此，在光纤光栅应用于传感领域时，一个非常重要的问题就是如何准确、快速地获取光纤光栅中心波长的变化值，这是光纤光栅波长解调技术所要研究的内容[9,17-23]。

2.4.1 光纤光栅波长解调的基本概念

在测量中，被测量的变化总是转化为光纤光栅中心波长的变化，可认为这是对被测量的波长进行编码。光纤光栅波长解调就是辨识或提取出这些波长编码信号,将其转化为电信号进行显示和计算。

传统的光纤光栅波长解调一般使用光谱仪等仪器,但是由于其价格较高、扫描速度较慢,人们专门研究开发了面向实际测量应用的各种波长解调方法及其仪器系统。

在光纤光栅的实际测量应用中,光纤光栅往往采用复用技术组成多点检测,其波长解调不但要求有较高的准确性,还要求有较高的解调速度。一般地,光纤光栅波长解调速度取决于所采用的解调方法,波长解调方法与光纤光栅测点数密切相关。

2.4.2 单点光纤光栅波长解调

单点测量是指用一个光纤光栅的测量,此时光纤光栅波长解调相对容易,其方法及测量系统相对比较简单。单点测量时的光纤光栅波长解调方法一般可分为滤波法和干涉法等。

1. 滤波法

此类方法主要是利用测点光纤光栅中心波长的变化调制特定滤波器的输出光功率,通过检测滤波器输出光功率的变化来实现对波长的解调。最常用的三种滤波解调法是边缘滤波法、匹配滤波法、可调谐光纤 F-P 滤波法。

(1) 边缘滤波法

边缘滤波法是将光纤光栅中心波长的变化转化为某特定滤波器输出光功率变化的一种强度调制方法。图 2-8(a)所示是采用边缘线性滤波器等组成的光纤光栅波长解调原理图,其中的边缘线性滤波器在一定波长范围内光波透射率与透光波长呈线性关系,如图 2-8(b)所示。

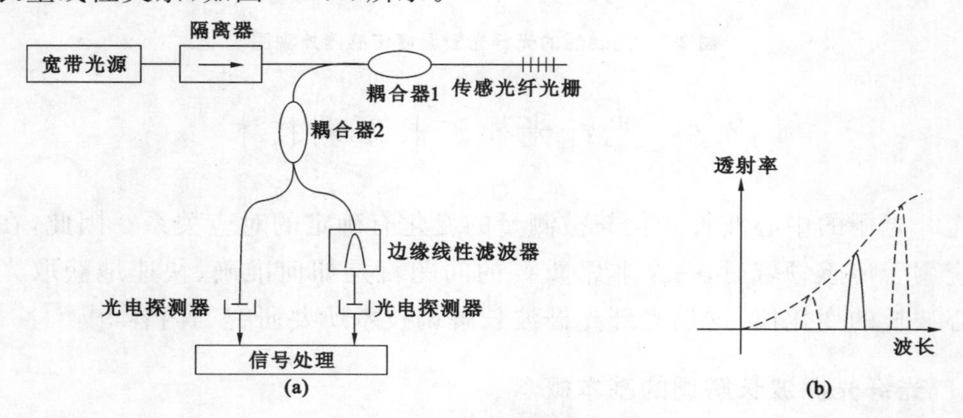

图 2-8 边缘滤波法解调系统

(a) 边缘线性滤波解调原理图;(b) 边缘线性滤波器输出特性

耦合器2将光纤光栅反射的窄带光分成两束，一束光经过边缘线性滤波器后进入光电探测器，而作为参考的另一束光直接进入光电探测器。当变化的光纤光栅反射波长光经过边缘线性滤波器时，滤波器的输出光功率会发生相应的变化。对这两个光电探测器的输出进行某种计算处理就可得到光纤光栅中心反射波长的变化量，从而达到波长解调的目的。

边缘滤波法具有较好的线性输出，能有效抑制光功率损耗或起伏的影响，系统响应速度快，成本较低，使用方便，可用于静态和动态测量。但其测量范围与探测器的分辨率成反比，在使用过程中要根据实际情况合理地确定工作区间。

(2) 匹配滤波法

匹配滤波法需要一个与传感光纤光栅初始中心波长相匹配的参考光纤光栅，按参考光纤光栅的工作模式可分为反射式和透射式两种，如图2-9所示。匹配光纤光栅中心波长的变化一般由驱动单元控制(如压电陶瓷驱动控制单元等)，使其扫描跟踪传感光纤光栅的中心波长变化。当两者的中心波长变化相匹配时，光电探测器检测到的光功率就最大。这种扫描探测过程就是将传感光纤光栅的反射谱与匹配光纤光栅的反射谱/透射谱进行卷积运算，光电探测器接收到的光功率即为卷积运算结果，此时匹配光纤光栅的中心波长就对应传感光纤光栅的中心波长变化量，从而实现对传感光纤光栅中心波长变化量的解调。

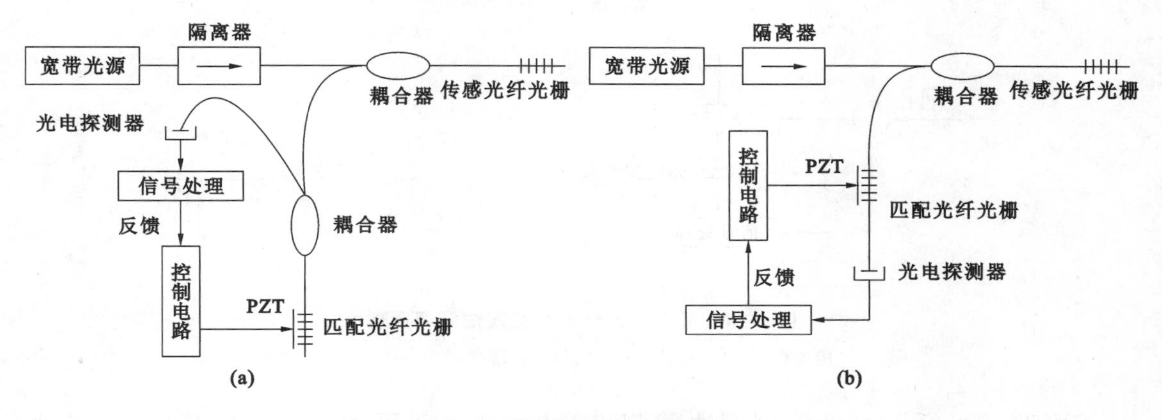

图2-9 匹配滤波法解调系统

(a) 反射式;(b) 透射式

匹配滤波法的优点是检测灵敏度较高，结构简单，成本较低，可用于静态和低频动态测量。但是，在控制调谐匹配光纤光栅的反射谱/透射谱时易产生啁啾现象，为了消除啁啾现象，通常是将测量范围控制在几纳米之内。因此，匹配滤波法的测量范围较小，同时测量精度较低。

(3) 可调谐光纤F-P滤波法

光纤Fabry-Perot(F-P)腔一般由端面镀有半反射膜的两根光纤和压电陶瓷

(PZT)组成,镀有半反射膜的两光纤端面平行相对,其间的空气隙就构成 F-P 腔,如图 2-10(a)所示。F-P 腔相当于一个窄带滤波器,当平行入射到 F-P 腔的光波长是 F-P 腔腔长的整数倍时,这一特定波长的光就在 F-P 腔内形成稳定振荡,使输出光波形成强的干涉。F-P 腔腔长可由压电陶瓷的伸缩调节,显然 F-P 腔的腔长发生改变,F-P 腔输出干涉光的波长也随之改变。

可调谐光纤 F-P 滤波解调法的原理如图 2-10(b)所示。宽带光源发出的光经过光耦合器后入射至传感光纤光栅,光纤光栅的反射光谱再经过耦合器进入 F-P 腔。F-P 滤波器由三角波信号驱动压电陶瓷改变 F-P 腔的腔长,对入射光波长进行扫描。当 F-P 腔的腔长 L 与光纤光栅反射光波长 λ 一致时,探测器探测到的光强最大,如图 2-10(c)所示。

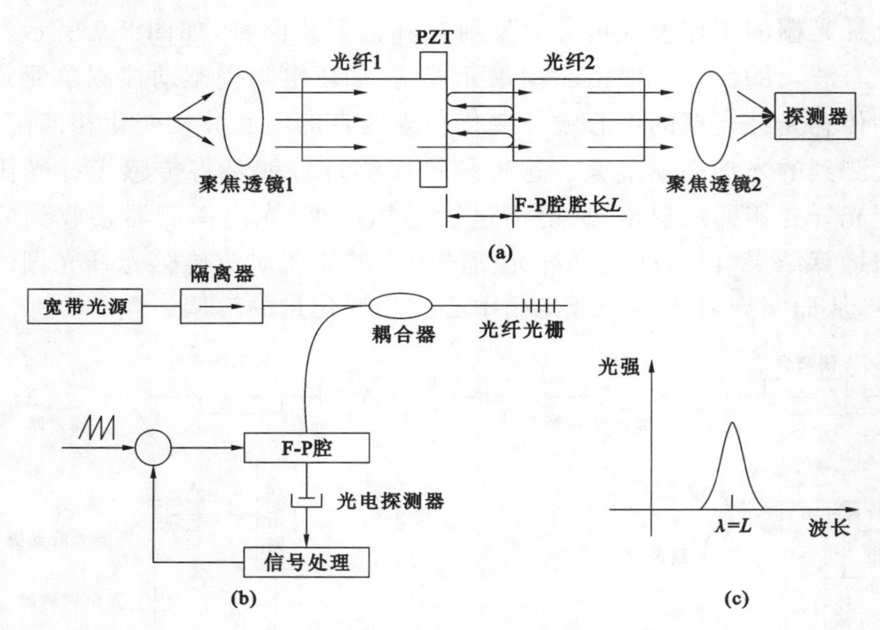

图 2-10 可调谐光纤 F-P 滤波法解调原理

(a) F-P 腔原理图;(b) 基于 F-P 腔的解调原理图;(c) F-P 腔的输出光谱

可调谐光纤 F-P 滤波解调法的测量范围大(一般可达 40 nm),精度高(可达 1 pm),稳定性和动态性能好。但是,由于可调谐光纤 F-P 滤波器存在非线性和重复性较差等问题,当扫描频率增加时,滤波器的输出信噪比会下降。

2. 干涉法

此类方法是利用各种干涉仪将光纤光栅中心波长的变化量转换成光波相位的变化量,通过对光波相位变化量的检测实现波长解调。常用的干涉解调法有非平衡扫描 Michelson 干涉解调法、非平衡 Mach-Zehnder 干涉法、Sagnac 干涉法等。

（1）非平衡扫描 Michelson 干涉解调法

这种解调系统是基于传统 Michelson 干涉原理制成的。Michelson 干涉原理如图 2-11(a)所示，光源发出的光波经分束器分为两束光后，各自被对应的平面镜反射回来，在一定条件下这两束反射光会发生干涉，且干涉条纹相位及光强度与两个反射镜到分束器的光程差有关。

图 2-11(b)所示是基于 Michelson 干涉原理的光纤光栅波长解调原理图，Michelson 干涉仪中有一长一短两个干涉臂，短臂上安装有锯齿波信号驱动的压电陶瓷，这个压电陶瓷可调节两个干涉臂之间的光程差。光纤光栅的反射光进入 Michelson 干涉仪之后，干涉仪的输出光信号经光电探测器变成电信号，对电信号进行放大、滤波等信号处理后输入相位计，同时压电陶瓷的驱动信号作为相位计的另外一个输入信号。调整锯齿波信号参数，使相位计两个输入信号的频率相同，此时根据相位计的输出值即可计算出光纤光栅的波长变化量。

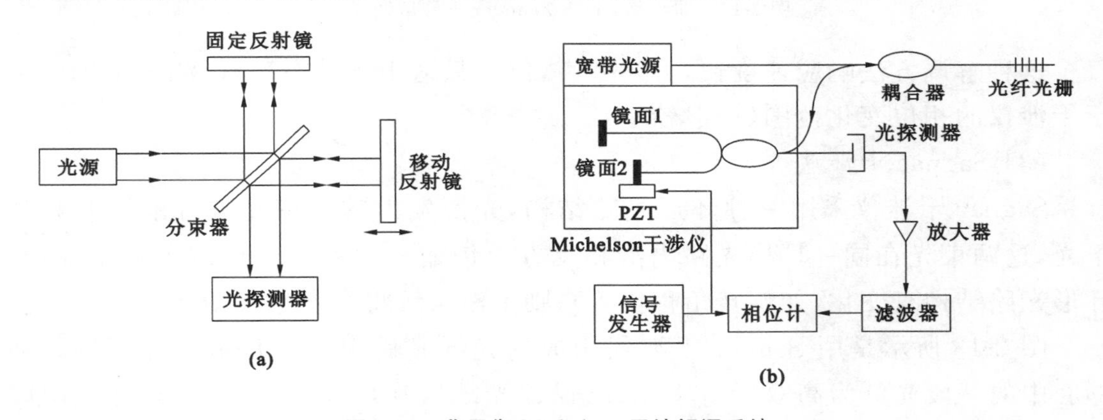

图 2-11　非平衡 Michelson 干涉解调系统

(a) Michelson 干涉原理图；(b) 基于 Michelson 干涉的解调原理图

这种解调是基于光波干涉的原理，因此只要两臂的光程差有微小的变化，相位就会发生相应的变化。因此，非平衡 Michelson 干涉法灵敏度很高，响应速度快，可用于静态和动态测量。

（2）非平衡 Mach-Zehnder 干涉法

Mach-Zehnder 干涉仪主要由两个光耦合器组成，光源发出的光经一个光耦合器分成光强 1∶1 的两束相干光，该两束光经各自的光程后由另一个光耦合器汇合形成相干条纹。Mach-Zehnder 干涉仪的优点是没有 Michelson 干涉仪中使用反射镜造成的回波干扰问题。

图 2-12 所示是用 Mach-Zehnder 干涉仪构成的光纤光栅中心波长解调原理图，通过 Mach-Zehnder 干涉仪将光纤光栅反射光的波长变化转换成干涉仪输出信号的相位变化，其相位差为：

$$\Delta\varphi = \frac{2\pi nd}{\lambda_B^2}\Delta\lambda_B \tag{2-11}$$

式中，d 为干涉仪内两束光的光程差（或为两臂光纤长度差），n 为两臂光纤的折射率，λ_B 为光纤光栅的反射波长，$\Delta\lambda_B$ 为反射波长的变化量。d 的大小可通过压电陶瓷驱动进行动态调整。

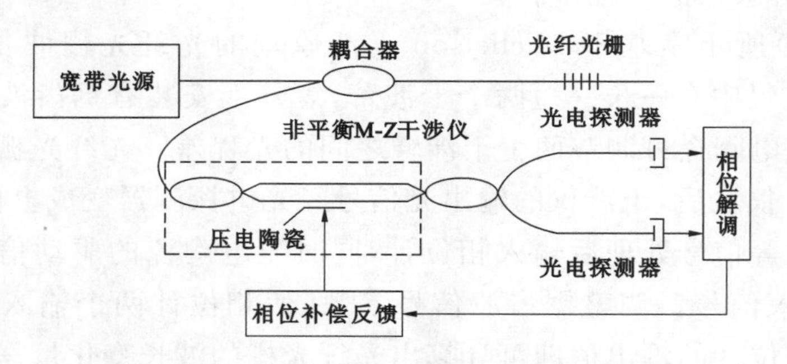

图 2-12 非平衡 Mach-Zehnder 干涉解调系统

这种解调方法响应速度快，分辨率高，但是只适用于动态测量，测量范围受限于干涉仪的相位变化范围（一般较小）。

（3）Sagnac 干涉法

Sagnac 干涉仪采用一种环形光路结构，光源发出的一束光被分解为两束相干光，这两束光在同一环形光路内沿相反方向传输一周后汇合形成干涉条纹，当环形光路结构有变化（如旋转角移位等），则干涉条纹将会发生移动。

图 2-13 所示是用 Sagnac 干涉仪构成的光纤光栅中心波长解调原理图。环形腔中的一段光纤为高双折射率光纤（保偏光纤），其余为单模光纤，环路上串联一个偏振控制器，其作用是将光束的本征偏振模式（快轴和慢轴）相互转换。由于保偏光纤存在双折射率效应，它在快轴方向和慢轴方向折射率不一致，从而产生相位差，保偏光纤的长度不同，产生的相位差也不同。

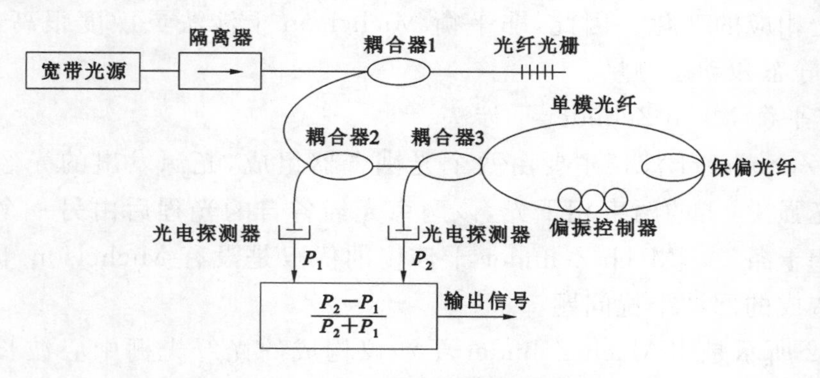

图 2-13 Sagnac 干涉解调系统

图 2-13 中,光源发出的光经耦合器 1 进入传感光纤光栅,其反射光波经耦合器 2、3 进入 Sagnac 干涉仪内的环形光路,在偏振控制器作用下,两束不同本征偏振模式的光在保偏光纤中的折射率不同,因而产生相位差,在耦合器 3 处形成干涉。耦合器 3 输出的是有干涉现象的光(环路的透射光),耦合器 2 输出的是环路的反射光,它们经过光电探测器检测,并作恰当的计算处理就可得到光纤光栅反射波长的变化量。

Sagnac 干涉法的波长解调线性度好,比一般的干涉法解调的稳定性高,可用于准静态和动态测量。采用全光纤结构时,Sagnac 干涉法更易于实现小型化,具有良好的偏振独立性。

3. *其他解调方法*

(1) 可调谐窄带光源法

如图 2-14 所示,可调谐窄带光源输出的激光波长可以手动调节,也可以通过控制压电陶瓷伸缩来调节。当光源波长调节至与光纤光栅中心反射波长一致时,光电探测器接收到的光强最强,即可实现光纤光栅的波长解调。

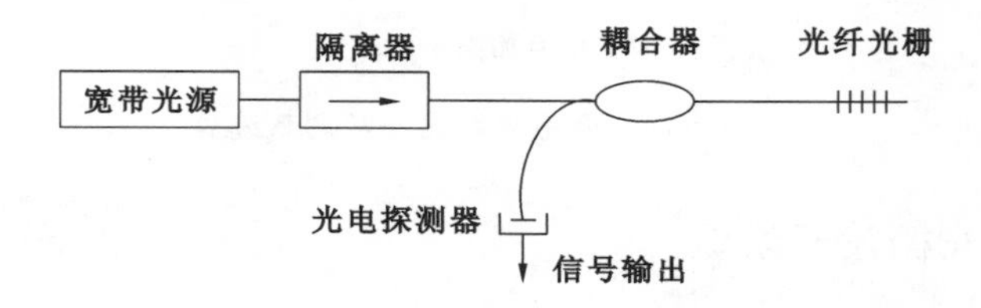

图 2-14 可调谐窄带光源解调系统

(2) 锁模解调法

锁模解调系统如图 2-15 所示,主要部件为激光腔,它由光纤增益区、半透半反镜和光纤光栅组成,半透半反镜与光纤光栅的距离 L_0 就是激光腔腔长。光纤光栅作为光反射元件使用,激光腔对满足一定条件的波长的光波有加强反射作用,锁模调制器对加强反射光进行调制,使激光腔输出一个频率和波长确定的调制脉冲序列,这个脉冲序列与光纤光栅中心反射波长变化量有对应关系。

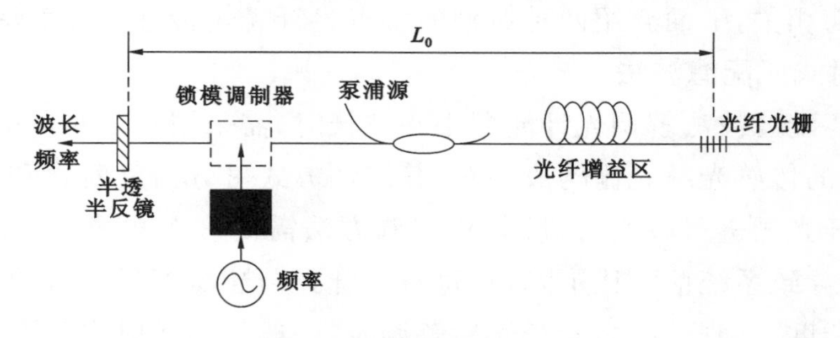

图 2-15 锁模解调系统

(3) 啁啾光纤光栅解调法

啁啾光纤光栅解调法的原理是光纤光栅在啁啾光纤光栅中会产生延时，其解调系统如图 2-16 所示。光源经过环形器入射至传感光纤光栅，传感光纤光栅反射光束又通过环形器传送至偏振分光镜，并传输至啁啾光纤光栅形成反射，反射点的位置按光波长沿啁啾光纤光栅轴向线性分布。由于啁啾光纤光栅具有较高的双折射率，因此啁啾光纤光栅反射光中产生的偏振态变化与其波长成正比，检测这个偏振态变化便可获得传感光纤光栅的中心反射波长。

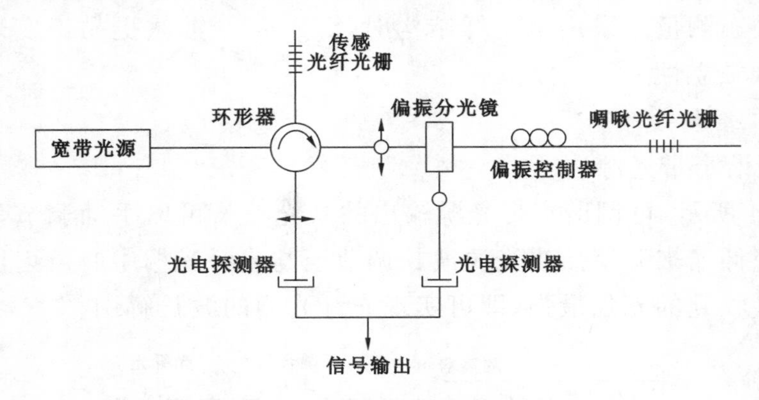

图 2-16 啁啾光纤光栅解调系统

2.4.3 多点光纤光栅波长解调

易于实现分布式测量是光纤光栅的一个突出优点。在实际检测中，经常会将多个光纤光栅按一定的复用方式组合成多点传感阵列，并共用宽带光源，此时不但要解决各单个光纤光栅中心波长的解调问题，还要解决多个光纤光栅的寻址问题，即不但要识别光纤光栅中心波长的变化量，还要识别是哪个光纤光栅中心波长发生了变化。

多光纤光栅传感信号的解调可在单个光纤光栅传感信号解调方法的基础上，通过进行改进和设计寻址方式来实现。一般地，寻址方式与多点光纤光栅传感的复用方式密切相关，下面介绍两种典型的多点光纤光栅传感信号解调系统。

(1) 透射式匹配滤波法

当使用匹配滤波法解调光纤光栅中心波长时，需采用一个对应的匹配光纤光栅，它与解调的传感光纤光栅构成一对，其解调方式可分为反射式和透射式两种。在对多个光纤光栅进行解调时，反射式解调方法需要多个耦合器，光信号传输的分路较多，易导致系统信噪比下降，且每对光纤光栅还需配备各自的探测器，增大了系统的复杂度。因此，在多光纤光栅解调时，一般采用透射式匹配滤波法。

在透射式匹配滤波解调法中，所有的匹配光纤光栅串联在一起，分别与多点传感阵列中的传感光纤光栅对应匹配，构成传感/接收光纤光栅对，并且共用一个光电探测器，如图 2-17 所示。每个匹配光纤光栅的中心波长可由各自对应的驱动单元(如压电陶瓷)控制。各传感光纤光栅反射光信号经过耦合器传输到匹配光纤光栅阵列，当某个传感光纤光栅中心反射波长发生变化时，相对应的匹配光纤光栅的透射率就降低，调节驱动单元的控制电压改变匹配光纤光栅的栅格周期，使之与传感光纤光栅中心反射波长变化量对应，就可实现对传感光纤光栅阵列中某个光纤光栅中心波长变化的解调和寻址。

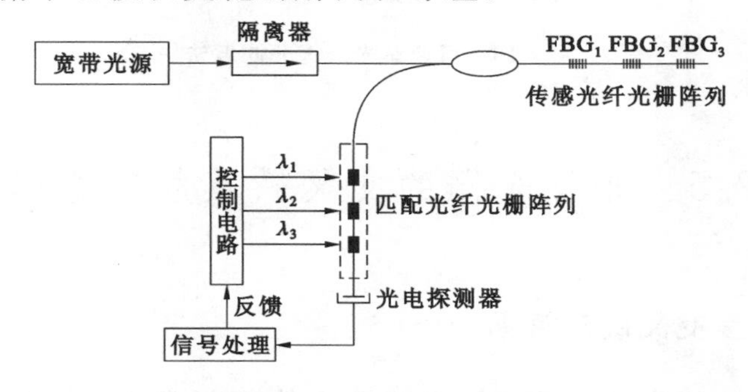

图 2-17 透射式匹配滤波法

在实际应用中，各匹配光纤光栅的栅格周期控制电压一般是采用不同频率的交流调制信号，此时光电探测器输出的就是一个包含不同频率分量的交流信号。当多点光纤光栅传感阵列中的某个传感光纤光栅中心反射波长发生变化时，则包含该频率成分的交流信号的幅值就会减小，控制该频率下的驱动电压使光电探测器输出的该频率交流信号幅值达到最大(匹配)，从而就可识别和解调中心反射波长发生变化的传感光纤光栅及其变化量。

(2) 可调谐光纤 F-P 滤波法

如图 2-18 所示，宽带光源发出的光经过耦合器入射到多点光纤光栅传感阵列后，各传感光纤光栅发射的光波经耦合器进入 F-P 滤波器。F-P 滤波器对入射光波长进行扫描，扫描电压作用在压电元件上调节 F-P 腔间隔，对各传感光纤光栅反射的光波进行扫描。当扫过某个传感光纤光栅的中心反射波长时，则让该传感光纤光栅反射的光信号通过，并由光电探测器转换为电信号输出。

直接由光电探测器输出的信号谱线一般较宽，为了提高解调的分辨力，可加上一个低频抖动信号，并将抖动信号与光电探测器的输出信号通过混频器进行混频，再通过低通滤波进行处理，最终得到的输出信号就是对应各传感光纤光栅反射光谱分量的微分信号，它与各传感光纤光栅中心反射波长的变化量对应，检测微分信号就是检测波长过零点的位移量，从而可获得传感光纤光栅中心波长的变化量。

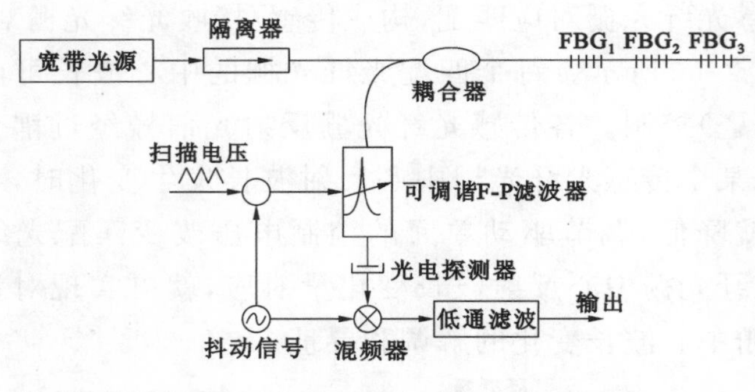

图 2-18 可调谐光纤 F-P 滤波法

2.5 光纤光栅的交叉敏感解耦原理

2.5.1 应变与温度交叉敏感解耦

实际测量中,往往需要分辨应变和温度各自引起的中心反射波长的变化。因此,在光纤光栅传感技术的应用中,需研究解决应变和温度的交叉敏感问题[24]。

(1) 参考光纤光栅法

参考光纤光栅法是测量应变时消除温度影响较为常用的一种方法,可将参考光纤光栅(也称补偿光纤光栅)置于应变测量光纤光栅的邻近,仅感受应变测量光纤光栅邻近的环境温度,不感受应变。应变测量光纤光栅同时受到应变和温度的作用,将两者中心反射波长的变化量相减,即可得到光纤光栅单独受到应变作用时的波长变化量,从而消除或补偿由温度耦合作用带来的影响。

这种解耦方法简单,易于实现,但两个光纤光栅的性能参数要尽可能一致,并且在传感器封装或布置上,要求参考光纤光栅尽可能靠近应变测量光纤光栅。若应变测量光纤光栅与参考光纤光栅之间存在温差,消除温度耦合影响的作用就小,或者温度补偿就存在误差,且温差越大,补偿的误差越大。

(2) 双波长光纤光栅法

双波长光纤光栅法就是在同一测点位置上布置中心波长不同的两个光纤光栅,或在一根光纤的同一个位置上刻制中心波长不同的两种栅格周期,在应变和温度的共同作用下,这两个光纤光栅中心波长的变化量满足式(2-12)。

$$\begin{bmatrix} \dfrac{\Delta\lambda_{B1}}{\lambda_B} \\ \dfrac{\Delta\lambda_{B2}}{\lambda_B} \end{bmatrix} = \begin{bmatrix} K_{1T} & K_{1\varepsilon} \\ K_{2T} & K_{2\varepsilon} \end{bmatrix} \begin{bmatrix} \Delta T \\ \Delta\varepsilon \end{bmatrix} = \boldsymbol{K} \begin{bmatrix} \Delta T \\ \Delta\varepsilon \end{bmatrix} \tag{2-12}$$

则有

$$\begin{bmatrix}\Delta T \\ \Delta\varepsilon\end{bmatrix} = \boldsymbol{K}^{-1}\begin{bmatrix}\dfrac{\Delta\lambda_{B1}}{\lambda_B} \\ \dfrac{\Delta\lambda_{B2}}{\lambda_B}\end{bmatrix} \tag{2-13}$$

式中，$\boldsymbol{K}$ 为系数矩阵，可通过分别测量只有应变作用和只有温度作用时的波长变化量来获取。为使 $\boldsymbol{K}$ 的逆矩阵存在，两个光纤光栅的中心波长相差要足够大。

双波长光纤光栅法可实现应变和温度的同时测量。

(3) 对称温度补偿法

对称温度补偿法是指借助于感温对称结构或传感器结构的对称性来对温度进行补偿。如在一个等强度悬臂梁的上下两表面分别粘贴两个光纤光栅(性能参数尽可能一致)，一般可认为这两个光纤光栅所处的温度场相同。在悬臂梁受到垂直于梁的外力作用时，两个光纤光栅感受由外力引起应变的方向正好相反，一个感受拉伸应变，另一个就感受压缩应变，对应的中心反射波长变化量分别为 $\Delta\lambda(\varepsilon,T)$ 和 $\Delta\lambda(-\varepsilon,T)$，从而可计算有

$$\begin{cases}\Delta\varepsilon = \dfrac{\Delta\lambda(\varepsilon,T) - \Delta\lambda(-\varepsilon,T)}{2K_\varepsilon} \\ \Delta T = \dfrac{\Delta\lambda(\varepsilon,T) + \Delta\lambda(-\varepsilon,T)}{2K_T}\end{cases} \tag{2-14}$$

式中，K_ε 和 K_T 分别为光纤光栅的应变灵敏度和温度灵敏度。

2.5.2 压力与温度交叉敏感解耦

压力与温度的交叉敏感解耦同样可利用弹性元件来实现[25]。如图 2-19 所示，将两个光纤光栅轴向粘贴于壁厚不均匀的圆柱壳体外表面。当圆柱壳体受压力和温度同时作用时，两个光纤光栅的中心反射波长均发生变化。由于光纤光栅粘贴在同一种材料上，温度对两个光纤光栅的影响作用可视为相同。由于圆柱壳体的应变与其壁厚有关，其轴向应变可表示为

$$\varepsilon_x = \frac{R}{2Eh}(1-2\mu)P \tag{2-15}$$

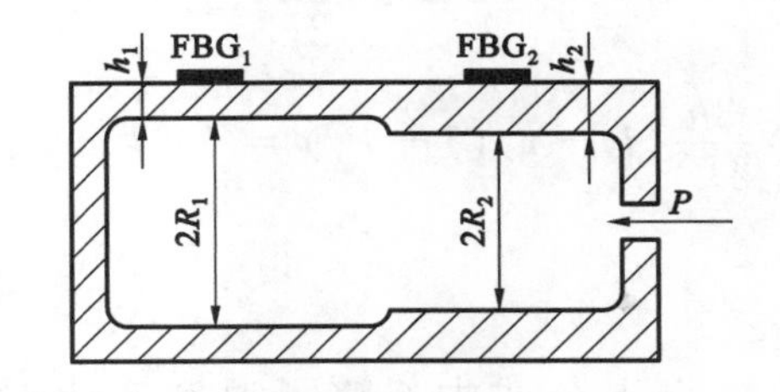

图 2-19 FBG 在圆柱薄壁壳体的粘贴方法

式中，R 为圆柱壳体的中柱面半径，h 为壁厚，E 为圆柱壳体材料的弹性系数，μ 为圆柱壳体材料的泊松比，P 为圆柱壳体受到的压力。

因此，两个光纤光栅(FBG_1 和 FBG_2)各自的中心反射波长变化量可表示为

$$\frac{\Delta\lambda_{B1}}{\lambda_{B1}} = \frac{R_1}{2Eh_1}(1-P_e)(1-2\mu)P + [\alpha_f + \xi_f + (1-P_e)(\alpha_s - \alpha_f)]\Delta T \quad (2\text{-}16)$$

$$\frac{\Delta\lambda_{B2}}{\lambda_{B2}} = \frac{R_2}{2Eh_2}(1-P_e)(1-2\mu)P + [\alpha_f + \xi_f + (1-P_e)(\alpha_s - \alpha_f)]\Delta T \quad (2\text{-}17)$$

由于这里使用两个中心波长一致的光纤光栅(即 $\lambda_{B1}=\lambda_{B2}=\lambda_0$),从而有

$$\Delta\lambda_{B1} - \Delta\lambda_{B2} = \lambda_0\left(\frac{R_1}{2Eh_1} - \frac{R_2}{2Eh_2}\right)(1-P_e)(1-2\mu)P \quad (2\text{-}18)$$

令 $K_p=\lambda_0\left(\frac{R_1}{2Eh_1}-\frac{R_2}{2Eh_2}\right)(1-P_e)(1-2\mu)$,则有

$$\Delta\lambda_{B1} - \Delta\lambda_{B2} = K_p P \quad (2\text{-}19)$$

这时,测量得到的压力 P 就不受温度的影响。

2.5.3 位移与温度交叉敏感解耦

利用两种不同的材料构建一个悬臂梁,由刚度较小、热膨胀系数较小的材料 A 制成悬臂梁的活动部分,悬臂梁的固定基板部分由热膨胀系数较大、刚度远大于 A 的另一种材料 B 制成,并且要求悬臂梁的这两部分紧密结合,表面平整光滑。将光纤光栅粘贴在悬臂梁这两部分的交界处,使其一部分与 A 黏合,一部分与 B 黏合。此时,可认为一个光纤光栅(FBG)被分为了 FBG_1 和 FBG_2[26]。

设 FBG_1 粘贴在活动部分,FBG_2 粘贴在固定基板部分。当悬臂梁自由端发生位移 Δy 时,FBG_1 在应力和温度作用下中心反射波长的变化量为

$$\frac{\Delta\lambda_B}{\lambda_B} = \frac{3h}{2L^3}(L-x)(1-P_e)\Delta y + [\alpha_f + \xi_f + (1-P_e)(\alpha_A - \alpha_f)]\Delta T \quad (2\text{-}20)$$

式中,h 为悬臂梁的厚度,L 为悬臂梁的长度,x 为 FBG_1 的长度,α_A 为材料 A 的热膨胀系数,$\alpha_A \gg \alpha_f$。因此,上式可化简为

$$\frac{\Delta\lambda_{B1}}{\lambda_{B1}} = \frac{3h}{2L^3}(L-x)(1-P_e)\Delta y + [\xi_f + (1-P_e)\alpha_A]\Delta T \quad (2\text{-}21)$$

令 $\frac{3h}{2L^3}(L-x)(1-P_e)=K_D$,$\xi_f+(1-P_e)\alpha_A=K_{T1}$,则有

$$\frac{\Delta\lambda_{B1}}{\lambda_{B1}} = K_D\Delta y + K_{T1}\Delta T \quad (2\text{-}22)$$

以上公式中忽略了温度变化对悬臂梁长度 L 的影响,因此材料 A 的热膨胀系数必须很小。另一方面,由于悬臂梁固定基板材料 B 的刚度远远大于悬臂梁活动部分材料 A 的刚度,在悬臂梁自由端发生位移时,可认为弯矩所引起的固定基板上与活动部分相连接处的应变很小,这样 FBG_2 的中心反射波长变化就只与温度变化有关,即

$$\frac{\Delta\lambda_{B2}}{\lambda_{B2}}=[\xi_f+(1-P_e)\alpha_B]\Delta T \tag{2-23}$$

式中，α_B 为材料 B 的热膨胀系数。

令 $\xi_f+(1-P_e)\alpha_B=K_{T2}$，则有

$$\frac{\Delta\lambda_{B2}}{\lambda_{B2}}=K_{T2}\Delta T \tag{2-24}$$

联立式(2-22)和式(2-24)，可得

$$\begin{bmatrix}\dfrac{\Delta\lambda_{B1}}{\lambda_{B1}}\\ \dfrac{\Delta\lambda_{B2}}{\lambda_{B2}}\end{bmatrix}=\begin{bmatrix}K_D & K_{T1}\\ 0 & K_{T2}\end{bmatrix}\begin{bmatrix}\Delta y\\ \Delta T\end{bmatrix} \tag{2-25}$$

这样，即可实现位移和温度的解耦。

本课题组的李天梁[27]基于磁力耦合及 FBG 传感原理，采用双差分方法实现了非接触振动测量的温度解耦系统，其原理如图 2-20 所示。利用磁体对被测铁磁性物件的磁力耦合作用，当永磁铁与被测物件距离发生变化时，作用于膜片的磁力改变，膜片变形状态也发生改变，使与膜片相连的光纤光栅受到拉压，进而致使光纤光栅的中心波长发生相应的漂移。为实现振动和温度的解耦，采用了两个 FBG，其中 FBG_1 一端固定，另一端与膜片相连，因此受到振动和温度作用，而 FBG_2 一端悬空，仅感受外界温度变化。

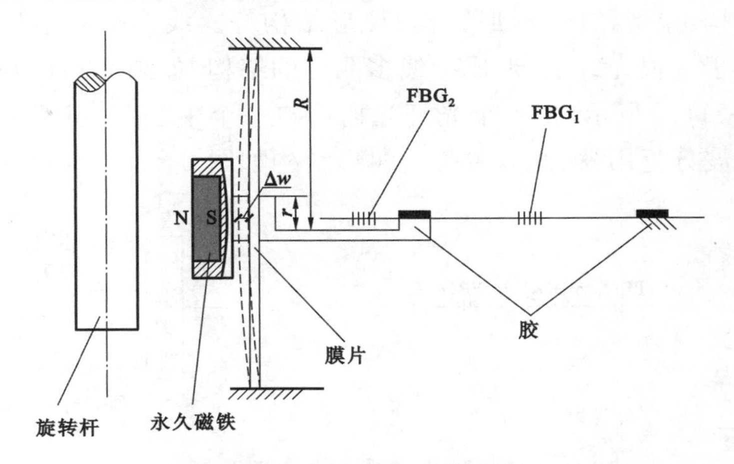

图 2-20 非接触振动测量的温度解耦系统

通过理论推演，其解耦公式可表示为：

$$\begin{bmatrix}\dfrac{\Delta\lambda_1}{\lambda_1}-\dfrac{\Delta\lambda_2}{\lambda_2}\\ \dfrac{\Delta\lambda_1'}{\lambda_1}-\dfrac{\Delta\lambda_2'}{\lambda_2}\end{bmatrix}=\begin{bmatrix}\dfrac{1-P_e}{L} & (1-P_e)\dfrac{(\alpha_1L_1-\alpha_2L_2)}{L}\\ 0 & (1-P_e)\dfrac{(\alpha_1L_1-\alpha_2L_2)}{L}\end{bmatrix}\begin{bmatrix}\Delta w\\ \Delta T\end{bmatrix} \tag{2-26}$$

式中，λ_1、λ_2 分别为 FBG_1 和 FBG_2 的初始波长，$\Delta\lambda_1$、$\Delta\lambda_2$ 分别为工作状态下 FBG_1 和 FBG_2 的波长漂移量，$\Delta\lambda_1'$、$\Delta\lambda_2'$ 分别为非工作状态下 FBG_1 和 FBG_2 的波长漂移量，P_e 为光纤的有效弹光系数，α_1、α_2 分别为两种基体的热膨胀系数，L_1、L_2 分别为两种基体的长度，L 为 FBG 的长度，Δw 为振动量，ΔT 为温度变化量。

利用双差分分析思想，由式(2-26)可得：

$$\frac{\Delta\lambda_1}{\lambda_1}-\frac{\Delta\lambda_2}{\lambda_2}-\left(\frac{\Delta\lambda_1'}{\lambda_1}-\frac{\Delta\lambda_2'}{\lambda_2}\right)=\frac{\Delta\lambda_1-\Delta\lambda_1'}{\lambda_1}-\frac{\Delta\lambda_2-\Delta\lambda_2'}{\lambda_2}=(1-P_e)\frac{\Delta w}{L} \quad (2\text{-}27)$$

式(2-27)所得的波长差值与温度变化无关，只与振动有关。

2.6 光纤光栅的复用技术

光纤光栅相比于电类传感器的一个突出优点是利用复用技术易于将其组成传感网，从而可实现分布式测量，且各测点的传感光信号可由光纤实现远距离传输。多点分布测量是检测技术的一个发展方向，根据多点测量数据可以更加准确地分析得到测试结果。另外，由光纤光栅组成传感器网络中的各光纤光栅传感器可共用光源和解调装置等测量仪器设备，从而可大大降低整个传感网络系统的复杂性和成本[5-9,28-29]。

光纤光栅依据复用技术组成的传感器网络拓扑结构有多种，目前基本的拓扑结构有线形结构、星形结构、树形结构、梯形结构等。线形拓扑结构中，每个光纤光栅依次串联于一根光纤上，形成一线多测点的结构，如图 2-21(a)所示。星形拓扑结构如图 2-21(b)所示，每一个光纤光栅均与一个中心节点连接，相互独立，中心节点可以是波分复用器、光开关等。树形结构如图 2-21(c)所示，各个光纤光栅

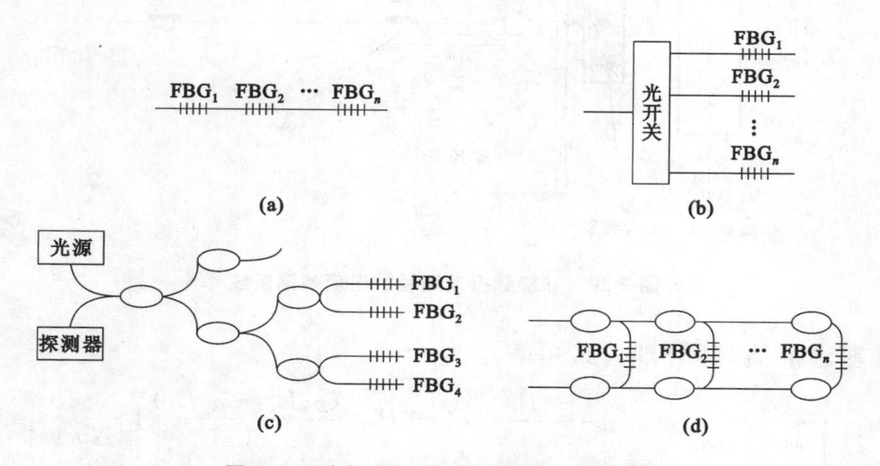

图 2-21 光纤光栅传感器网络的拓扑结构

(a) 线形拓扑结构；(b) 星形拓扑结构；(c) 树形拓扑结构；(d)梯形拓扑结构

首先向各自的子节点聚合，然后各子节点再向中心节点聚合。梯形结构中，每个光纤光栅并行排列，两端通过分支器与传输光纤相连，如图 2-21(d)所示。

显然，光纤光栅传感器网络结构应用的关键是各传感器的中心波长解调及其定位（寻址）的方法。一般地，对光纤光栅传感器网络传输的光信号特征参数——波长、频率、相位、偏振态、幅度等进行编码可实现寻址，这种编码就是光信号传输的复用。典型的光纤光栅复用技术有波分复用（Wavelength Division Multipexing，WDM）、时分复用（Time Division Multipexing，TDM）、空分复用（Spatial Division Multipexing，SDM）及混合复用技术（Hybrid Division Multiplexing，HDM）等。

波分复用是指在一个光路中同时传输不同波长的光，那么每个波长就是光纤光栅传感器网络的一个寻址（位置）码；时分复用是指利用光纤光栅传感器网络上各测点光信号传输的时间差异性进行寻址的技术；空分复用是指利用已知光纤光栅传感器网络上测点的位置进行寻址的技术；混合复用是波分复用、时分复用、空分复用等复用技术的组合。由于光纤光栅传感器是对中心（反射/透射）波长的编码，因此，实际应用中光纤光栅传感器网络主要是利用波分复用技术构建的，结合时分复用、空分复用，可组成大规模的传感网络。

2.6.1 光纤光栅波分复用技术

光纤光栅波分复用技术实质上是利用光纤光栅本身的波长编码进行传感器位置识别的，如图 2-22 所示。在一根光纤上写入多个不同中心波长的光栅，或将多个不同中心波长的光纤光栅串联起来，形成光纤光栅串。在宽带光源发出的宽带光的入射下，对应各光纤光栅中心波长的光波就会被分别反射，通过波长解调仪器和光电探测器就可得到各光纤光栅的反射光谱图。这时，每个光谱峰值波长既是对应光纤光栅的中心波长，也是对应光纤光栅的位置信息。

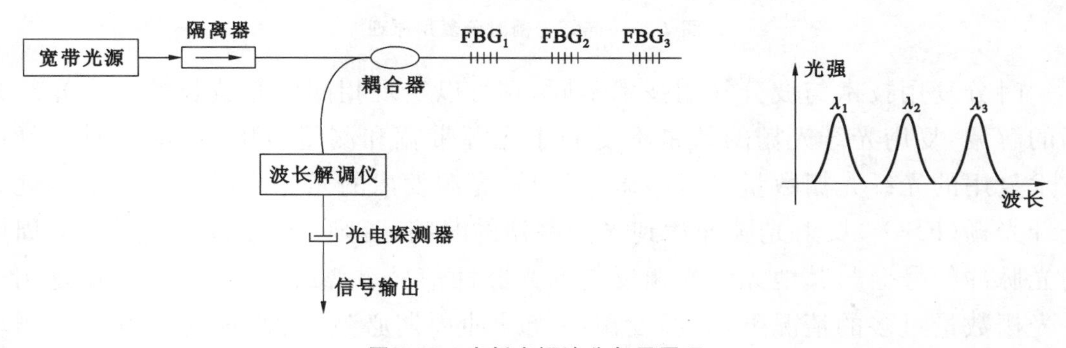

图 2-22 光纤光栅波分复用原理

实际测量应用中，利用的是光纤光栅中心波长的变化或漂移，那么由波分复用技术组建光纤光栅阵列时，应留足各光纤光栅中心波谱变化的范围，即要求光纤光栅阵列上各光纤光栅中心波谱始终不互相重叠。因此，在一根光纤上能串联多少个光纤光栅主要取决于宽带光源的光谱宽度（波长范围）和各光纤光栅测量时中心波长可能的变化范围。

由波分复用技术构建的光纤光栅传感网络拓扑结构除了串联形式外，还有并联结构形式，这种形式同样要求给每个光纤光栅中心波谱分配足够的变化区间。

2.6.2 光纤光栅时分复用技术

时分复用技术是利用每个光纤光栅的反射光谱在传输光路上行进的时延不同来实现光纤光栅位置区分的。利用光路传输的时延特性，可在一根光纤上间隔一定距离布置中心波长相同和不同的多个光纤光栅，如图 2-23 所示。如果光纤上分隔布置的光纤光栅的中心波长相同，可采用窄带光源；如果光纤上分隔布置的光纤光栅的中心波长不同，就需要宽带光源，而且光源波长范围要覆盖各光纤光栅的波长变化范围。

图 2-23 中，宽带光源每发出一个光脉冲，探测器都会接收到一串先后达到的反射光脉冲，检测这些反射光脉冲的间隔时间或达到时间就可获得对应光纤光栅的位置信息，检测各反射光脉冲的波长漂移，就可获得对应光纤光栅测点被测量的信息。

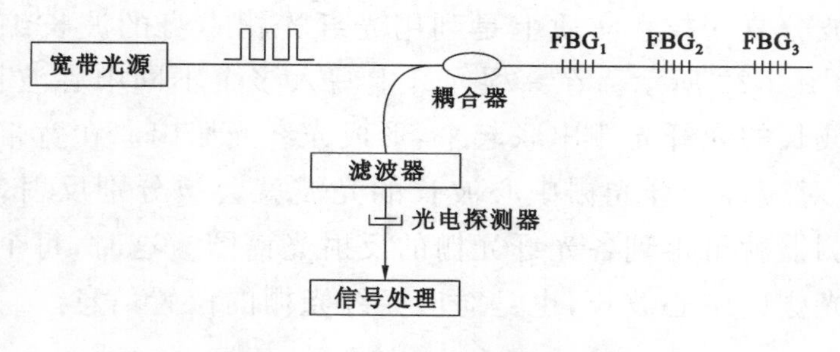

图 2-23 光纤光栅时分复用原理

时分复用技术与波分复用技术不同，它可以实现相同中心波长的多个光纤光栅的解调，复用光纤光栅的数量不受制于光源带宽和测量范围，理论上时分复用技术复用的光纤光栅数量可以很多。但是，光源发出的光脉冲周期要大于最远处光纤光栅（FBG_n）反射光脉冲达到光探测器的时间，否则 FBG_n 反射的第 i 个周期的光脉冲信号会与其他光纤光栅反射的光脉冲信号重叠或混淆。因此，在复用光纤光栅数量过多的情况下，光源发出的光脉冲周期必然要大，这就影响实际测量的实时性。

2.6.3　光纤光栅空分复用技术

空分复用技术要求光纤光栅必须并联连接，利用光开关每次接通一个通道上的光纤光栅，通过光纤光栅所在通道（序号）来识别对应光纤光栅的位置，如图 2-24所示。

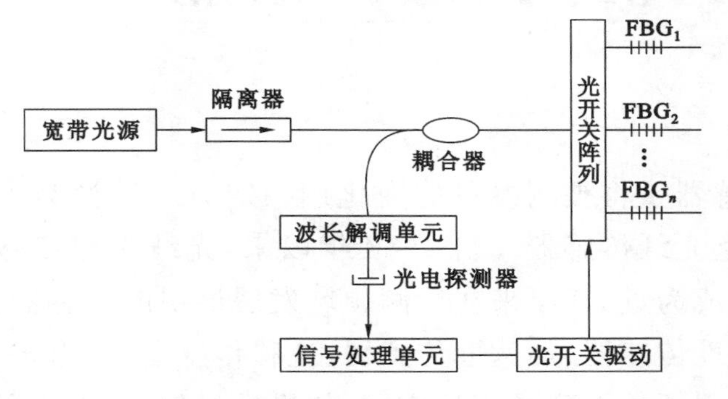

图 2-24　光纤光栅空分复用原理

由空分复用技术构建的光纤光栅传感网络属于星形拓扑结构，各光纤光栅相互独立，互不影响，其中心波长可相同也可不相同，可获得较高的信噪比，且复用能力不受光源带宽限制。但是，当并联支路较多时，光开关较为复杂，光开关循环切换时延会影响测量的实时性。

显然，空分复用是用光路编号来进行传感器位置辨识的。

实际上，可在每个光路通道上，按波分复用方式构建光纤光栅阵列，组成波分/空分混合复用的传感网络结构，如图 2-25 所示。波分/空分混合复用技术可以扩大光纤光栅传感网络的规模（即数量），充分利用了光源，同时也可有效地减小光纤光栅之间的窜扰。

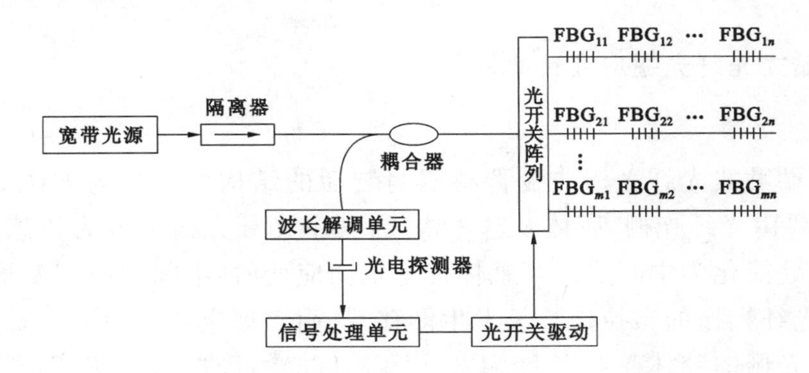

图 2-25　波分/空分混合复用原理

以上波分复用、时分复用、空分复用技术可以独立使用，也可相互结合形成混合复用光纤光栅传感网络。

3 光纤光栅传感器

光纤光栅传感器是将被测参量的变化用一定方式转换为光纤光栅波长变化的一种波长调制型光纤传感器。自1980年以来，光纤光栅传感器获得了广泛深入的研究和应用，成为近30年来在检测领域发展最快的传感器件，形成了光纤光栅应变传感器、温度传感器、加速度传感器、位移传感器、压力传感器、液位传感器等产品，在很多工程领域得到了广泛应用，如机械工程、土木工程、复合材料、石油化工等。

3.1 光纤光栅应变传感器

应变是物件在外界因素影响或作用下的局部相对变形，可直接影响光纤光栅的布拉格(Bragg)波长漂移。因此，在测量条件允许的情况下，可将裸光纤光栅直接粘贴在被测物件表面或者埋入被测物件内部进行应变测量。但是，由于光纤光栅比较脆弱，在实际工程应用中，为保护光纤光栅和提高传感灵敏度，往往需要对裸光纤光栅进行保护封装或者增敏保护封装。目前，常用的封装方式主要有基片式、管式等。

3.1.1 粘贴式光纤光栅应变传感器

1. 应变传感模型

常用的粘贴式光纤光栅应变传感器封装后的结构可简化为如图3-1所示的模型[30]，主要由光纤光栅、胶体及基体构成，其中光纤光栅部分为传感元件，胶层及涂覆层此处简化为中间层。当基体发生轴向应变时，中间层剪切变形传递至光纤光栅，使光纤光栅的布拉格波长发生漂移，从而实现应变的检测。

设光纤光栅的胶体粘贴长度为$2L$[图3-1(a)]，胶层宽度为D[图3-1(b)]。实际中，为保证光纤光栅应变传感器测量的重复性，一般将光纤光栅涂覆层去除后粘贴至基体上，此时中间层可忽略涂覆层的影响。选取图3-1中的微元段$\mathrm{d}x$进行力学分析，如图3-2所示，其中坐标原点设在光纤光栅的中点。在图3-2中，

σ 代表正应力，τ 代表剪应力，r 代表各层的半径，其下标 m、c、f 分别代表对应的基体、中间层和光纤。

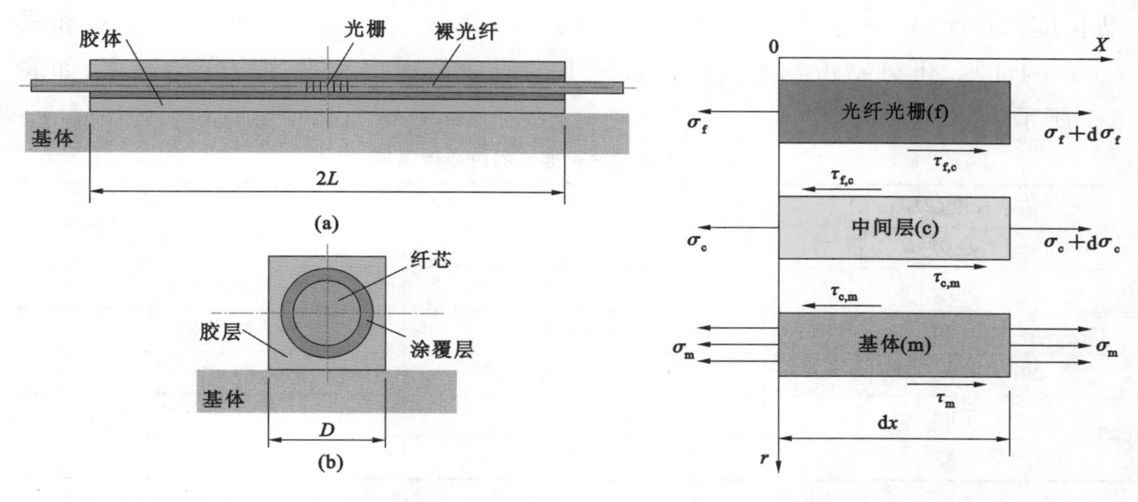

图 3-1 粘贴式光纤光栅传感器模型示意图
(a) 剖面图；(b) 横截面图

图 3-2 粘贴式光纤光栅传感器各层应力分布简化图

在图 3-2 中，设基体材料为线弹性，且仅沿光纤光栅轴向产生应变，光纤光栅只承受基体沿其粘贴方向传递来的基体应变，光纤光栅与中间层、中间层与基体的界面无缝隙。那么，通过对光纤光栅微元的应力分析，可得[31]

$$\pi r_{\mathrm{f}}^{2}\sigma_{\mathrm{f}} = \pi r_{\mathrm{f}}^{2}(\sigma_{\mathrm{f}} + \mathrm{d}\sigma_{\mathrm{f}}) + 2\pi r_{\mathrm{f}}\tau_{\mathrm{f,c}}(x, r_{\mathrm{f}})\mathrm{d}x \tag{3-1}$$

计算可得光纤沿轴向的应变为[31]

$$\varepsilon_{\mathrm{f}}(x) = \varepsilon_{\mathrm{m}}\left[1 - \frac{\cosh(kx)}{\cosh(kL)}\right] \tag{3-2}$$

其中，$k^{2} = \dfrac{DE_{\mathrm{c}}}{2\pi \cdot r_{\mathrm{f}}^{2}E_{\mathrm{f}}(r_{\mathrm{m}} - r_{\mathrm{f}})(1 + \mu_{\mathrm{c}})}$。

光纤粘贴长度范围内，各截面位置上的应变传递率可表示为

$$\alpha(x) = \frac{\varepsilon_{\mathrm{f}}(x)}{\varepsilon_{\mathrm{m}}} = 1 - \frac{\cosh(kx)}{\cosh(kL)} \tag{3-3}$$

则在粘贴长度范围内的平均应变传递率为

$$\overline{\alpha} = \frac{\overline{\varepsilon}_{\mathrm{f}}(x)}{\varepsilon_{\mathrm{m}}} = \frac{2\int_{0}^{L}\varepsilon_{\mathrm{f}}(x)\mathrm{d}x}{2L\varepsilon_{\mathrm{m}}} = 1 - \frac{\sinh(kL)}{kL\cosh(kL)} \tag{3-4}$$

根据式(3-2)和式(3-4)可知，光纤光栅的应变感知及应变传递率与胶体粘贴长度和宽度有关。

2. 应变传递特性分析

光纤光栅粘贴选用 AB 胶，其弹性模量 $E_{\mathrm{c}} = 3.3\ \mathrm{GPa}$，泊松比 $\mu_{\mathrm{c}} = 0.35$。选

取粘贴宽度 $D=2$ mm，光纤光栅的名义长度为 10 mm，光纤材料的弹性模量 $E_f=72$ GPa，中间层半径 $r_m=4.7$ mm，光纤光栅半径 $r_f=62.5$ μm。那么，对不同粘贴长度（$2L=10$ mm、15 mm、20 mm、25 mm、30 mm、35 mm），通过式(3-3)和式(3-4)的计算，可分别得到不同粘贴长度下的应变传递率和平均应变传递率，如表3-1所示。

表 3-1 不同粘贴长度下的应变传递率

粘贴长度($2L$/mm)	坐标原点处应变传递率 $\alpha(x=0)$	平均应变传递率 $\bar{\alpha}$
10	95.746%	74.0495%
15	99.379%	82.684%
20	99.909%	87.013%
25	99.987%	89.610%
30	99.998%	91.342%
35	99.9997%	92.579%

由表3-1可知，采用粘贴式光纤光栅进行应变测量时，在光纤光栅中心点处的应变传递率最高，且随着粘贴长度的增大，中心点应变传递率及在粘贴长度范围内的平均应变传递率逐渐提高，粘贴长度由 15 mm 增至 20 mm，以及 20 mm 增至 25 mm 的过程中，其应变传递率增加最为明显。因此，采用粘贴式光纤光栅进行应变测量时，粘贴长度最好是光纤光栅名义长度的 2.0～2.5 倍。

考虑粘贴宽度 D 对应变传递率的影响，分别取 $D=2$ mm、4 mm、6 mm，代入式(3-3)和式(3-4)，可得不同粘贴宽度下，光纤光栅的应变传递率及平均应变传递率，如表3-2所示。

表 3-2 不同粘贴宽度下的应变传递率

粘贴宽度(D/mm)	中心点应变传递率 $\alpha(x=0)$	平均应变传递率 $\bar{\alpha}$
2	99.38%	82.68%
4	99.94%	87.77%
6	99.99%	90.05%

由表3-2分析可知，采用粘贴式光纤光栅进行应变测量时，随着粘贴宽度的增加，光纤光栅中心点应变传递率及在粘贴宽度范围内的平均应变传递率都有所提高，但中心点处提高不太明显。

(1) 光纤光栅的粘贴长度对应变传递特性的影响

选取拉伸标准试件如图3-3所示，其材料为铝合金，在该试件两面分别布置3个粘贴式光纤光栅，光纤光栅的名义长度均为 10 mm，试件一面布置的光纤光栅的粘贴长度分别为 $L_1=10$ mm、$L_2=15$ mm 和 $L_3=20$ mm；另一面布置的光纤光栅的粘贴长度分别为 $L_4=25$ mm、$L_5=30$ mm 和 $L_6=35$ mm。粘贴宽度与厚度均恒定为 2 mm 和 0.4 mm。

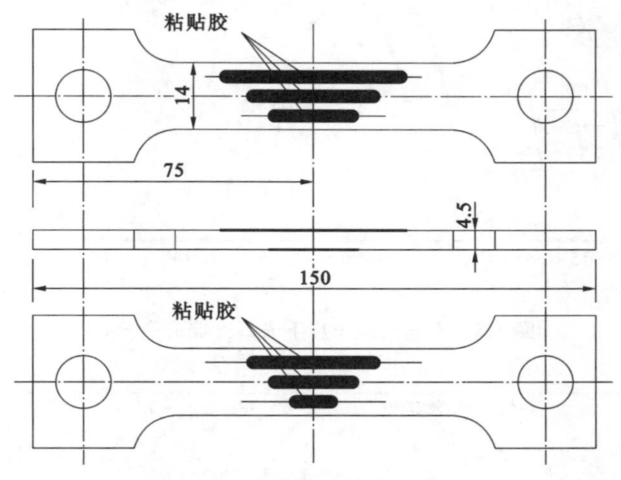

图 3-3 拉伸标准试件示意图

给试件施加 1.0 kN 的轴向拉力，根据材料力学原理可计算得到试件中部的应变值约为 223 $\mu\varepsilon$。利用 ANSYS 软件对拉伸试件进行仿真分析，其 ANSYS 模型如图 3-4 所示。仿真分析结果如图 3-5 所示，可以看到光纤光栅传感应变值与粘贴长度密切相关，且随着粘贴长度的增大，光纤光栅传感应变越接近真实值。粘贴长度大于 20 mm 后，光纤光栅中部传感的应变趋于 223 $\mu\varepsilon$ 的真实值，且其变化趋于稳定。

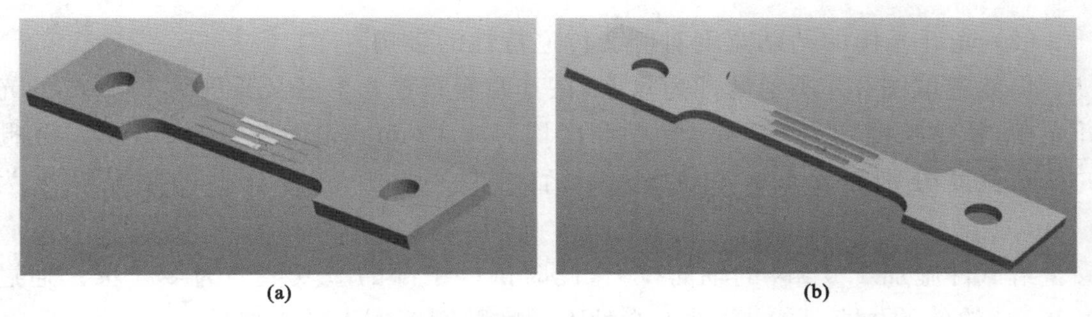

图 3-4 提高拉伸标准试件的 ANSYS 模型

(a) 正面；(b) 反面

依据图 3-6 可以计算得到 6 个不同粘贴长度的光纤光栅应变传递率最大值(亦即光纤光栅中点的应变传递率)分别为 $\alpha_{L1}=90.09\%$、$\alpha_{L2}=97.6\%$、$\alpha_{L3}=99.41\%$、$\alpha_{L4}=99.61\%$、$\alpha_{L5}=99.75\%$、$\alpha_{L6}=99.83\%$。显然，随着粘贴长度的增加，应变传递率保持较高的区域也增大；粘贴长度超过 20mm 后，粘贴式光纤光栅的应变传递率均大于 97%。因此，粘贴式光纤光栅测量应变时，其粘贴长度应是光纤光栅名义长度的 2.0～2.5 倍。

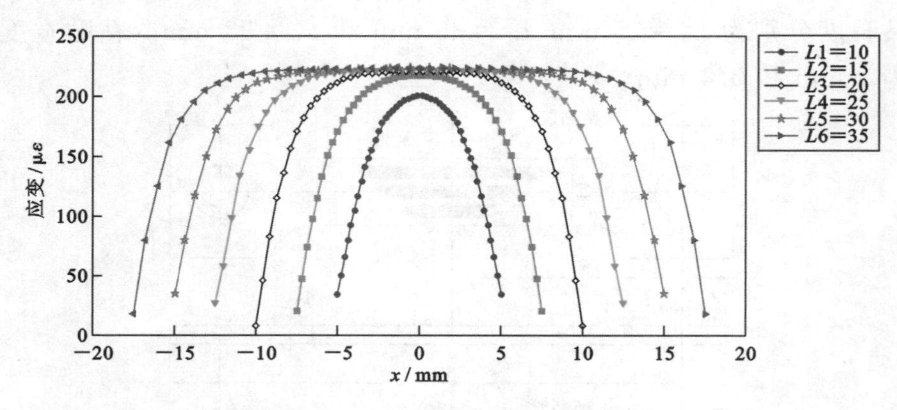

图 3-5 不同粘贴长度下光纤光栅应变分布

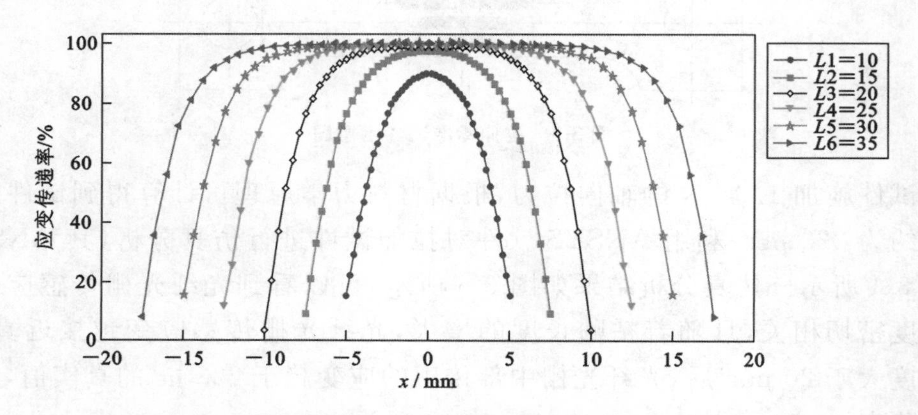

图 3-6 不同粘贴长度下光纤光栅应变传递率变化曲线

(2) 光纤光栅的粘贴宽度对应变传递特性的影响

仍然选取图 3-3 所示试件为对象，在其两面布置 3 个名义长度为 10 mm 的光纤光栅，粘贴长度均为 15 mm，粘贴厚度均为 0.4 mm。正面布置的 2 个光纤光栅的粘贴宽度分别是 2 mm 和 4 mm，反面布置的 1 个光纤光栅的粘贴宽度为 6 mm。

给试件施加 1.0 kN 的轴向拉力，此时试件中部的应变值约为 223 με。通过 ANSYS 软件的仿真计算，试件上 3 种不同粘贴宽度的光纤光栅应变分布如图 3-7 所示。可以看到，在粘贴长度不变的情况下，粘贴宽度对粘贴式光纤光栅应变传递的影响不太大。

将图 3-7 中的应变曲线转换成图 3-8 的应变传递率分布曲线，可进一步看到不同粘贴宽度的光纤光栅传感器最大应变传递率分别为 $\eta_{D1}=99.55\%$、$\eta_{D2}=99.53\%$、$\eta_{D3}=99.43\%$，几乎恒定不变。这表明粘贴宽度对光纤光栅应变传感器的应变传递率影响不大，在设计过程中只需根据实际情况设定粘贴宽度即可。

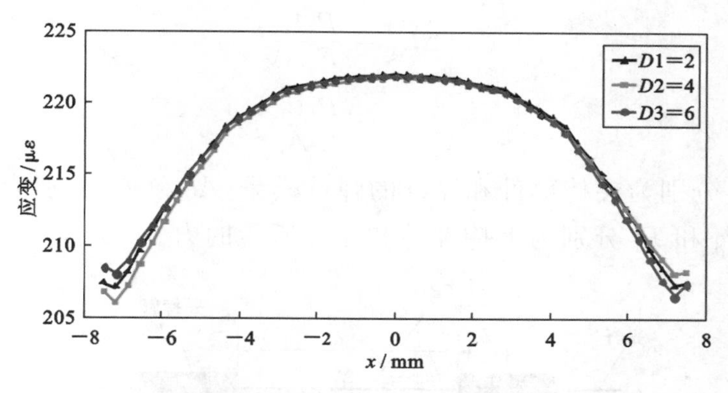

图 3-7 不同粘贴宽度下光纤光栅应变分布

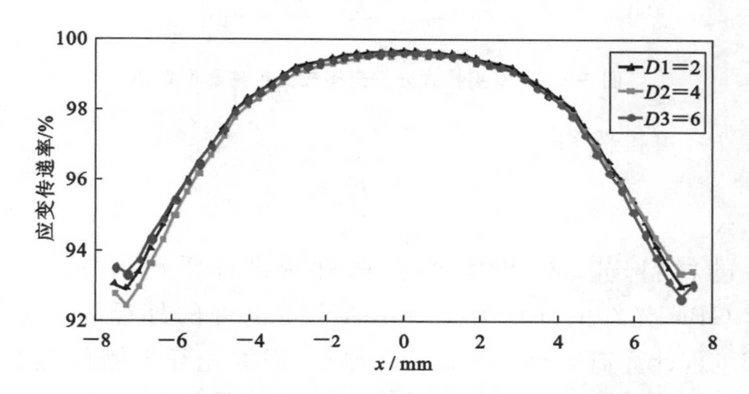

图 3-8 不同粘贴宽度下光纤光栅应变传感器的应变传递率

由以上分析可知，基于粘贴式光纤光栅设计的应变传感器，其粘贴工艺应满足粘贴长度为光纤光栅名义长度的 2.0～2.5 倍的要求，对于粘贴宽度只需保证覆盖光纤光栅即可。这样的粘贴工艺可以有效地减少光纤光栅应变传感器的重复性误差及避免光纤光栅出现啁啾。

3.1.2 增敏型光纤光栅应变传感器

上节中介绍的光纤光栅应变传感器主要是将光纤光栅直接粘贴于基体，这类粘贴式光纤光栅传感器必须严格遵循粘贴工艺才能保证良好的应变传递率。实际上，还可采用某种封装结构来提高光纤光栅应变传感器的灵敏度，文献[32]中提出了一种两端夹持式光纤光栅应变传感器，如图 3-9 所示。它主要由光纤光栅、两个夹持部件及两个固定支点组成。将光纤光栅两端采用胶粘固定在夹持部件（钢管）内，两个固定支点固接于被测基体上。当传感器工作时，两固定支点间发生 ΔL 的轴向变形，相应夹持部件和光纤光栅（FBG）的变形分别为 ΔL_s 和 ΔL_f。

$$\begin{cases}\Delta L_s = \dfrac{P_s L_s}{E_s A_s} \\ \Delta L_f = \dfrac{P_f L_f}{E_f A_f}\end{cases} \tag{3-5}$$

式中，E_s 和 E_f 分别为夹持部件和光纤的弹性模量，A_s 和 A_f 分别为夹持部件和光纤的截面积，P_s 和 P_f 分别为夹持部件和光纤所受的力。

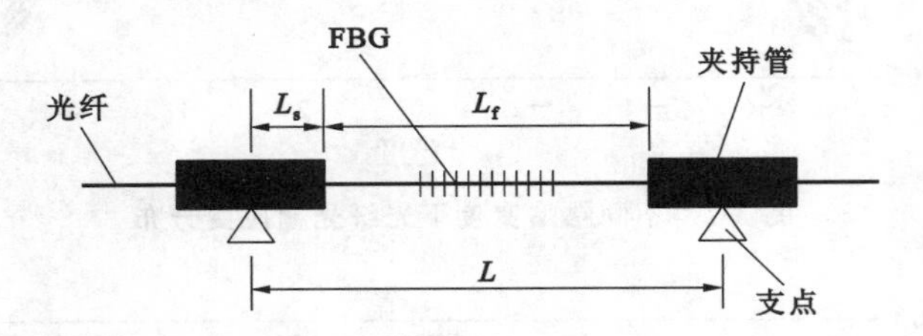

图 3-9 两端夹持式光纤光栅应变传感器原理图

由于 $P_s=P_f$，可推演得：

$$\frac{\varepsilon_s}{\varepsilon_f} = \frac{E_f A_f}{E_s A_s} \tag{3-6}$$

夹持部件的材料选择不锈钢，则根据机械设计手册可知，E_s 和 E_f 分别为210 GPa和 72 GPa，光纤的外径为 125 μm，夹持部件的外径为 0.8 mm。将这些参数代入式(3-6)，计算有 $\varepsilon_s=0.0084\varepsilon_f$。那么，根据光纤光栅传感原理，对于中心波长处于 1550 nm 波段的光纤光栅，其中心波长漂移值与被测体应变的关系就为

$$\varepsilon = \frac{L_f}{1.2L}\Delta\lambda \tag{3-7}$$

式中，$\Delta\lambda$ 为光纤光栅中心波长漂移量。从式(3-7)可知，通过适当地调整 L_f 与 L 的比值，可以有效地改变传感器的灵敏度。

在试验机上对增敏型光纤光栅应变传感器进行了测试分析，如图 3-10 所示。实验中，基体材料分别采用弹性模量差异较大的钢和有机玻璃，并采用电阻应变片作为测量基准值，重复多次试验，获得的实验拟合直线如图 3-11 所示。

图 3-11 所示是以钢板和有机玻璃板作为测试基体，实验测得的光纤光栅传感器的波长变化-应变关系曲线。从图中可以看到两端夹持式短标距光纤光栅应变传感器具有较好的线性度。钢板和有机玻璃板的标定系数分别为 0.501 με/pm和0.484 με/pm，与理论计算结果 0.5 με/pm 基本一致。这表明两端夹持式短标距光纤光栅应变传感器的应变传递损耗较小。

图 3-10 在万能试验机上进行的光纤光栅应变传感器标定实验

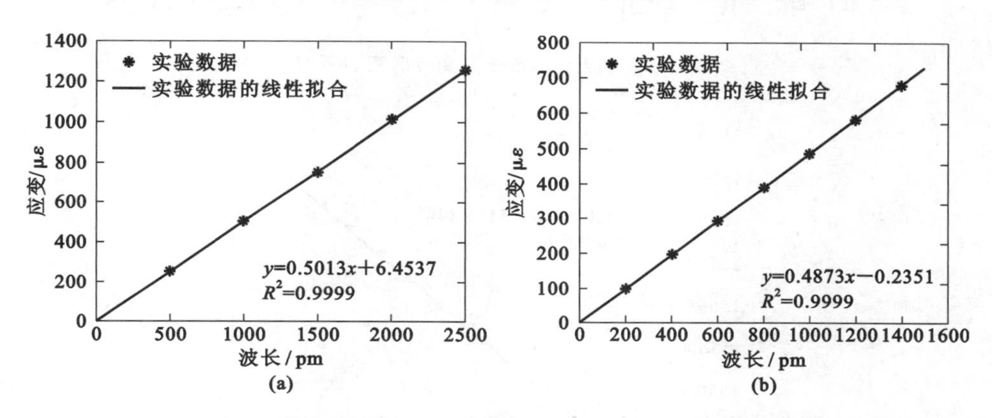

图 3-11 两端夹持式短标距光纤光栅传感器在钢板及有机玻璃板的应变标定

(a) 钢板；(b) 有机玻璃板

3.2 光纤光栅温度传感器

3.2.1 裸光纤光栅温度传感器

图 3-12 所示是裸光纤光栅温度传感实验系统，在杜瓦瓶内可注入不同温度的水，水银温度计和裸光纤光栅也可同时布置在瓶内，水银温度计的指示值作为温度基准值。实验采用武汉理工光科股份有限公司生产的 1525～1565 nm 波段光纤光栅。裸光纤光栅在室温下的初始波长为 1556 nm，通过水浴法对裸光纤光栅的温度灵敏度进行测试[33]。

图 3-13 所示是实验获得的裸光纤光栅温度传感拟合曲线，显然裸光纤光栅的反射中心波长 λ 与温度 T 具有良好的线性关系，其温度灵敏度为 10.62 pm/℃，表明裸光纤光栅直接测量温度有较好的传感特性。

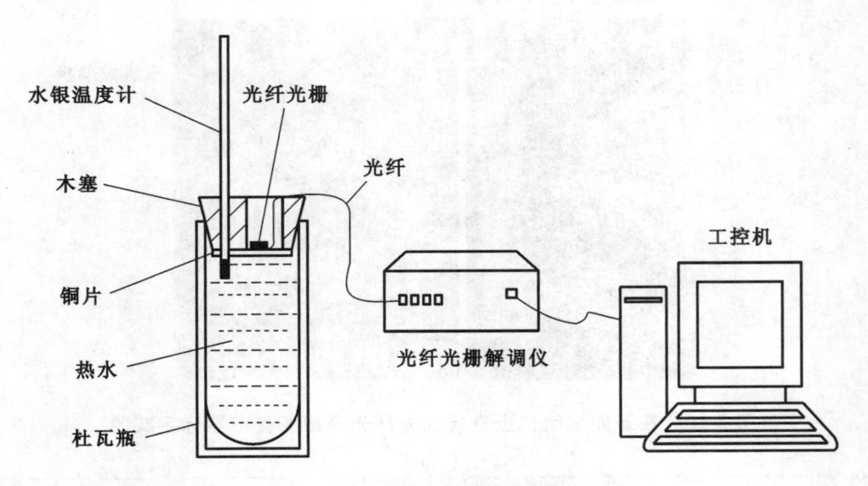

图 3-12 裸光纤光栅温度传感实验系统

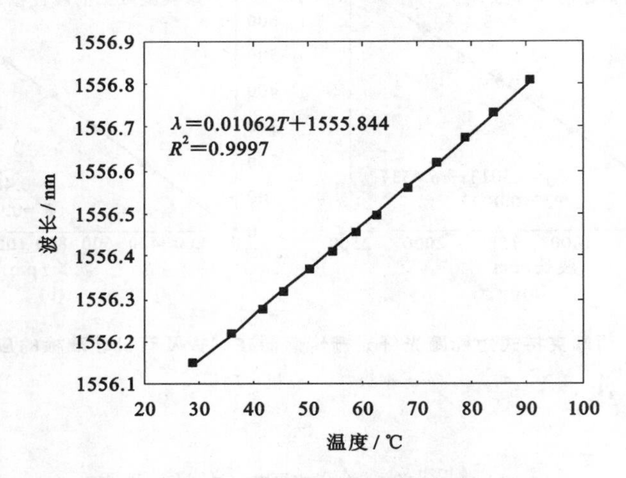

图 3-13 裸光纤光栅的温度传感特性曲线

3.2.2 增敏型光纤光栅温度传感器

在实际测量应用中,常将裸光纤光栅粘贴于热膨胀系数较大的基材之上进行封装,以实现温度增敏。当基材的热膨胀系数远远大于光纤材料的热膨胀系数($\alpha_{sub} \gg \alpha$)时,其温度与 FBG 波长变化的关系为[34]

$$\Delta\lambda_B = \lambda_B[(1 - P_e)\alpha_{sub} + \xi_f]\Delta T \tag{3-8}$$

式中,P_e 为光纤的弹光系数,α_{sub} 为基材热膨胀系数。

以铜管作为封装基材,裸光纤光栅的初始中心波长为 1285 nm(光栅长 8 mm),采用耐高温胶水将其粘贴于铜管内壁,如图 3-14(a)所示[35]。利用光纤光栅对温度与应变同时敏感的特性,以及铜质材料具有相对较大的热膨胀系数的特性,可实现光纤光栅温度传感的增敏。

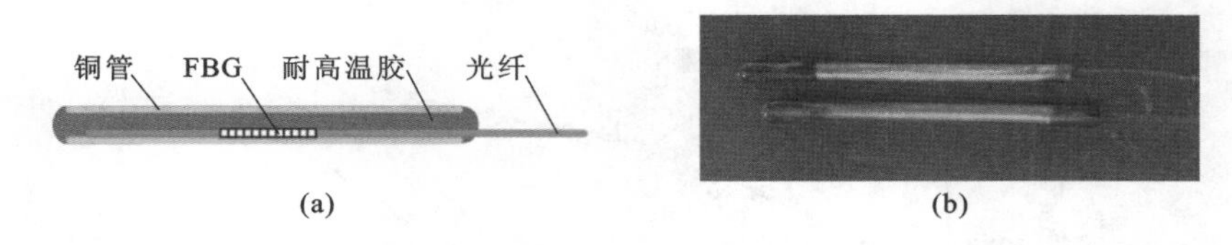

图 3-14 铜管封装光纤光栅温度传感器

(a) 结构图;(b) 实物图

实验采用银河 CT6025F 型高低温试验箱(温度控制范围−70～150 ℃,精度0.1 ℃),采用光纤光栅解调仪对其进行数据采集(解调仪分辨率为0.1 pm),如图 3-15所示。实验时,为了验证铜基材的增敏效果,将一根常温下中心波长为1288 nm的裸光纤光栅也置于试验箱内进行对比实验分析。实验以−40 ℃作为起始温度,零下温度选取−40 ℃、−25 ℃、−10 ℃三组;零上温度从0 ℃开始,每隔 20 ℃记录数据,直至 120 ℃。调节试验箱温度,当试验箱上的温度数显达到设定温度,保温 15～20 min,并记录每个稳定温度下对应的光纤光栅中心波长值。

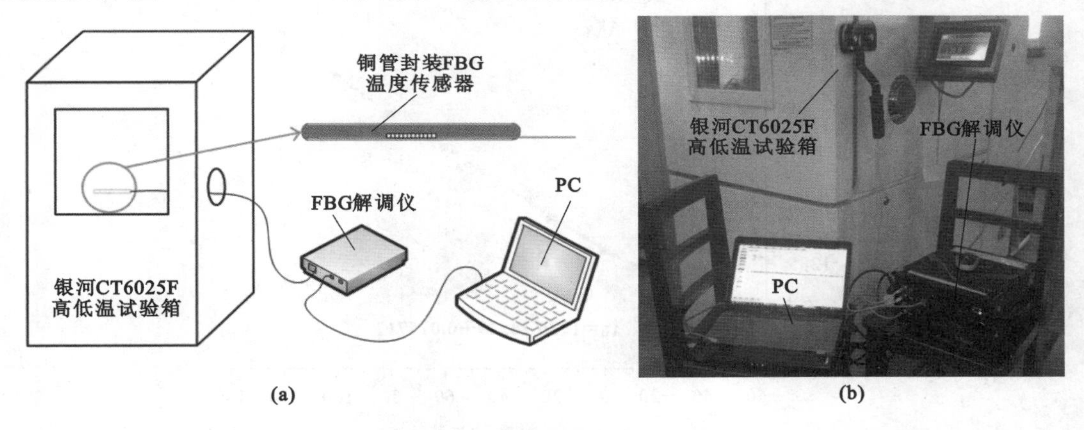

图 3-15 光纤光栅温度传感特性实验

(a) 原理图;(b) 实物图

测试分析得到的铜管封装光纤光栅和裸光纤光栅的中心波长与温度的关系曲线如图 3-16 所示。可以看出,裸光纤光栅的波长与温度是非线性关系,在20 ℃附近出现一个明显的拐点;而粘贴于铜基材上的光纤光栅波长与温度是近似线性关系,且灵敏度也明显高于裸光纤光栅,即铜基材具有明显的增敏效果,并且提高了系统的线性度。

对铜管封装光纤光栅测量温度的实验数据进行拟合处理,如图 3-17 所示。可以看到,铜管封装光纤光栅温度传感器的线性误差为 0.99%,拟合直线方程为 $\lambda_B = 1285.20549 + 0.02571T$,灵敏度为 25.71 pm/℃,是 1288 nm 波段裸光纤光栅理论灵敏度的 1.5 倍。

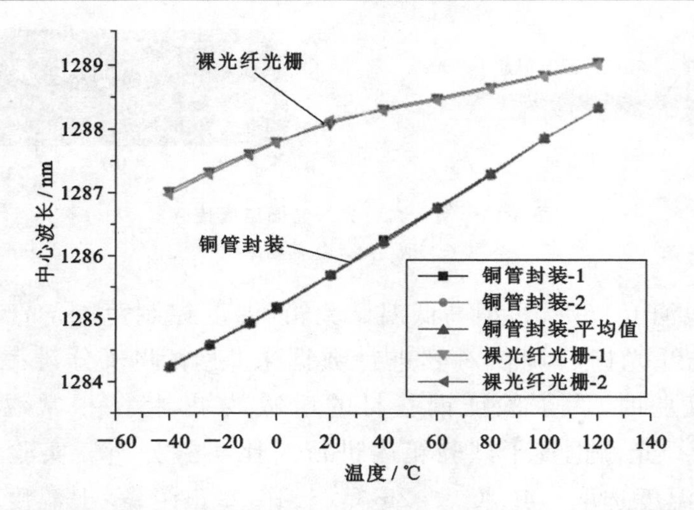

图 3-16 铜管封装光纤光栅和裸光纤光栅的中心波长与温度变化的实验曲线

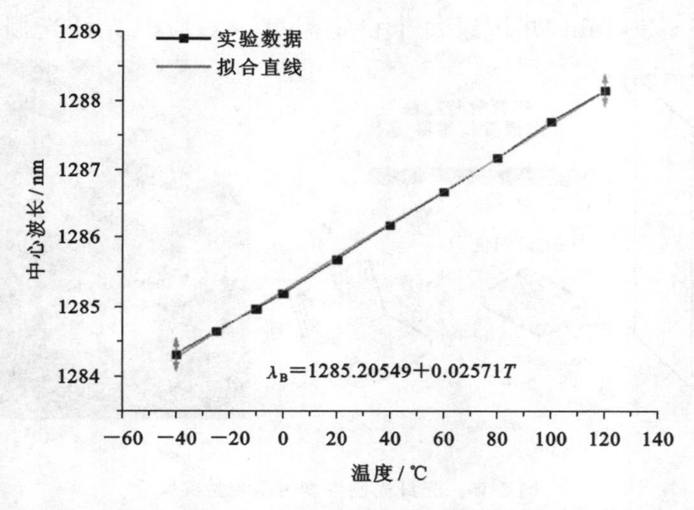

图 3-17 铜管封装光纤光栅的中心波长与温度关系的拟合直线

3.3 光纤光栅振动传感器

3.3.1 非接触式光纤光栅振动传感器

针对旋转机械振动测量的需求,李天梁等研究提出了一种基于光纤光栅传感的旋转轴振动非接触测量方法[36-37],如图 3-18 所示。其测量原理是当测量头距被测轴的距离发生变化时,利用永磁体对被测铁磁性轴的磁力耦合作用,使膜片发生变形,导致粘贴在膜片上的光纤光栅中心波长发生变化,从而可根据光纤光栅中心波长的变化获得旋转轴的振动位移量。

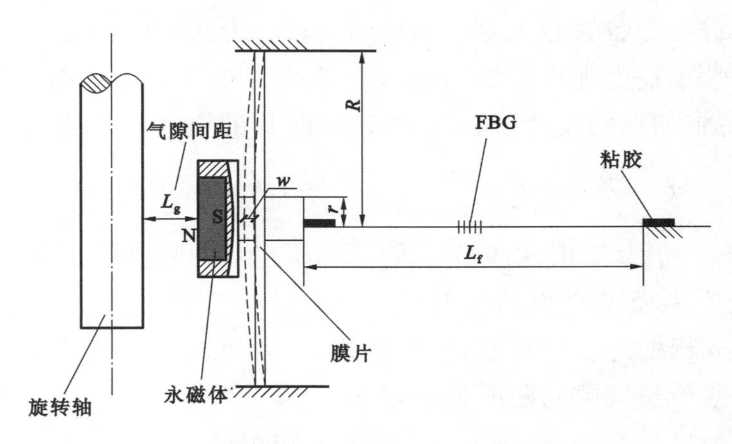

图 3-18 旋转轴振动的非接触光纤光栅检测原理图

这种非接触式振动传感器主要由磁铁、活动头、圆膜片、固定螺钉和光纤光栅组成，其结构和实物如图 3-19 所示。其中嵌入永磁体的活动头、固定螺钉与周向固定圆膜片连接处形成一个圆膜片硬心，当活动头感应到旋转轴的径向位移变化时，圆膜片硬心处的磁力变化会带动相连的悬置光纤光栅受力，进而引起光纤光栅的中心波长漂移，由这个中心波长漂移量就可实现对旋转轴振动状态的检测。

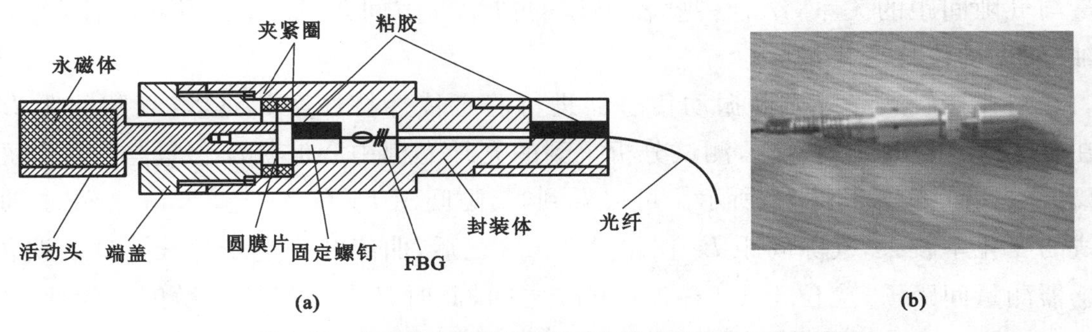

图 3-19 非接触式光纤光栅振动传感器结构图与实物图

(a) 结构图；(b) 实物图

为便于模型的简化和建立，传感器选用钕铁硼永磁体作为气隙感应器件，将柱形永磁体形成的磁路简化为理想磁路，通过永磁体的退磁曲线与负载曲线获得其工作点，其中气隙截面积 A_g 等于永磁体截面积 A_m，由此可得永磁体工作点处磁通 $B_m = B_g$，且磁力表达式为[36-37]

$$F_{磁力} = \frac{B_r^2 A_g}{2u_0\left(1+\dfrac{B_r A_m L_g}{u_r H_c A_g L_m}\right)^2} \tag{3-9}$$

式中，B_r 为传感器所选钕铁硼永磁体的剩磁；A_g 为永磁铁的气隙截面积，u_0 为真空磁导率；u_r 为相对磁导率；A_m 为永磁铁的横截面面积；L_g 为传感器工作时与被测物体的间距；H_c 为钕铁硼永磁体的矫顽力；L_m 为永磁体在充磁方向上的长度。

由弹性力学小挠度理论可知周向固定圆膜片在受力弯曲时挠度与载荷的关系，当分布载荷施加在圆膜片硬心处时，此时膜片的挠度变形可表示为

$$w=\frac{3(1-\mu^2)}{16}\frac{qa^4}{Eh^3}\left(1-\frac{b^4}{a^4}+4\frac{b^2}{a^2}\ln\frac{b}{a}\right)=qC \tag{3-10}$$

式中，μ 为泊松比，q 为作用在膜片上的分布载荷，E 为弹性模量，a 为圆膜片半径，b 为膜片硬心半径，h 为圆膜片厚度。

根据光纤光栅的应变传感原理，结合式(3-8)和式(3-9)可整理得到光纤光栅中心波长的漂移量与气隙间距的关系如下

$$\frac{\Delta\lambda}{\lambda}=(1-P_e)\frac{B_r^2A_gC}{2u_0\pi r^2L_f\left(1+\frac{E_fA_fC}{\pi r^2L_f}\right)\left(1+\frac{B_rL_g}{u_0L_mH_c}\right)^2} \tag{3-11}$$

式中，B_r 为剩磁，A_g 为气隙截面积，u_0 为真空磁导率，E_f 为光纤的弹性模量，A_f 为光纤的横截面面积，L_f 为光纤的有效工作长度，L_m 为永磁体在充磁方向上的长度，L_g 为气隙间距。

式(3-11)即是非接触式光纤光栅振动传感器中的光纤光栅中心波长的漂移量与气隙间距的关系，结合传感器工作的初始气隙间距，就可获得被测体(旋转轴)的振动位移变化量。

对非接触式光纤光栅振动传感器进行静态传感特性实验时，取气隙间距 L_g 在 1.9～10 mm 之间变化，测试分析得到的光纤光栅中心波长漂移量与气隙间距 L_g 的关系曲线如图 3-20 所示。可以看到，气隙间距 L_g 在 2.4～3 mm 之间时，曲线的变化率较大；气隙间距 L_g 在超过 3 mm 之后，曲线几乎趋于直线。这表明传感器测量间距 L_g 应位于 1.9～2.4 mm 之间，此时具有良好的灵敏度。为此，以

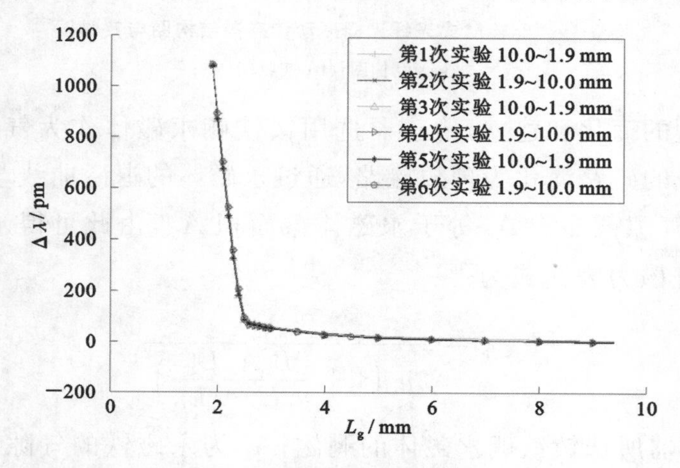

图 3-20 中心波长漂移量与气隙间距 L_g 的关系图

1.9～2.4 mm 间距作为传感器的测量范围，进一步通过测试分析得到的传感器静态传感特性如图 3-21 所示，此时非接触式光纤光栅振动传感器的灵敏度为 1.694 pm/μm，线性度为 2.92%，重复性误差为 1.25%，迟滞误差为3.05%。

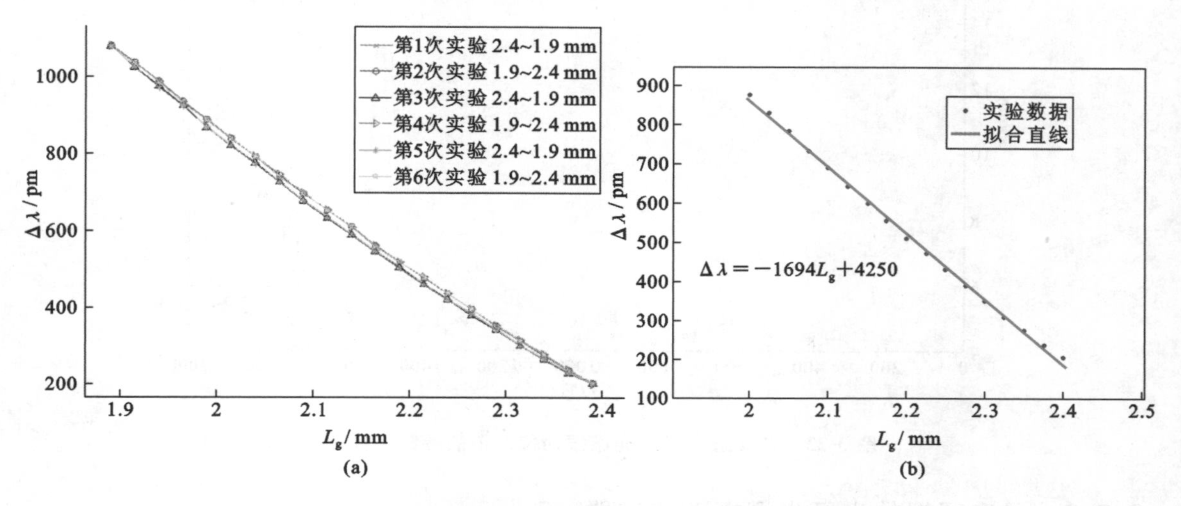

图 3-21　非接触式光纤光栅振动传感器的静态传感特性

(a) 传感器 6 次重复性实验；(b) 重复性实验数据平均值拟合直线

图 3-22 所示为非接触式光纤光栅振动传感器的动态传感特性实验系统，该实验系统主要由 B&K 4808 振动测试系统(包含 B&K 4371 压电加速度传感器)、光纤光栅解调仪和计算机等组成。实验在恒定的 2g 加速度下，采用频率范围为 50～2000 Hz 的正弦信号进行扫频激励。测试分析得到的传感器幅频特性如图 3-23所示，从图中可知非接触式光纤光栅振动传感器的工作频带大约为 0～1300 Hz，谐振频率大约为 1500 Hz。

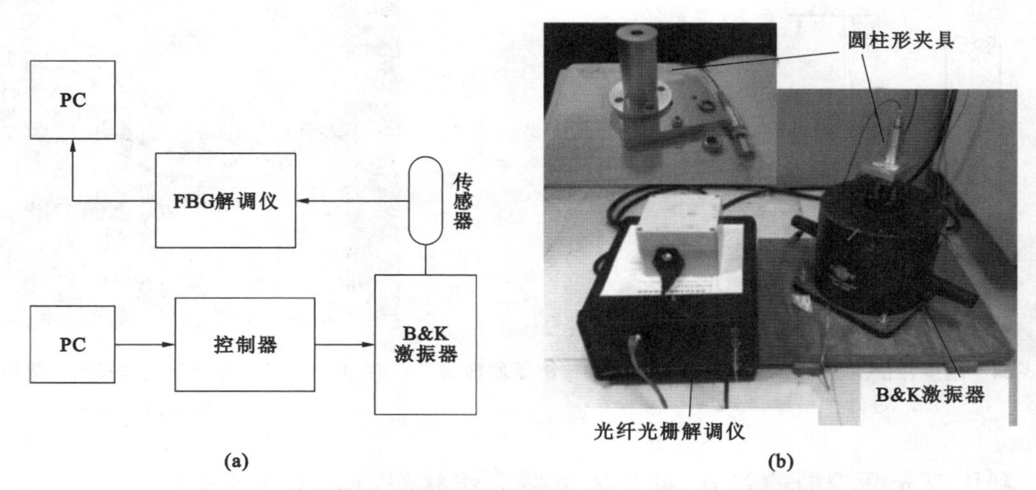

图 3-22　非接触式光纤光栅振动传感器动态传感特性的实验系统

(a) 原理图；(b) 实物图

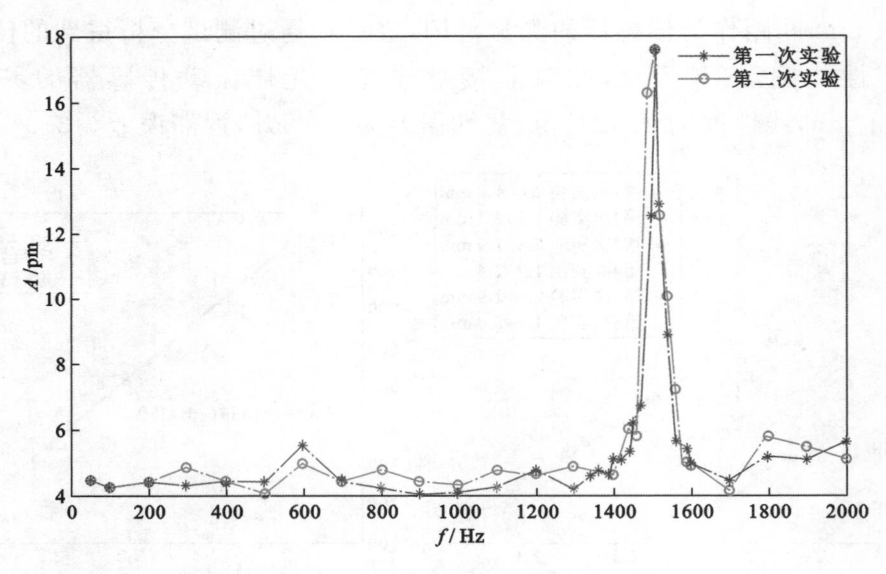

图 3-23　非接触式光纤光栅振动传感器的幅频特性曲线

3.3.2　温度解耦的光纤光栅振动传感器

由图 3-18 可知非接触式光纤光栅振动传感器工作时，其中的光纤光栅不仅直接耦合了温度效应，还耦合了温度导致结构膨胀的拉压应力，因此必须有效地剔除温度效应和结构膨胀应力对光纤光栅测量的影响，才能有效地实现对振动的准确检测。图 3-24 是引入温度补偿后的一种非接触式光纤光栅振动传感器，通过悬臂 FBG_2（光纤光栅）单独检测温度，然后采用双差分原理实现 FBG_1（光纤光栅）的热载误差的补偿[38]，图 3-25 是这类传感器的实物图。

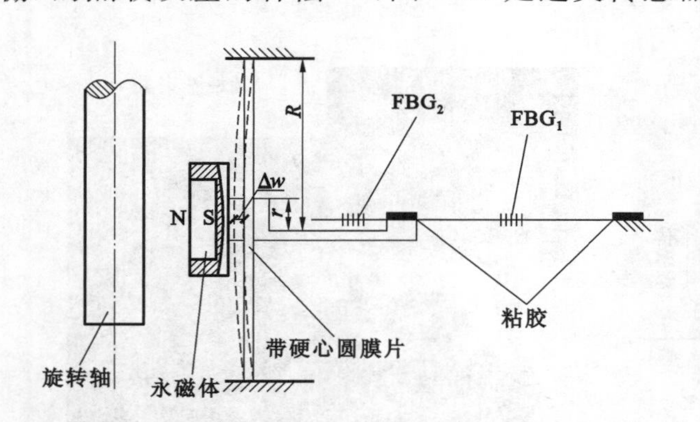

图 3-24　温度补偿下的非接触式光纤光栅振动传感器原理图

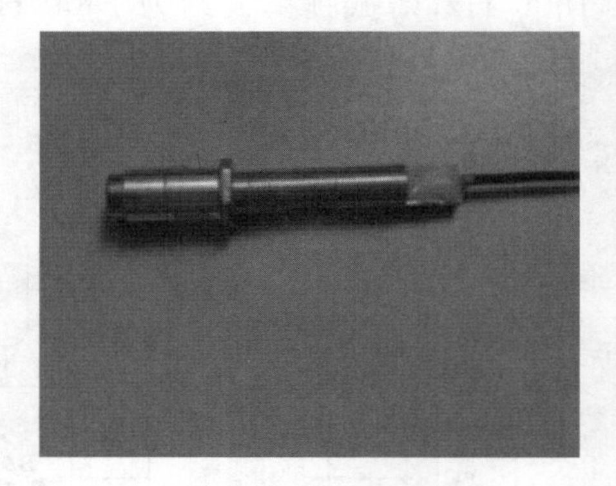

图 3-25　温度补偿下的非接触式光纤光栅振动传感器实物图

利用双光纤光栅的差分，以及传感器工作状态与非工作状态的差分，即双差分处理，可得这种非接触式光纤光栅振动传感器差分式为

$$\begin{bmatrix} \frac{\Delta\lambda_1}{\lambda_1} - \frac{\Delta\lambda_2}{\lambda_2} \\ \frac{\Delta\lambda_1'}{\lambda_1} - \frac{\Delta\lambda_2'}{\lambda_2} \end{bmatrix} = \begin{bmatrix} \frac{1-P_e}{L} & (1-P_e)\frac{(\alpha_1 L_1 - \alpha_2 L_2)}{L} \\ 0 & (1-P_e)\frac{(\alpha_1 L_1 - \alpha_2 L_2)}{L} \end{bmatrix} \begin{bmatrix} \Delta w \\ \Delta T \end{bmatrix} \tag{3-12}$$

结合磁力耦合与光纤光栅传感原理，以及利用两个光纤光栅和传感器的两种状态实现双差分式温度补偿，最终可实现带温度补偿的非接触式测量。采用前述非接触式光纤光栅振动传感器的静/动态特性实验系统，对这种双差分温度解耦非接触式光纤光栅振动传感器的传感特性进行测试分析，结果如图 3-26 所示。这表明室温下该传感器在测量范围 2～2.6 mm 下，灵敏度为－0.67 pm/μm，线性拟合相关系数达 0.9974，工作频带为 0～150 Hz。

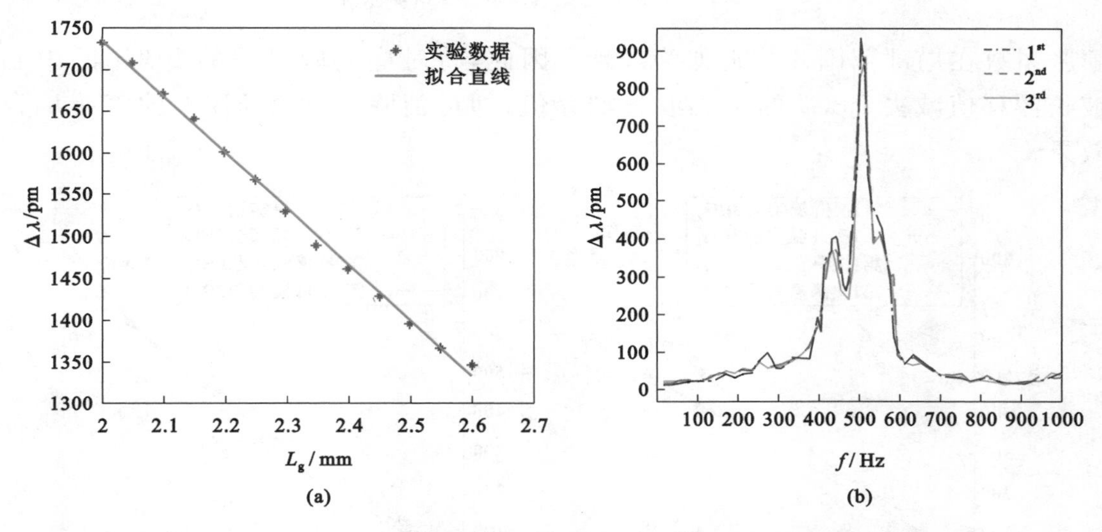

图 3-26　温度补偿下的非接触式光纤光栅振动传感器的静态/动态传感特性

(a) 静态特性；(b) 幅频特性

为准确检验传感器的温度补偿效果，采用恒温箱控制传感器的工作温度，并进行温度补偿测试分析，如图 3-27 所示。由于传感器的静态特性实验是在室温条件下进行，因此仍从室温 25 ℃开始进行温度补偿实验。实验时，30 ℃后间隔 10 ℃测量一次，直至 90 ℃，在每个恒温段利用光纤光栅解调仪采集传感器的信号，并传送至电脑保存对应温度下的光纤光栅中心波长。

图 3-28 所示为两个光纤光栅(FBG)中心波长漂移值与温度的关系曲线，由图发现在 25～90 ℃区间，FBG_1 的中心波长偏移值始终大于 FBG_2 的中心波长漂移值，由于 FBG_1 除受到温度的直接耦合作用外，还受到沿光纤光栅纵向结构的膨胀应力作用。在 25～70 ℃内，该结构膨胀应力随温度的变化几乎为线性。温度超过 70 ℃后，FBG_1 的中心波长漂移值的增速明显提高，主要原因是材料的热

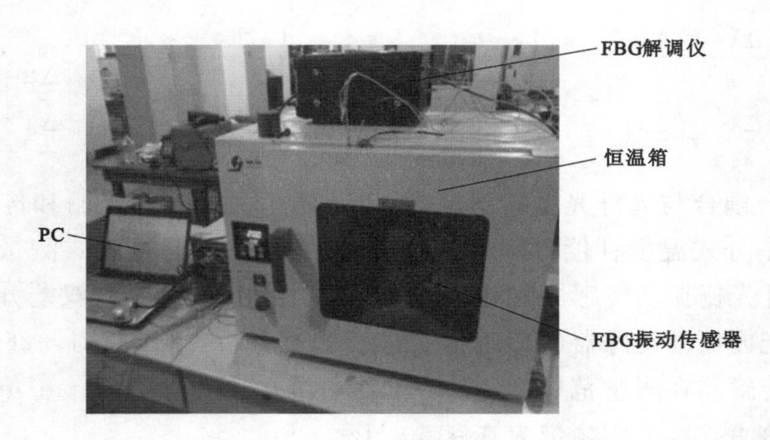

图 3-27　传感器的结构温度补偿实验系统

膨胀系数在局部范围才能近似为线性。因此，将对应实验过程的 FBG_1 的中心波长漂移值减去 FBG_2 的中心波长漂移值，即可消除温度对 FBG_1 的直接耦合效果。

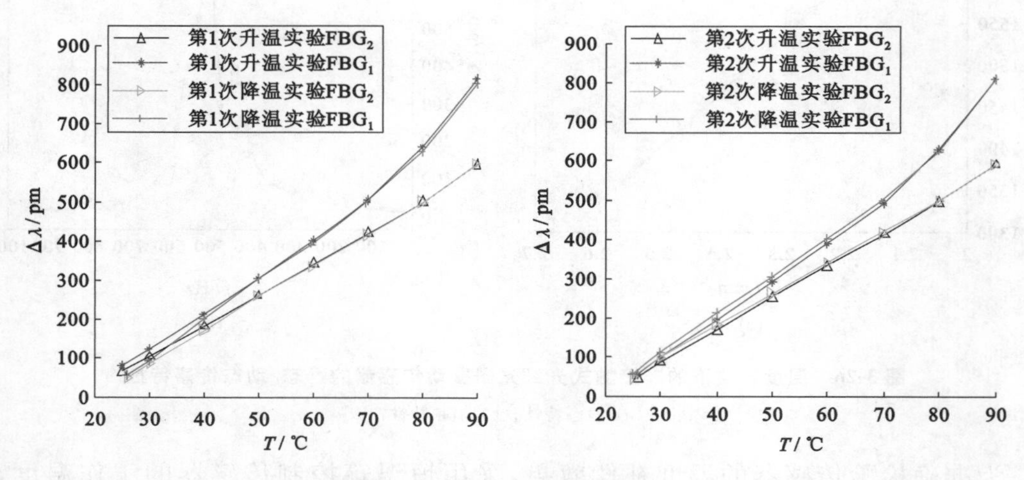

图 3-28　两个光纤光栅中心波长漂移值与温度的关系曲线

图 3-29 所示为结构热膨胀引起 FBG_1 中心波长漂移值与温度的关系曲线。从图 3-29 可明显看出，材料热膨胀系数在局部范围可以简化为固定值，与其理论模型相符。温度超过 70 ℃后，中心波长漂移值的增速较 25～70 ℃段有明显提高。依据传感器的测试数据拟合的直线如图 3-30 所示，温度补偿量程为 25～60 ℃，由拟合直线可知传感器的灵敏度为－1.5 pm/℃，线性拟合相关系数为 0.9995，拟合直线方程为

$$\Delta\lambda = 1.51T - 32.97 \tag{3-13}$$

显然，在 25～60 ℃内对传感器进行结构补偿可以控制误差在1.19%以内。同样可对传感器重复进行多次结构膨胀温度补偿实验，利用统计学原理获得更高

阶次的拟合直线，实现更精准的温度补偿，削弱温度对传感器测量的影响，提高传感器在温度变化环境下的适应能力。

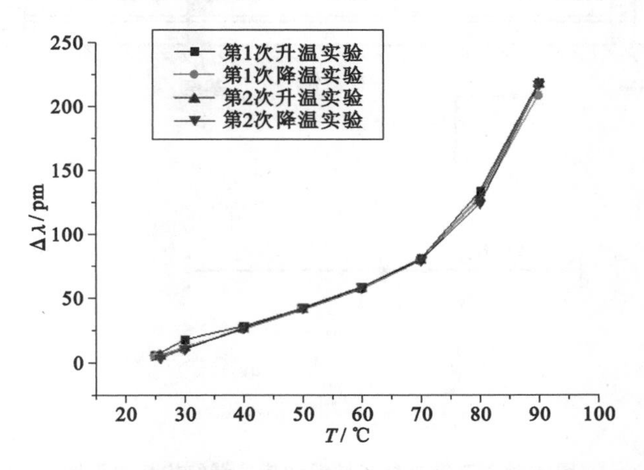

图 3-29 结构热膨胀引起 FBG_1 中心波长漂移值与温度的关系曲线

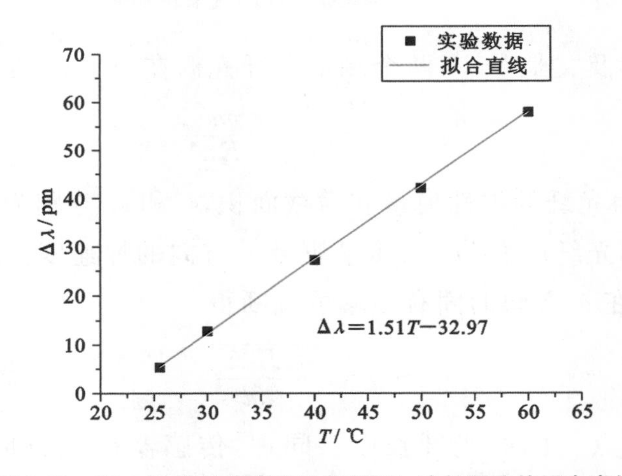

图 3-30 25～60 ℃结构膨胀引起 FBG_1 波长漂移的拟合直线

3.3.3 二维光纤光栅振动传感器

二维光纤光栅振动传感器的结构与原理如图 3-31 所示，将光纤本身作为弹性体，在一根光纤上布置两个测量光纤光栅 FBG_1 和 FBG_2，光纤的两侧采用粘胶固定。在两固定点之间的中点设置一个质量块 m，并以质量块 m 所在位置为坐标原点建立如图 3-31(a)所示的坐标系，同时使用 z 向挡板限制质量块的 z 方向自由度。在 xoy 坐标平面内，质点 m 的运动是被测体在 x/y 方向振动的合成，此时 FBG_1 和 FBG_2 将出现对应的波长漂移，通过适当的 x/y 方向的振动解耦，就可以实现对 x/y 方向振动的测量。

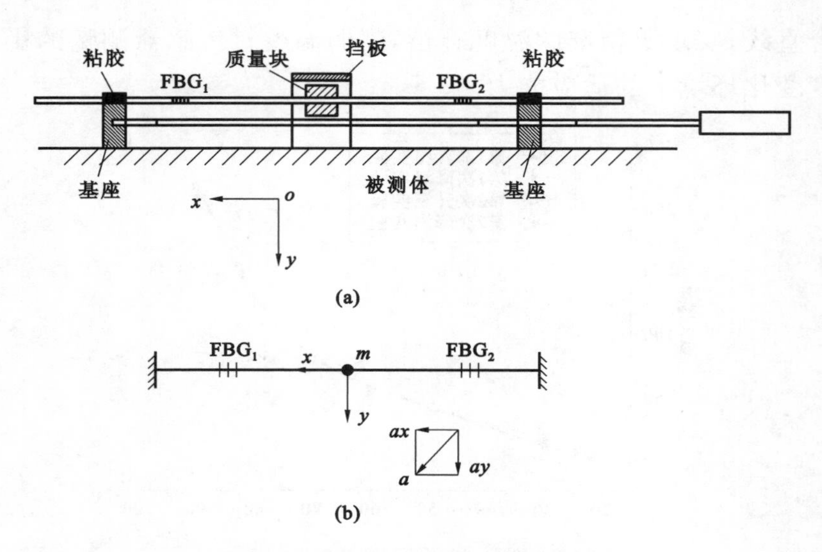

图 3-31 二维光纤光栅振动传感器结构与原理图

(a) 传感器结构模型图;(b) 传感器原理图

根据材料力学及文献[39-40],两个测量光纤光栅在 x 方向的应变差可表示为:

$$\varepsilon_x = \varepsilon_r - \varepsilon_l = \frac{ma_x}{E_f A_f} \tag{3-14}$$

式中,E_f、A_f 分别为光纤的弹性模量和横截面积,ε_l 和 ε_r 分别为 FBG_1 和 FBG_2 测量的质量块左右侧光纤应变,a_x 为质量块沿 x 方向的加速度。

那么,传感器在 x 方向的固有频率可推断得

$$w_x = \sqrt{\frac{2E_f A_f}{ml}} \tag{3-15}$$

式中,$2l$ 为两固定点之间的光纤长度。同理,传感器在 y 方向的固有频率可描述为[10-11]

$$w_y = \sqrt{\frac{2E_f A_f(\varepsilon_0 + \Delta\varepsilon_0)}{(\Delta\varepsilon_0 + 1)lm}} \tag{3-16}$$

式中,$\Delta\varepsilon_0$ 为质量块重力引起的光纤应变,ε_0 为预应力下的光纤初始应变。根据振动力学理论可知,当 y 方向振动频率 $w \ll w_y$ 时,质量块 m 在 y 方向的位移可表示为

$$y - y_b = \frac{a_y}{w_y^2} \tag{3-17}$$

式中,a_y 为质量块沿 y 方向的加速度,y_b 为质量块在平衡位置时相对光纤两端固定连成的直线的垂直偏移量。

整理可得 $\Delta\varepsilon_y$ 与加速度 a_y 的关系表达式[39-40]:

$$\Delta\varepsilon_y = \frac{(\Delta\varepsilon_0 + 1)m}{2KE_\mathrm{f}A_\mathrm{f}(\varepsilon_0 + \Delta\varepsilon_0)}a_y \tag{3-18}$$

其中 K 在小范围内可简化为

$$K = \frac{\sqrt{(\Delta\varepsilon_y + \Delta\varepsilon_0)^2 + 2(\Delta\varepsilon_y + \Delta\varepsilon_0)} - \sqrt{(\Delta\varepsilon_0)^2 + 2\Delta\varepsilon_0}}{\Delta\varepsilon_y} \tag{3-19}$$

由式(3-14)可知，x 方向加速度与光纤的应变近似为线性关系，在小范围内可对其进行线性拟合处理。当质量块 m 受到平面内加速度作用时，x 方向的惯性力使得 FBG_1 受拉/压，FBG_2 受压/拉；而 y 方向的惯性力使得 FBG_1 和 FBG_2 同时受拉或压。此时，对于光纤上布置的 FBG_1 和 FBG_2 的应变可表示为：

$$\begin{cases} \Delta\lambda_2 - \Delta\lambda_1 = \dfrac{(1-P_\mathrm{e})\lambda_1 m}{E_\mathrm{f}A_\mathrm{f}}a_x \\ \Delta\lambda_1 + \Delta\lambda_2 = (1-P_\mathrm{e})\dfrac{\lambda_1(\Delta\varepsilon_0 + 1)m}{KE_\mathrm{f}A_\mathrm{f}(\varepsilon_0 + \Delta\varepsilon_0)}a_y \end{cases} \tag{3-20}$$

式中，P_e 为光纤的弹光系数；$\Delta\lambda_1$ 为 FBG_1 的波长漂移量，λ_1 为 FBG_1 的初始中心波长；$\Delta\lambda_2$ 为 FBG_2 的波长漂移量，λ_2 为 FBG_2 的初始中心波长。显然，根据式(3-20)即可实现对质量块 m 振动的 x、y 方向的解耦。

选用 1.29 g 铜材质量块，两固定点之间的光纤有效长度为 30 mm，图 3-32所示是制作的二维振动光纤光栅传感测量装置。在光纤上施加一定的预应力，FBG_1 封装时初始中心波长为 1292.253 nm，FBG_2 封装时初始中心波长为 1304.492 nm。光纤的弹性模量为 $E_\mathrm{f}=69$ GPa，光纤的外径为 125 μm，有效弹光系数 $P_\mathrm{e}=0.22$。对于 x 方向，根据式(3-15)计算可得传感器在 x 方向的谐振频率为 1488.9 Hz，根据式(3-19)可得该传感器的 x 方向的峰-峰灵敏度为 30.9 pm/g。对于 y 方向，根据式(3-16)计算可得传感器 y 方向的谐振频率为 17.18 Hz。

图 3-32　二维振动光纤光栅传感测量装置

利用激振测试系统，以 4507B 压电加速度振动传感器为基准，在 10～60 m/s^2 内对制作的二维光纤光栅振动传感器进行标定。图 3-33 所示为 30 Hz 激励振动下，二维光纤光栅振动传感器在 x 方向上的加速度 a_x 与光纤光栅中心波长的变化（$\Delta\lambda_2-\Delta\lambda_1$），可以看到在 10～60 m/s^2 范围内，加速度 a_x 与光纤光栅中心波长变化（$\Delta\lambda_2-\Delta\lambda_1$）的关系近似为线性关系，其迟滞误差和重复性误差分别为6.15%和 4.77%。

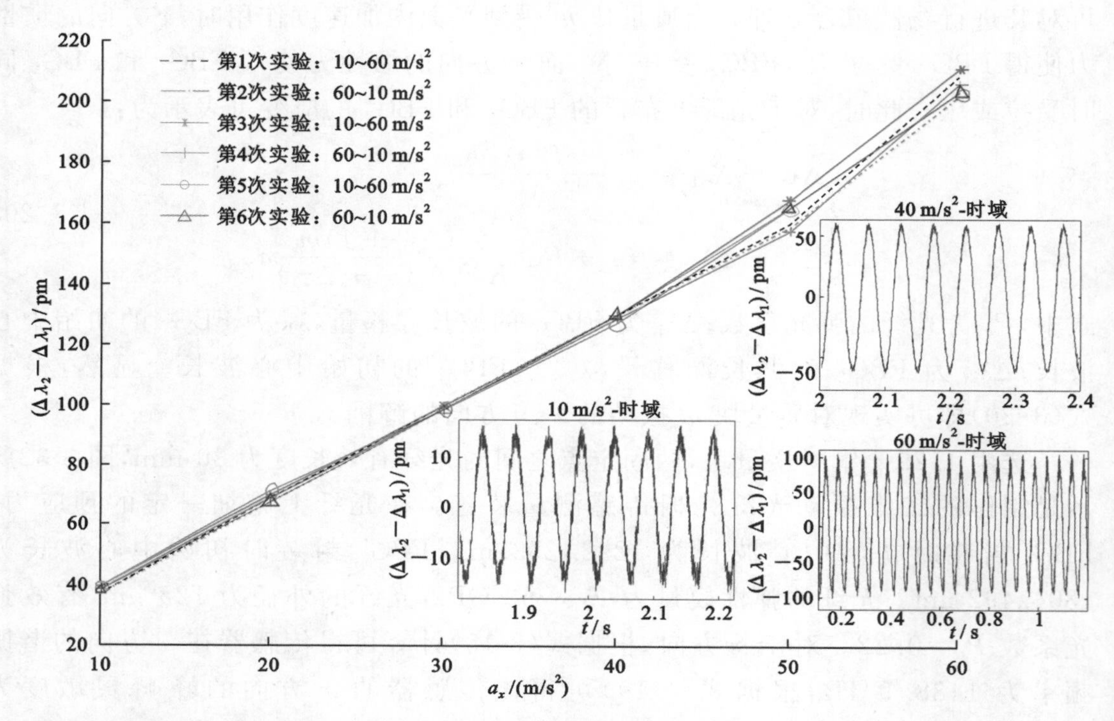

图 3-33 $\Delta\lambda_2-\Delta\lambda_1$ 随加速度 a_x 变化的曲线及加速度 a_x 为 10 m/s^2、40 m/s^2 和 60 m/s^2 时的时域响应曲线

对二维光纤光栅振动传感器的测量数据进行处理，得到的拟合曲线如图 3-34 所示。由该图可得该二维光纤光栅振动传感器的灵敏度为 32.84 pm/g，拟合方程为 $\Delta\lambda_2-\Delta\lambda_1=3.284\times a_x+2.594$。

同样，对于 y 方向的传感特性，将激振频率设定为 5 Hz，激振加速度设定在 1.5～8 m/s^2。图 3-35 为在 5 Hz 的振动激励下，加速度为 1.5～8 m/s^2 的实验曲线。此时，二维光纤光栅振动传感器仍有较好的线性度，y 方向的迟滞误差和重复性误差分别为 3.12%和 6.512%。

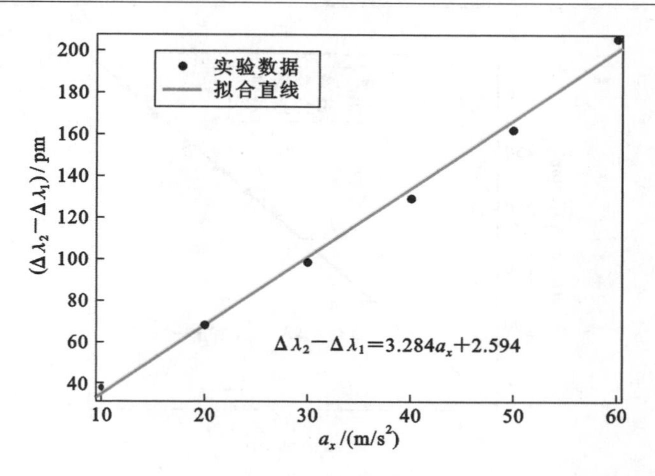

图 3-34 $\Delta\lambda_2-\Delta\lambda_1$ 随加速度 a_x 变化的拟合直线

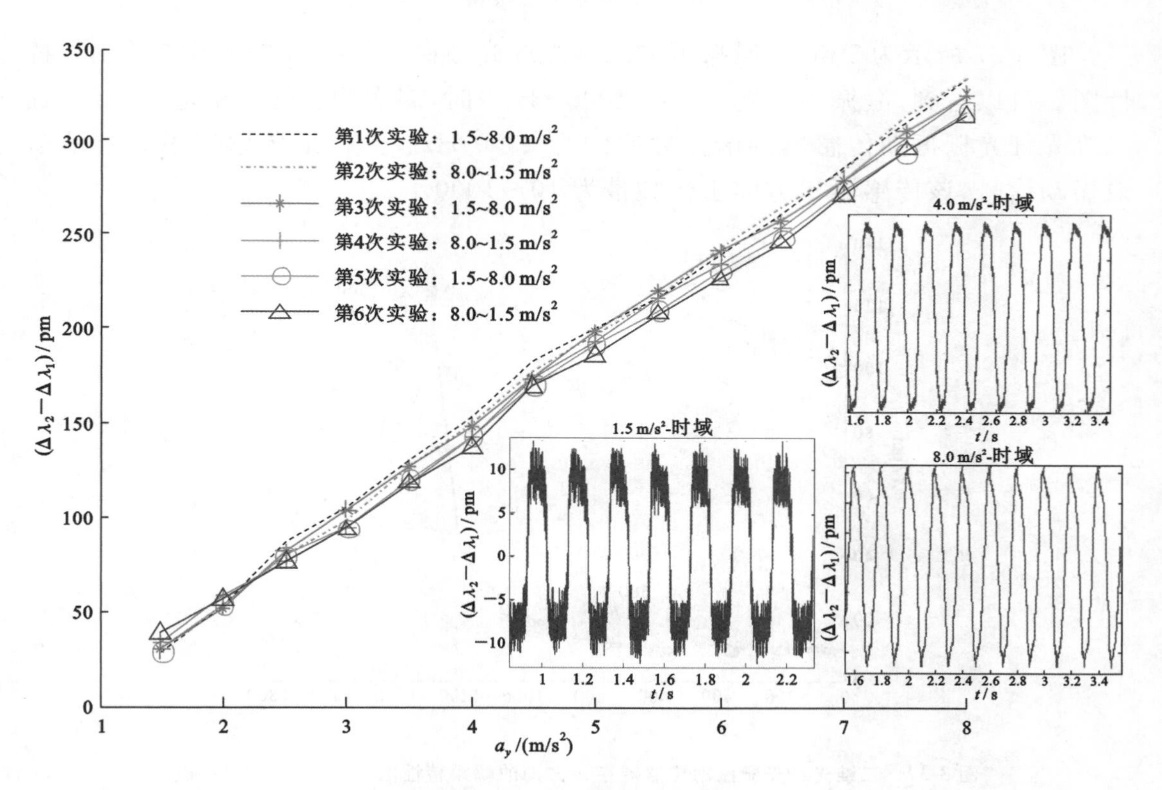

图 3-35 $\Delta\lambda_2-\Delta\lambda_1$ 随加速度 a_y 的变化曲线及加速度 a_y 为 1.5 m/s²、4 m/s² 和 8 m/s² 时的时域响应曲线

对二维光纤光栅振动传感器的测试数据进行最小二乘法的线性拟合，得到的拟合直线如图 3-36 所示。可以看到振动传感器的灵敏度为 451.3 pm/g，拟合方程为

$$\Delta\lambda_2-\Delta\lambda_1=45.13a_y-34.43 \tag{3-21}$$

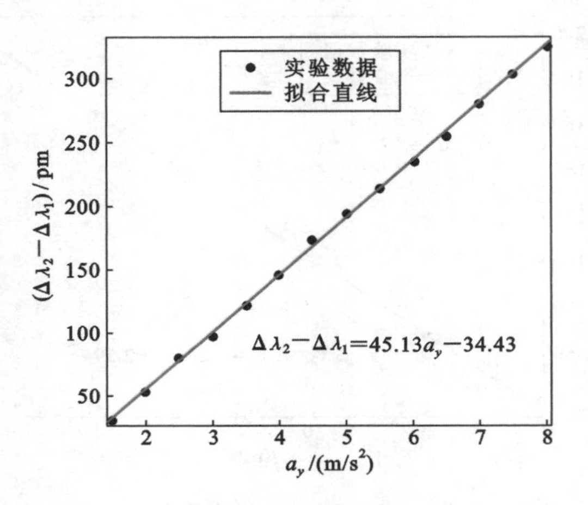

图 3-36　$\Delta\lambda_2-\Delta\lambda_1$ 随加速度 a_y 变化的拟合直线

图 3-37 所示为 5 m/s^2 激振下的二维光纤光栅振动传感器在 x 方向的幅频特性图。可以看到，激振频率处于 10～1000 Hz 内时，多次测试的结果基本一致，且二维光纤光栅振动传感器的谐振频率约为 1300 Hz。为保证传感器不失真地拾取振动信号，该传感器 x 方向工作频带为 10～1000 Hz。

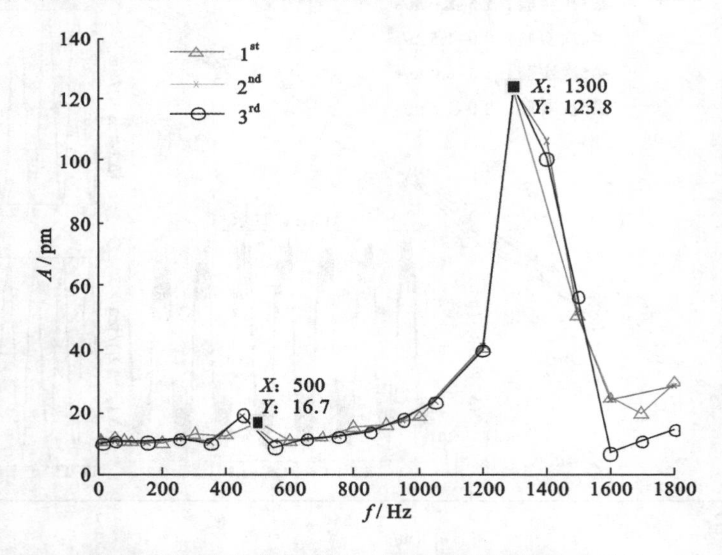

图 3-37　二维光纤光栅振动传感器在 x 方向的幅频特性图(恒定 5 m/s^2 激振)

将激振器的加速度幅值控制为 2 m/s^2，激振信号频率从 3 Hz 调整到 60 Hz，得到的二维光纤光栅振动传感器在 y 方向的幅频特性如图 3-38 所示。可以看出，在激振频率 3～60 Hz 内，多次测试的结果基本一致，且激振频率在 3～12 Hz 内的响应曲线近似水平，当激振频率大于 12 Hz 时，光纤光栅中心波长的变化随着频率的增大而增大。为保证传感器不失真地拾取 y 方向的振动信号，该传感器 y 方向工作频带设为 3～12 Hz。

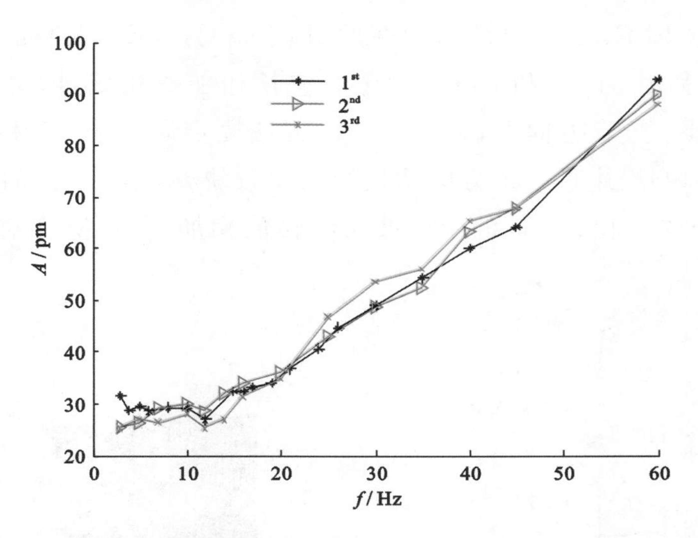

图 3-38　二维光纤光栅振动传感器在 y 方向的幅频特性图(恒定 2 m/s^2 激振)

图 3-39 所示为敲击激励下的二维光纤光栅振动传感器左侧 FBG_1 在 y 方向上的时域响应及频谱图,从图中可知传感器在 20 Hz 和 66 Hz 左右存在峰值。

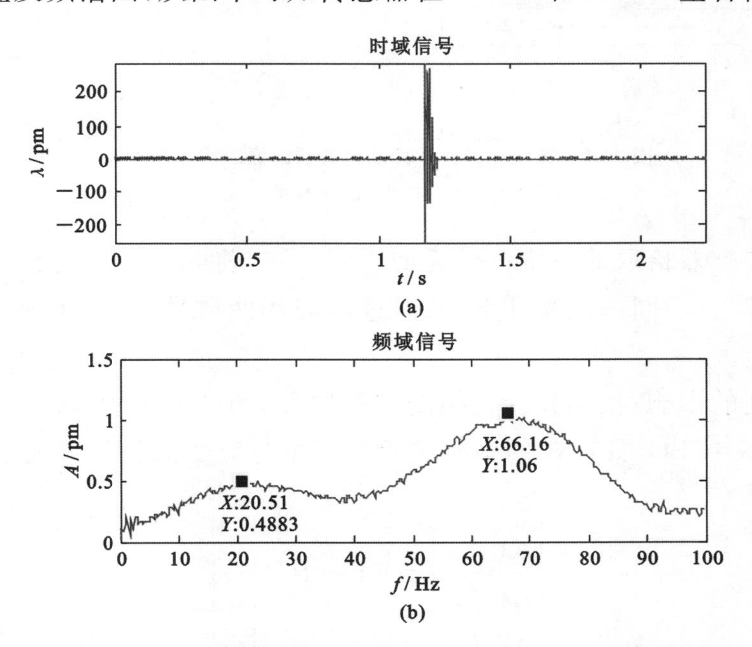

图 3-39　敲击激励下二维光纤光栅振动传感器中 FBG_1 在 y 方向上的时域响应与频谱图

(a) 时域响应图;(b) 频谱图

3.3.4　三维光纤光栅振动传感器

图 3-40 所示为三维光纤光栅振动传感器的测量原理图与实物图。水平方向上,将质量块 m_1 布置在光纤 1 上,并通过基座约束质量块 m_1 在 z 方向的自由度;

将测量光纤光栅 FBG_1 和 FBG_2 布置在质量块 m_1 的两侧，光纤的两端采用粘胶固定在基座上，利用 FBG_1 和 FBG_2 的中心波长相加或相减，即可实现 x/y 方向的振动解耦测量。竖直方向上，采用同样的方法固定质量块 m_2 和布置测量光纤光栅 FBG_3 和 FBG_4，并通过 x 方向挡板约束质量块 m_2 在 x 方向的自由度，利用测量光纤光栅 FBG_3 和 FBG_4 的中心波长漂移值相加，即可实现对 z 方向的振动拾取。

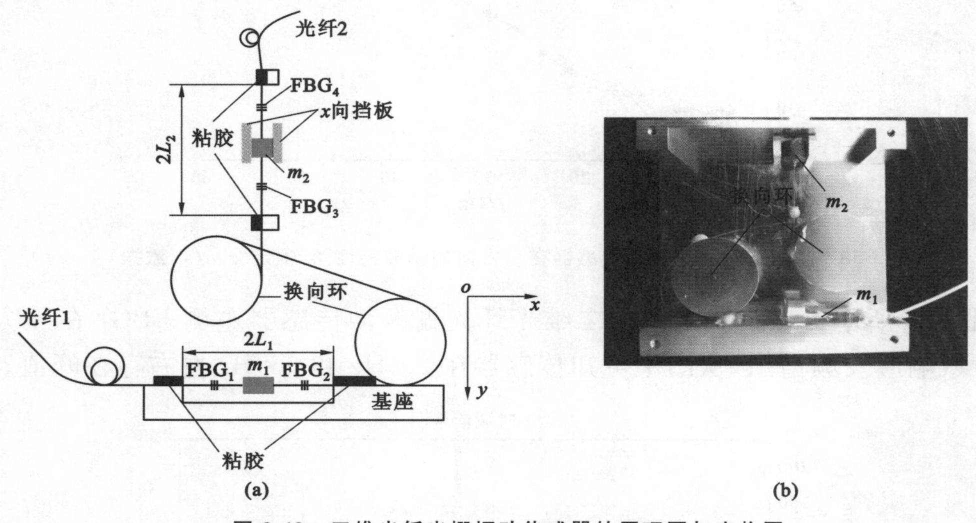

图 3-40 三维光纤光栅振动传感器的原理图与实物图

(a) 原理图；(b) 实物图

为保证传感器拾取的三维振动近似于同一点，将测量光纤光栅 FBG_1、FBG_2、FBG_3 和 FBG_4 置于同一根光纤上，并通过换向环使质量块 m_2 和质量块 m_1 处于同一竖直线上。

忽略温度的影响，根据光纤光栅的传感原理，图 3-41 所示的四个测量光纤光栅 FBG_1、FBG_2、FBG_3、FBG_4 的中心波长漂移量与应变的关系可表示为[41]

$$\begin{bmatrix}\Delta\lambda_1/\lambda_1\\ \Delta\lambda_2/\lambda_2\\ \Delta\lambda_3/\lambda_3\\ \Delta\lambda_4/\lambda_4\end{bmatrix}=(1-P_e)\begin{bmatrix}\varepsilon_1\\ \varepsilon_2\\ \varepsilon_3\\ \varepsilon_4\end{bmatrix} \tag{3-22}$$

式中，$\Delta\lambda_1$、$\Delta\lambda_2$、$\Delta\lambda_3$、$\Delta\lambda_4$ 分别表示 FBG_1、FBG_2、FBG_3、FBG_4 的中心波长漂移量，λ_1、λ_2、λ_3、λ_4 分别表示 FBG_1、FBG_2、FBG_3、FBG_4 的中心波长，ε_1、ε_2、ε_3、ε_4 分别表示 FBG_1、FBG_2、FBG_3、FBG_4 的应变变化量，P_e 为光纤的有效弹光系数。

根据前文分析可知，当质量块 m_1 在 a_x 和 a_y 上同时作用时，FBG_1 和 FBG_2 的中心波长漂移量与 a_x、a_y 的关系可表示为

$$\begin{bmatrix}\Delta\lambda_1/\lambda_1\\\Delta\lambda_2/\lambda_2\end{bmatrix}=(1-P_e)\begin{bmatrix}\dfrac{m_1L_1}{2E_fA_f} & \dfrac{m_1(\varepsilon_{yb}+1)\sqrt{\varepsilon_{yb}^2+2\varepsilon_{yb}}}{2E_fA_f(\varepsilon_{y0}+\varepsilon_{yb})}\\-\dfrac{m_1L_1}{2E_fA_f} & \dfrac{m_1(\varepsilon_{yb}+1)\sqrt{\varepsilon_{yb}^2+2\varepsilon_{yb}}}{2E_fA_f(\varepsilon_{y0}+\varepsilon_{yb})}\end{bmatrix}\begin{bmatrix}a_x\\a_y\end{bmatrix}$$

$$=(1-P_e)\begin{bmatrix}S_x & S_y\\-S_x & S_y\end{bmatrix}\begin{bmatrix}a_x\\a_y\end{bmatrix}\tag{3-23}$$

式中，ε_{y0}为预紧力引起的光纤应变，ε_{yb}为质量块 m_1 振动作用引起的光纤应变增量。

同样，对于竖直方向的质量块 m_2，可得光纤上的 FBG_3 和 FBG_4 的中心波长漂移量与 a_y、a_z 的关系为

$$\begin{bmatrix}\Delta\lambda_3/\lambda_3\\\Delta\lambda_4/\lambda_4\end{bmatrix}=(1-P_e)\begin{bmatrix}S_{y1} & S_z\\-S_{y1} & S_z\end{bmatrix}\begin{bmatrix}a_y\\a_z\end{bmatrix}\tag{3-24}$$

考虑到光纤的轴向刚度远大于其横向刚度，若仅考虑其 z 方向轴向刚度，则式(3-24)可整理出关于加速度 a_z 的表达式

$$\frac{\Delta\lambda_3}{\lambda_3}+\frac{\Delta\lambda_4}{\lambda_4}=2S_za_z=\frac{m_2(\varepsilon_{zb}+1)\sqrt{\varepsilon_{zb}^2+2\varepsilon_{zb}}}{E_fA_f(\varepsilon_{z0}+\varepsilon_{zb})}a_z\tag{3-25}$$

式中，S_x、S_y、S_z 分别是单个光纤光栅的灵敏度。结合式(3-24)和式(3-25)，就可得三维光纤光栅振动传感器各方向的加速度测量矩阵

$$\begin{bmatrix}\Delta\lambda_1 & -\Delta\lambda_2 & 0 & 0\\\Delta\lambda_1 & \Delta\lambda_2 & 0 & 0\\0 & 0 & \Delta\lambda_3 & \Delta\lambda_4\end{bmatrix}\begin{bmatrix}1/\lambda_1\\1/\lambda_2\\1/\lambda_3\\1/\lambda_4\end{bmatrix}=\begin{bmatrix}2S_x & 0 & 0\\0 & 2S_y & 0\\0 & 0 & 2S_z\end{bmatrix}\begin{bmatrix}a_x\\a_y\\a_z\end{bmatrix}\tag{3-26}$$

显然，式(3-26)提供了该传感器实现三维振动测量的理论依据，且相比一维光纤光栅振动测量，该三维光纤光栅振动传感器各方向的灵敏度都扩大了 2 倍。

取传感器的质量块 m_1 为 2.71 g，质量块 m_2 为 0.85 g，$2L_1$ 和 $2L_2$ 的长度都为 30 mm。测量光纤光栅 FBG_1、FBG_2、FBG_3、FBG_4 在封装前后的中心波长如表 3-3所示。

表 3-3 三维光纤光栅振动传感器的 FBG_s 参数

FBG_s 编号	FBG_1	FBG_2	FBG_3	FBG_4
原始中心波长/nm	1538.047	1543.369	1551.967	1557.016
预应力下的中心波长/nm	1538.715	1544.052	1552.312	1557.407
预应力引起的波长漂移/nm	0.668	0.683	0.345	0.391

对传感器的传感特性进行测试评价是一项重要工作，传感器的性能指标决定

其使用范围和要求。测试时，在 x 方向上给予振动激励，激振加速度幅值设为 10 m/s^2，激振频率在 20～1000 Hz 内调整，结合式(3-26)的矩阵解耦方法，三维光纤光栅振动传感器在 x 方向的时域响应和频域响应如图 3-41 所示。可以看到通过 4 个测量光纤光栅（FBG_1、FBG_2、FBG_3、FBG_4）可以实现 x 方向振动的解耦测量，尽管 y、z 方向的响应曲线中仍存在激励响应，但与主振 x 方向的 P-P 值（峰-峰值）相比明显较小，表明此时 y/z 方向对主振 x 方向的影响较小，亦即表明振动测量解耦是有效的。

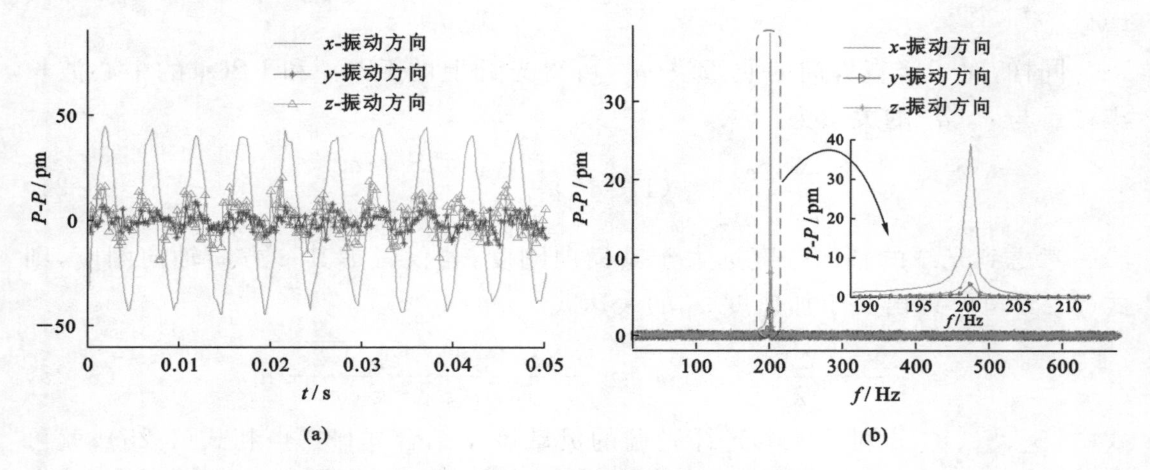

图 3-41　x 方向激振下的三维光纤光栅振动传感器的响应图

(a) 时域响应图；(b) 频域响应图

为进一步分析三维光纤光栅振动传感器的动态特性，提取不同激振频率下 3 个方向的响应 P-P 值，处理后可得传感器在各方向的振动幅频特性曲线，如图 3-42所示。从图 3-42 可知该三维光纤光栅振动传感器对 x 方向振动的解耦测

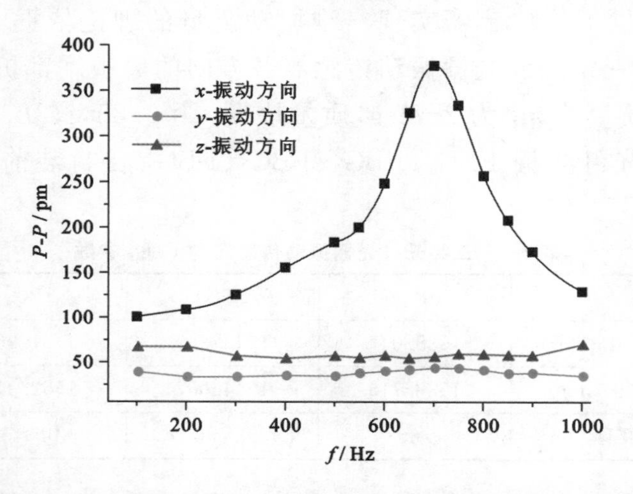

图 3-42　x 方向激振下三维光纤光栅振动传感器的幅频特性曲线

量显著，且测量谐振频率约为 700 Hz，而 y、z 方向的振动幅频特性曲线几乎处于水平，分别约为 32.9 pm 和 60.6 pm，对激振频率的变化不敏感。

为研究三维光纤光栅振动传感器的静态特性，在 x 方向上将激振器输出的加速度频率恒定为 100 Hz，设加速度幅值在 5～25 m/s^2 内变化。多次测量得到的 x 方向的响应峰-峰值（P-P 值）与加速度的关系曲线如图 3-43(a)所示，其测量拟合线如图 3-43(b)所示。由此可知，三维光纤光栅振动传感器的迟滞误差和重复性误差分别为 6.187％和 9.796％，灵敏度约为 86.94 pm/g。

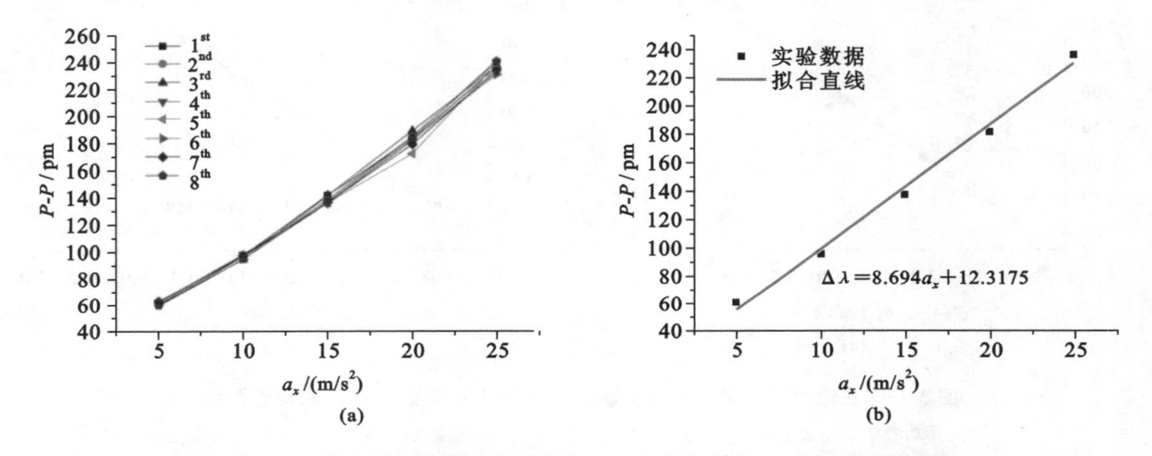

图 3-43　三维光纤光栅振动传感器在 x 方向随加速度 a_x 的响应特性曲线

(a) x 方向振动激励下的测量响应与 a_x 的关系曲线；(b) x 方向振动激励下的测量响应与 a_x 关系的拟合曲线

同样，为分析三维光纤光栅振动传感器在 y 方向上的传感特性，在 y 方向上进行振动激励，得到的传感器 3 个方向随频率的响应曲线如图 3-44 所示。由此可见，该三维光纤光栅振动传感器对 y 方向振动的解耦测量依然显著，且 y 方向的谐振频率约为 40 Hz，在 x、z 方向上随频率变化的响应变化很小。

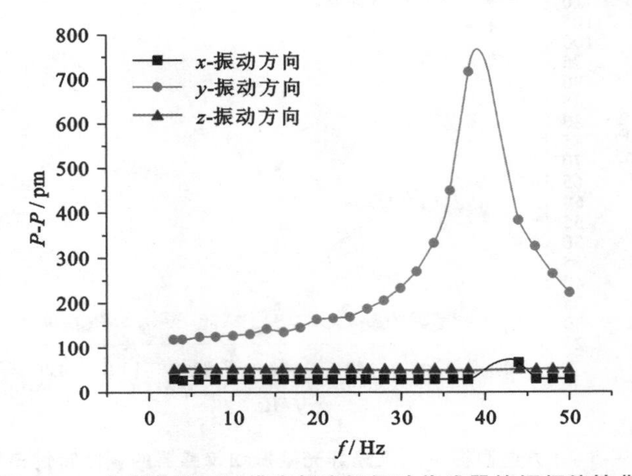

图 3-44　y 方向激振下三维光纤光栅振动传感器的幅频特性曲线

在 y 方向上，将激振频率恒定为 8 Hz，设加速度幅值在 1～4.5 m/s² 内变化，多次测量得到的三维光纤光栅振动传感器在 y 方向的响应峰-峰值（P-P 值）与加速度 a_y 的关系曲线如图 3-45(a)所示，其拟合关系曲线如图 3-45(b)所示。由此可知，三维光纤光栅振动传感器在 y 方向上的迟滞误差与重复性误差分别为 8.652％和 8.148％，灵敏度为 971.77 pm/g。

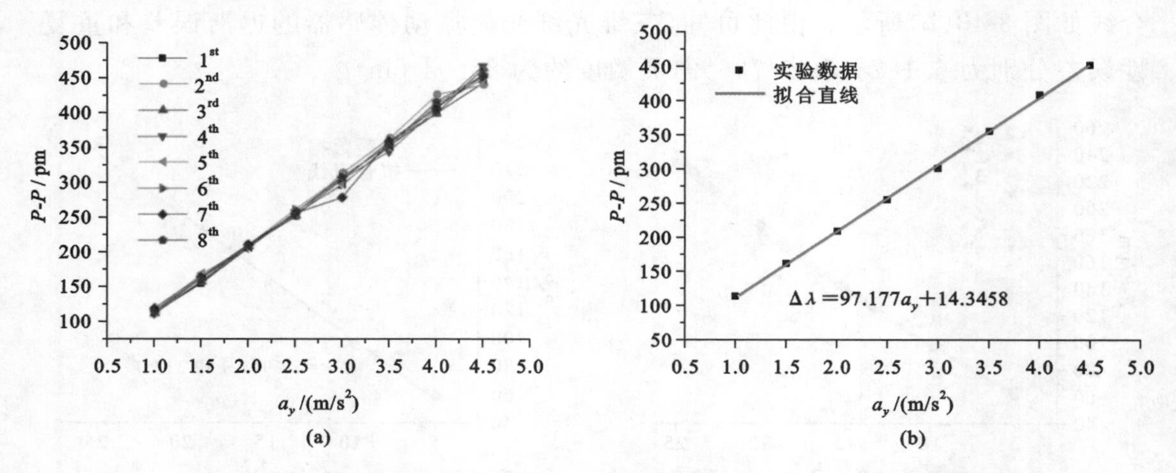

图 3-45　三维光纤光栅振动传感器在 y 方向随加速度 a_y 的响应特性曲线

(a) y 方向振动激励下测量响应与 a_y 的关系曲线；(b) y 方向振动激励下测量响应与 a_y 关系拟合直线

在 z 方向上进行振动激励，振动激励加速度幅值设定为 1 m/s²，测量得到的三维光纤光栅振动传感器 3 个方向的峰-峰值（P-P 值）如图 3-46 所示。由此可知，三维光纤光栅振动传感器 z 方向的振动响应明显，其谐振频率约为 110 Hz，而 x、y 方向上的振动响应随频率的变化不明显。

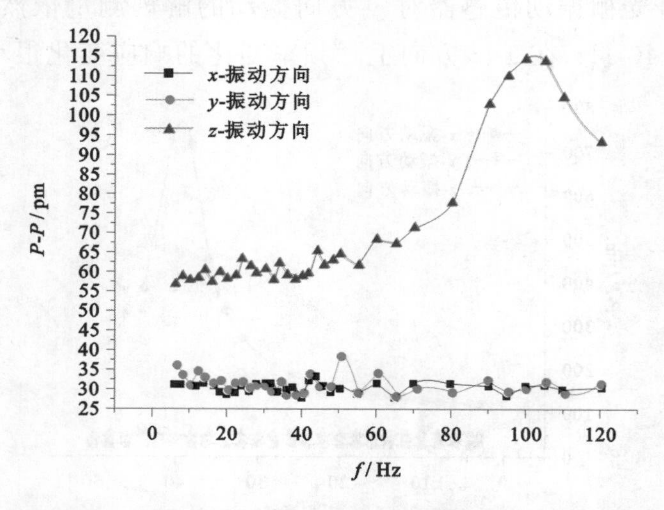

图 3-46　z 方向激振下三维光纤光栅振动传感器的幅频特性曲线

进一步测试三维光纤光栅振动传感器在 z 方向的静态传感特性，设定激振加速度频率为 8 Hz，加速度幅值在 1～4.5 m/s^2 内变化，多次测量得到的三维光纤光栅振动传感器在 z 方向的响应值与加速度的关系曲线及其拟合直线如图 3-47 所示。因而，三维光纤光栅振动传感器在 z 方向的灵敏度约为 151.6875 pm/g。

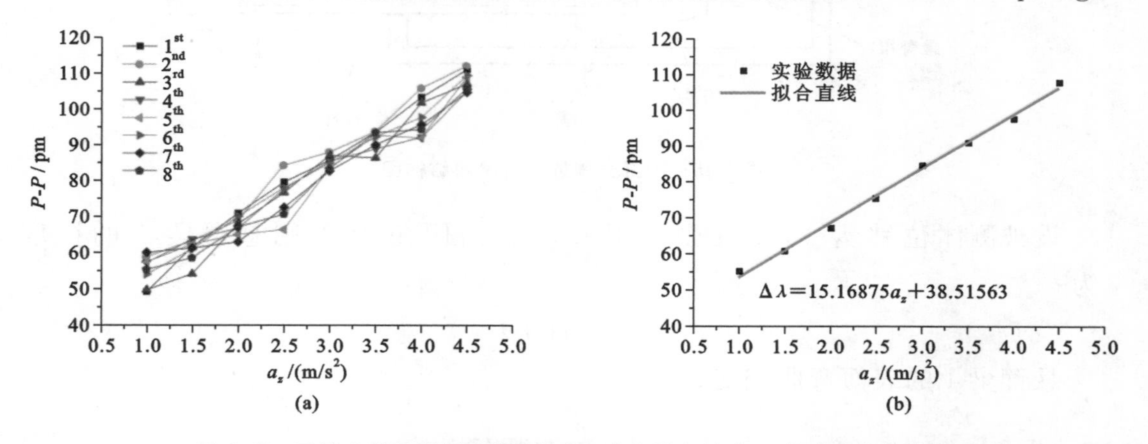

图 3-47 三维光纤光栅振动传感器在 z 方向随加速度 a_z 的响应特性曲线

(a) z 方向振动激励下测量响应与 a_z 的关系曲线；(b) z 方向振动激励下的测量响应与 a_z 关系的拟合直线

3.4 光纤光栅位移传感器

工程上对于位移的检测也十分重要，例如高速铁路、高速公路的边坡有滑坡趋势时，其坡面会有变形位移积累，有时即使在边坡变形位移不大的情况下，表面也可能出现崩塌落石，因此边坡表面位移检测是整个边坡稳定监测的重要组成部分。这里我们专门针对这类边坡位移监测的问题，研究了一种适于边坡坡面位移检测的光纤光栅位移传感器。

3.4.1 光纤光栅位移测量原理

边坡坡面位移长期监测要求传感器具备量程大、温度自补偿、位移测量伸缩往复性好等特点，图 3-48 所示是光纤光栅位移传感器的结构图，主要包括基座、拉杆、测量光纤光栅(FBG_1)及等强度悬臂梁 1、温度补偿光纤光栅(FBG_2)及等强度悬臂梁 2 等。拉杆与外界被测体连接，当被测体有位移产生时，拉杆通过楔形滑头带动悬臂梁 1 弯曲，粘贴在悬臂梁 1 上的光纤光栅(FBG_1)感知其弯曲应变，依据 FBG_1 的中心波长变化就可推知被测体位移的变化情况。温度补偿用 FBG_2 固定于悬臂梁 2 上，该悬臂梁悬空不受位移作用，FBG_2 只感受 FBG_1 所在环境温度变化所引起的悬臂梁 2 的变形，从而消除温度对 FBG_1 测量的影响。

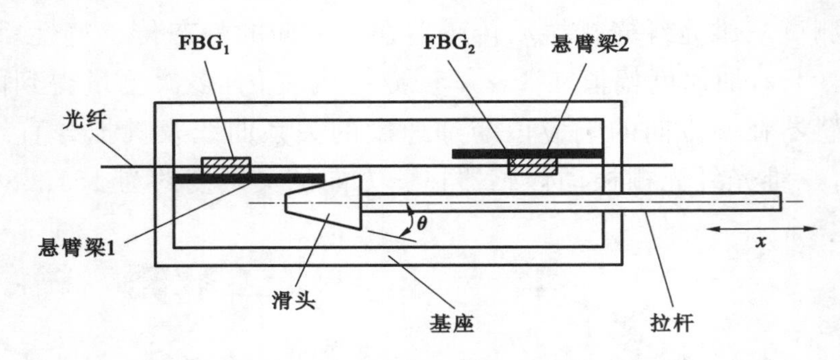

图 3-48　光纤光栅位移传感器结构图

设被测体位移为 x，拉杆楔形滑头的斜面倾角为 θ，则悬臂梁 1 的挠度 y 为[42]

$$y = x\tan\theta \tag{3-27}$$

悬臂梁 1 的表面弯曲应变 ε 就为

$$\varepsilon = \frac{h}{L^2}x\tan\theta \tag{3-28}$$

式中，L 为悬臂梁 1 的长度，h 是悬臂梁 1 的厚度。

因此，测量光纤光栅（FBG_1）中心波长的相对变化就为

$$\frac{\Delta\lambda_1}{\lambda_1} = (1 - P_e)\frac{h}{L^2}x\tan\theta \tag{3-29}$$

考虑到 FBG_1 在测量中会受温度的影响，利用 FBG_2 感受到的温度响应值进行差分补偿，则补偿后的拉杆位移就为

$$x = \frac{L^2}{\lambda_1 h(1 - P_e)\tan\theta}(\Delta\lambda_1 - k\Delta\lambda_2) \tag{3-30}$$

式中，k 为 FBG_1 和 FBG_2 对相同温度变化的波长漂移灵敏度的比值。

式(3-30)表明，通过测量光纤光栅（FBG_1）和温度补偿光纤光栅（FBG_2）的中心波长变化量，就可以准确获得拉杆（亦即被测体）的位移量。图 3-49 是根据该测量原理制作的光纤光栅位移传感器，其量程为 100 mm。

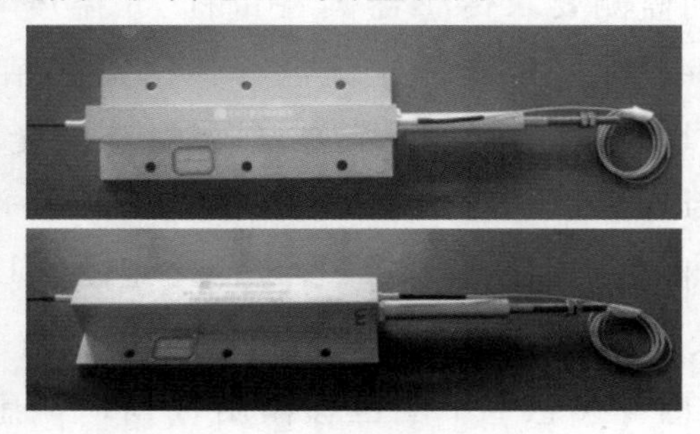

图 3-49　光纤光栅位移传感器

3.4.2 光纤光栅位移传感器的传感特性

通过测试，两个光纤光栅（FBG_1、FBG_2）的中心波长变化量与温度的关系曲线如图 3-50所示，可以看出两个光纤光栅的中心波长变化对温度的灵敏度是不同的，此时计算获得的 k 值约为1.6753。

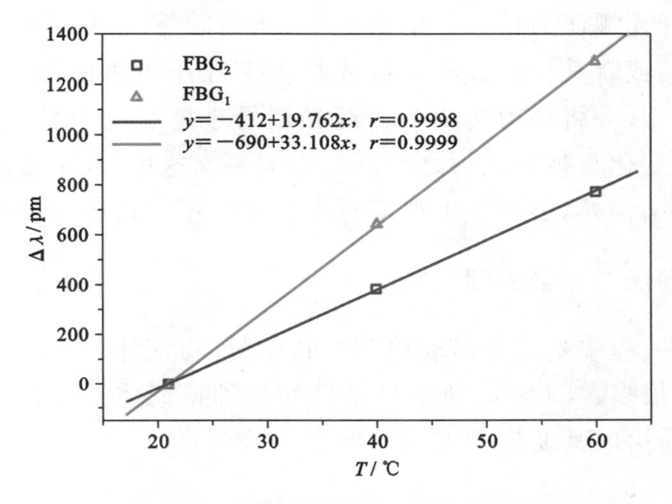

图 3-50　光纤光栅位移传感器的温度特性

对光纤光栅位移传感器拉杆施加 20 mm、40 mm、60 mm 和 80 mm 的位移，传感器中 FBG_1 的中心波长变化量如图 3-51(a)所示，可以看到多次测试的曲线重复性和线性度良好。图 3-51(b)所示是多次测量的拟合直线，此时光纤光栅位移传感器的灵敏度约为 15.34 pm/mm。

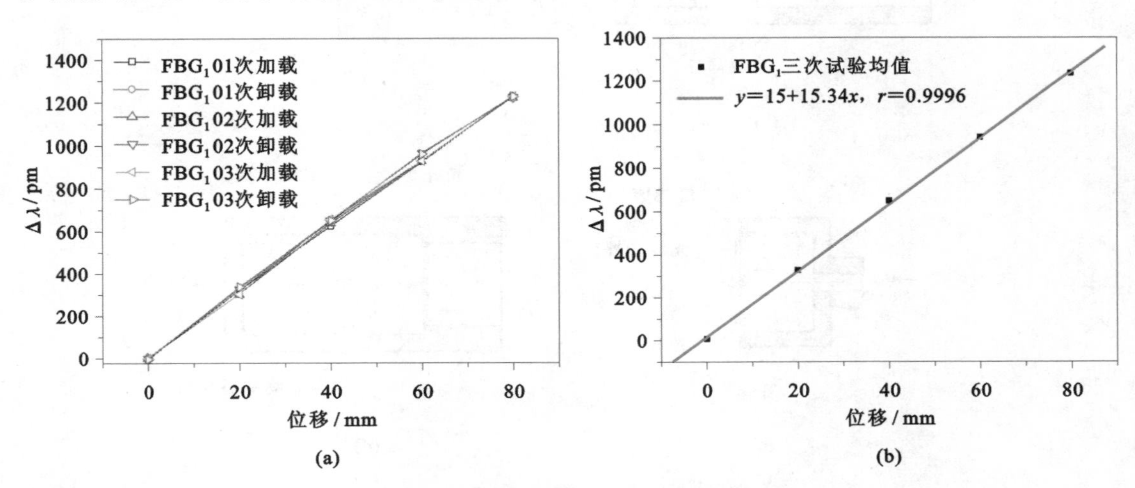

图 3-51　光纤光栅位移传感器的位移传感特性

(a) 位移测量；(b) 位移测量的拟合直线

3.5 光纤光栅压力传感器

采用光纤光栅测量压力时，一般要通过压力转换元件（或压力敏感元件）将压力转换为光纤光栅易于感受的应变量，同时压力敏感元件也可起到压力增敏作用。因此，在光纤光栅压力传感器的研制中，压力敏感元件的材料及其结构是关键，通常采用粘贴或者其他方式将光纤光栅固定在压力敏感元件上，通过压力敏感元件来感受压力，并将压力转换为光纤光栅易于感受的应变，从而可以得到光纤光栅中心波长变化与被测压力之间的对应关系。这里，除了要重点考虑压力敏感元件材料及其结构外，还要考虑温度对光纤光栅压力传感器的影响。

3.5.1 光纤光栅压力测量原理

流体压力在工程中是经常需要检测的物理量，将流体压力转换为敏感元件变形（应变）的方式很多。图 3-52 所示是常见的几种将流体压力转换为敏感元件变形，并由光纤光栅拾取其变形的方式[43-44]。

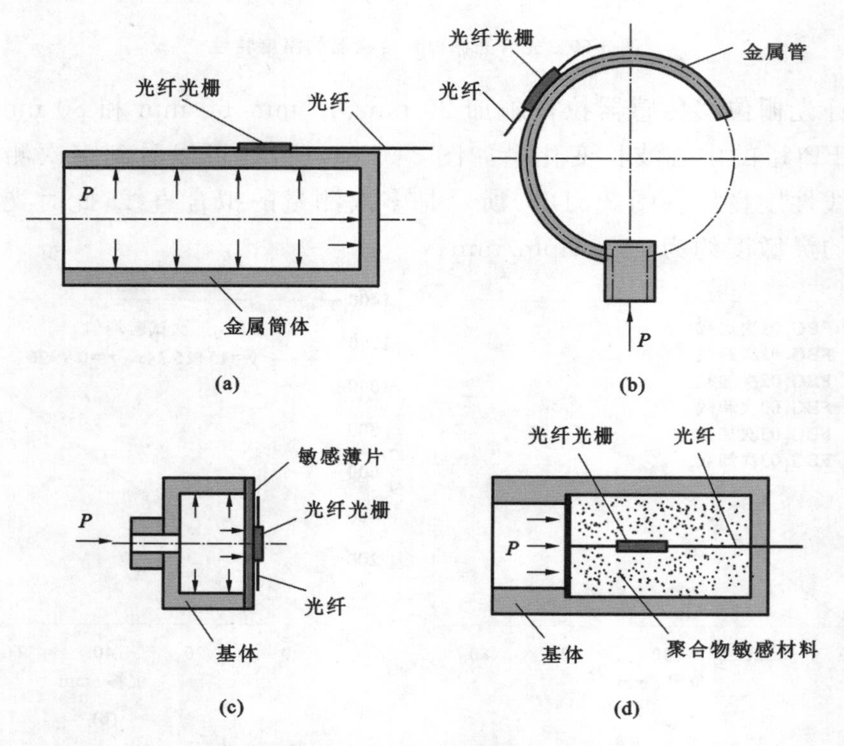

图 3-52 流体压力光纤光栅的基本测量原理

(a) 金属筒体敏感结构；(b) 管式敏感结构；(c) 薄片敏感结构；(d) 聚合物敏感结构

图 3-52(a)所示是利用金属筒体作为压力敏感元件，在液压压力作用下金属筒体会发生变形(或产生应变)，粘贴其上的测量光纤光栅可测量到金属筒体的应变变化，从而可获得压力数值。图 3-52(b)所示的管式敏感结构在液压压力作用下，管结构会发生弹性变形，该变形可由光纤光栅测量，从而获得压力数值。对于图 3-52(c)所示的敏感薄片结构，薄片对压力微小变化敏感，使得这种敏感测量方式的灵敏度较高。图 3-52(d)所示的聚合物敏感结构主要是采用某种高分子聚合物作为压力敏感元件，在液压压力作用下，置于聚合物中的光纤光栅会与聚合物一起产生变形，通过分析光纤光栅中心波长的变化就可获得压力数值。

对于管式敏感结构，为了消除温度等因素的影响，应用中一般沿管结构中心轴线在管的内外侧分别粘贴一个测量光纤光栅，如图 3-53 所示。当管结构在被测压力作用下产生弹性变形时，两个光纤光栅将会分别测量到管结构内外侧上的应变变化。同时，温度的变化也会引起两个测量光纤光栅中心波长发生相同方向的漂移。因此，这两个测量光纤光栅中心波长的变化差可作为压力测量信号，这样不仅能提高压力测量的灵敏度，而且还能消除温度对压力测量的影响[45]。

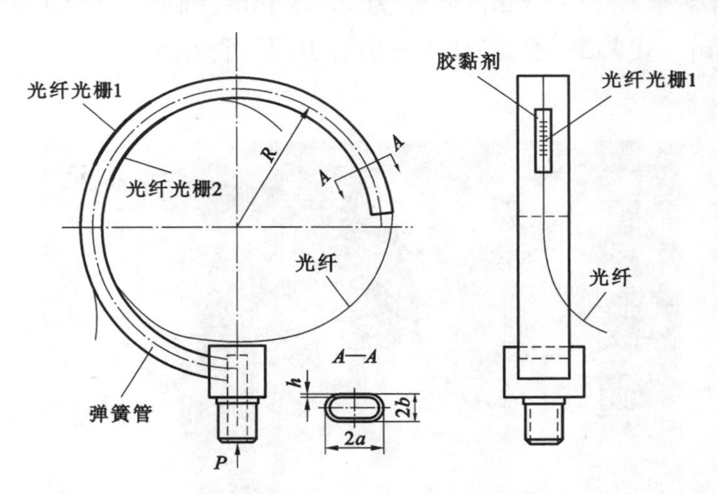

图 3-53 管式光纤光栅压力传感器结构

图 3-54 中，管结构的一端封闭，被测流体(液体或气体)通过另一端接头进入到管结构内部，其压力所引起的沿中心轴线分布的纵向应变大小为

$$\varepsilon = \frac{1-\mu^2}{E}\frac{R^2}{a^2}\left(1-\frac{b^2}{a^2}\right)\frac{3}{\beta+K^2}\frac{2\phi}{K}P \tag{3-31}$$

式中，$K = Rt/a^2$，E 为管材料的弹性模量，μ 为泊松比，R 为管的曲率半径，t 为管壁厚，a 和 b 分别为管截面(椭圆)的长半轴和短半轴，β 是与 a/b 有关的系数，ϕ 是与 a/b 和 h/b 有关的位置函数。若假设常数

$$C = \frac{1-\mu^2}{E}\frac{R^2}{a^2}\left(1-\frac{b^2}{a^2}\right)\frac{3}{\beta+K^2}\frac{2\phi}{K} \tag{3-32}$$

由于光纤光栅同时对温度和应变具有感知效果，图 3-54 中的两个测量光纤光栅在任意时刻都既感受由压力引起的拉/压变形，还感受温度引起的相同变形。因此，根据光纤光栅传感原理及式(3-31)和式(3-32)，可推演得到

$$\begin{cases} \frac{\Delta\lambda_1}{\lambda_1} = -(1-P_e)CP + (\alpha_f + \xi)\Delta T \\ \frac{\Delta\lambda_2}{\lambda_2} = (1-P_e)CP + (\alpha_f + \xi)\Delta T \end{cases} \tag{3-33}$$

显然，在光纤光栅初始中心波长 $\lambda_1 = \lambda_2 = \lambda$ 的情况下，对式(3-33)中的两个方程进行差分处理可得

$$\Delta\lambda_2 - \Delta\lambda_1 = 2(1-P_e)\lambda CP \tag{3-34}$$

由此可见，此时两个测量光纤光栅中心波长变化之差与被测压力呈线性关系，而且与温度无关。取管材料为磷青铜，其弹性模量为 110 GPa、泊松比为 0.31，取管的曲率半径为33 mm、壁厚为 0.55 mm、椭圆截面的长短半轴分别为 6 mm和 2.5 mm。在静载荷 1 MPa 压力作用下，管结构表面的应变分布云图如图 3-54所示。

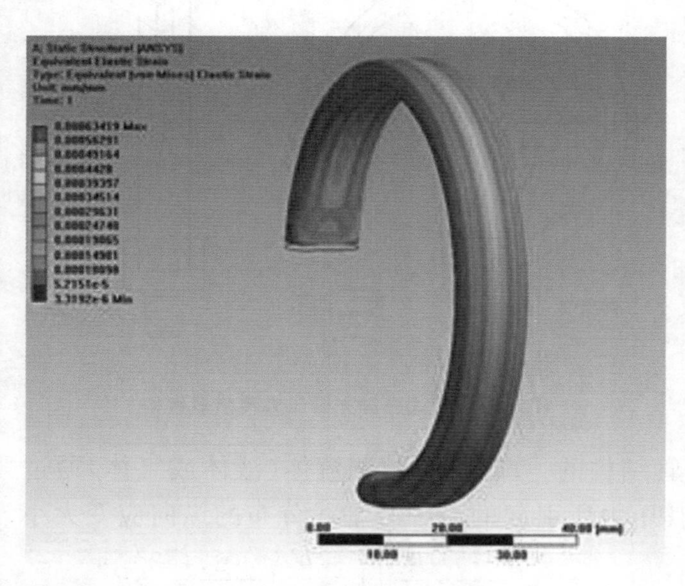

图 3-54 管结构表面的应变分布云图

从图 3-54 中可以看到，管结构表面沿中心轴线方向的纵向各点应变大小相等，横截面上各点应变对称于中心轴线。那么，在不同压力作用下，测量光纤光栅 1 和光纤光栅 2 所在位置处的应变变化如图 3-55 所示。显然，管结构表面的应变

与压力呈线性关系，利用式(3-33)和式(3-34)就可得两个测量光纤光栅中心波长变化与被测压力之间的关系：

$$\Delta\lambda_2 - \Delta\lambda_1 = 2091.6P \tag{3-35}$$

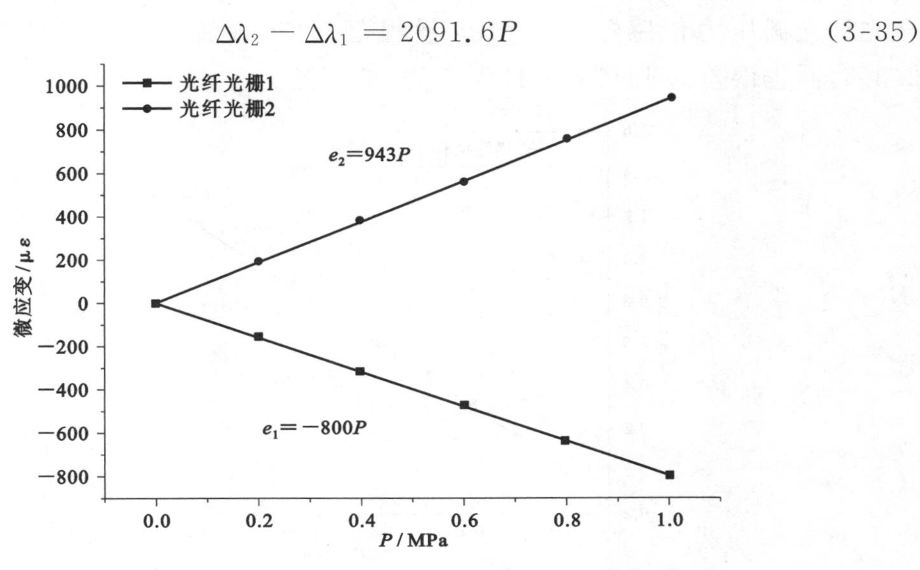

图 3-55 管结构表面测量光纤光栅位置处的应变随压力变化的曲线

3.5.2 光纤光栅压力传感器的传感特性

遵照《压力传感器(静态)检定规程》(JJG 860—2015)的规定，对研制的光纤光栅压力传感器进行了传感特性测试分析。图 3-56 所示是实验测试系统，主要由光纤光栅压力传感器、活塞式压力计 YU-60A(加载精确度为±0.05%)、光纤光栅解调仪(检测波段为 1522～1567 nm，分辨率为 0.1 pm，采样率为 2 kHz)及计算机等组成。

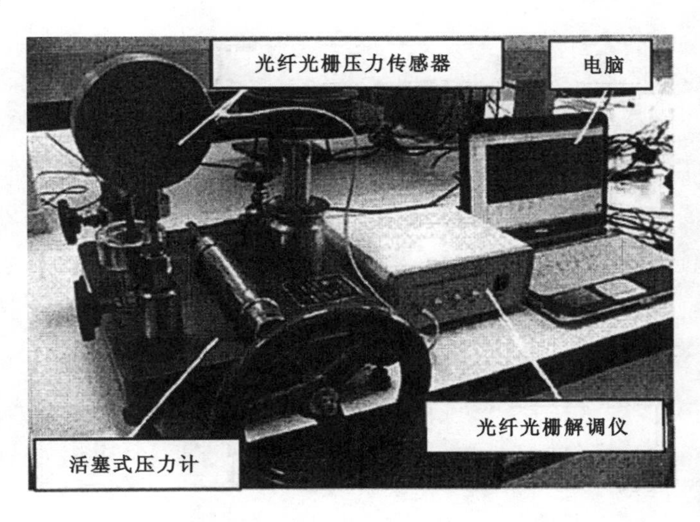

图 3-56 光纤光栅压力传感器实验测试系统

图 3-57 所示是通过对实验测试数据进行处理获得的光纤光栅压力传感器拟合直线，表明该压力传感器的灵敏度为 1.414 pm/kPa，线性拟合系数为 0.99951。在光纤光栅压力传感器 1.0 MPa 量程范围内，该压力传感器的重复性误差为 2.3%，回程误差为 1.1%，线性误差为±3.9%。

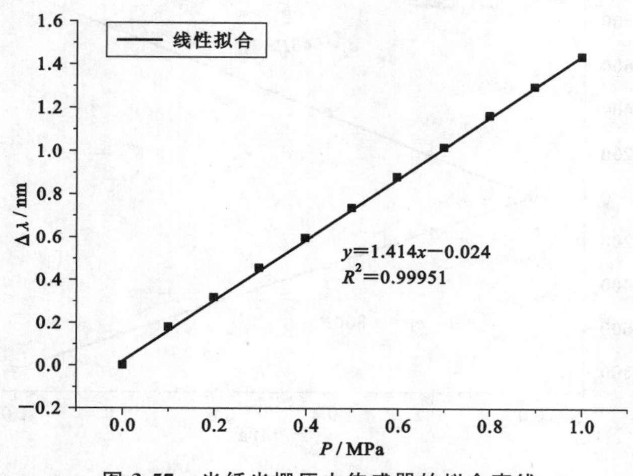

图 3-57 光纤光栅压力传感器的拟合直线

4 光纤光栅动态检测信号的传输与处理

4.1 分布式光纤光栅传感信号的传输

光纤光栅本身具有耐腐蚀、不受电磁场等因素干扰等诸多优点，而且利用复用技术可以在一根光纤上同时制作多个测量光纤光栅，形成"一线多点"的测量，进而可实现(准)分布式传感网络测量。通过将光纤排列成"纵横"的网络，就能组成对被测体进行全方位实时测量的动态检测网，这在工程检测领域具有十分重要的意义，如大型变压器、大型发电机组、大型石油矿井等设施的状态监测就需要这种分布式测量，大型仓库/油库、大型建筑物、大型隧道的火灾防护及报警等工程的安全监测系统需要以这种分布式测量为支撑，大型机床、航空航天飞行器等装备运行状态的监测等也都需要分布式的测量系统，在智能材料/结构制备领域更是需要分布式测量[46-48]。

光纤光栅传感检测技术经过几十年的发展，现已产生了一系列分布式光纤传感检测技术及其测量系统，并在多个领域得以应用。目前这项技术已成为光纤传感技术中最具前途的技术之一。

4.1.1 分布式光纤光栅传感信号的传输要求

分布式光纤光栅传感检测技术的一个关键问题就是分布式测量数据在传输中的时空配准问题。对于分布式光纤光栅传感检测系统，不但要求其分布数据采集高速、准确，亦即要求其解调系统具有长期稳定的、较高的波长解调速度和精度，而且还要求系统能从分布式测量数据中迅速准确地获取被测系统特定位置上在特定时间的信息。

归纳起来，分布式光纤光栅传感检测系统在信号采集与信号传输中应达到的要求是：① 具有高速、高精度的分布信号采集能力，以实现对空间多点、高频及微弱信号的采集；② 具有分布传感数据的高速、准确传输能力，以实现分布数据的实时传输；③ 分布数据在空间和时间上具有很强的可识别能力，使其不丢失分布信号的空间位置及时间信息，或者不混淆分布信号的空间和时间信息。

4.1.2　分布式光纤光栅传感信号的传输方法

分布式光纤光栅传感信号的传输方法与光纤光栅的复用技术密切相关，一般可分为完全分布式传感和准分布式传感两种[49]。完全分布式传感是指光纤本身就是一个传感体，光纤既有传感测量的作用，也有信号传输的作用，可以在整个光纤长度上实现对被测参数的测量，其关键是如何获得被测参量的空间信息。准分布式传感是指光纤本身只起信号传输的作用，其传感元件多为独立的单个传感元，如基于波分复用、时分复用等技术的分布式光纤光栅传感网络。

分布式光纤光栅传感在实际应用中多是采用准分布式传感系统，即由多个光纤光栅传感器按一定的拓扑结构离散地组合在一起形成的传感网络系统。准分布式光纤光栅传感网络的基本原理是将具有相同调制类型且呈离散或量化空间分布的光纤光栅传感器耦合到一根总线上，通过寻址、解调，检测出被测量的大小和分布。在选择适当的光纤光栅传感网络结构时，必须考虑各种不同的选择标准，例如传感器形式、编码原理和所用的拓扑结构、所设计的复用方案、所需的传感器数目和能量预估、所能允许的串扰量、系统的费用和复杂性的约束、可靠性等。这些选择许多时候相互制约，因而在网络结构的选择上需要针对实际问题进行处理[50]。

4.2　非接触光纤信号耦合传输方法

光纤光栅传感检测技术因具有抗干扰性强、能实现多点多参数分布测量等诸多优势，在大型工程结构安全监测和大型机电装备状态监测等领域得到了广泛的应用。在对机电装备的状态监测中，大多面对的是旋转机械监测问题，因而旋转零部件的光纤光栅分布测量信号的可靠传输就显得尤为重要。

对旋转件进行光纤光栅测量获得的光信号，在连续旋转情况下往往无法通过一根光纤进行传输，必须考虑采用非接触式的光信号传输方式来确保旋转机械测量光信号的可靠传输。

4.2.1　非接触光纤信号耦合传输原理

目前，主要是采用光纤准直器来实现非接触光信号的传输，如图 4-1 所示[51]。光纤准直器主要由传输光纤(尾纤)与自聚焦透镜等组成，一对光纤准直器可以将一端光纤传输的光信号面对面、无接触地传输到另一端光纤中。该方法将光纤光栅测量光信号从旋转端通过非接触光耦合方式传输到静止端的光纤。由于实际应用中旋转端的跳动总是存在的，要实现光纤信号高效稳定、无间断传输，就必须在旋转端不同转动负载和转速下确保一对光纤端面始终对准，亦即始终保持其中心线一致，不然就会造成光信号传输的减弱，甚至丢失。

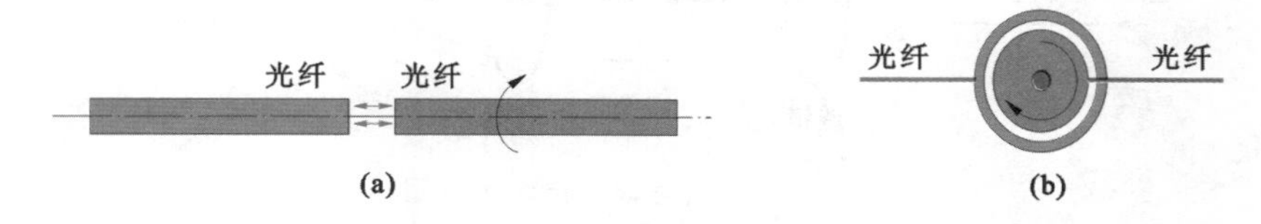

图 4-1 光纤信号耦合传输方式

(a) 正视图；(b) 左视图

这种应用光纤准直器实现旋转机械光纤光栅传感信号传输的方法与传统的电滑环方法有较大不同，电滑环技术因其传输信号的带宽小、电耦合互连自身存在着能耗大和抗干扰能力差等缺点，而只局限于应用在传输效率不高、容量小的场合。而光纤准直器相对电滑环而言具有效率高、损耗低、抗干扰性强、无串扰和无辐射等诸多优势，正日益得到广泛的应用。

4.2.2 非接触光纤信号耦合传输方法

对于光纤信号非接触耦合传输在实际旋转机械测量光信号传输的应用问题，人们研究开发了多种能保证一对光纤始终处于对准状态的装置，该装置一般称为光纤旋转连接器[52]，也称光滑环，如图 4-2 所示。

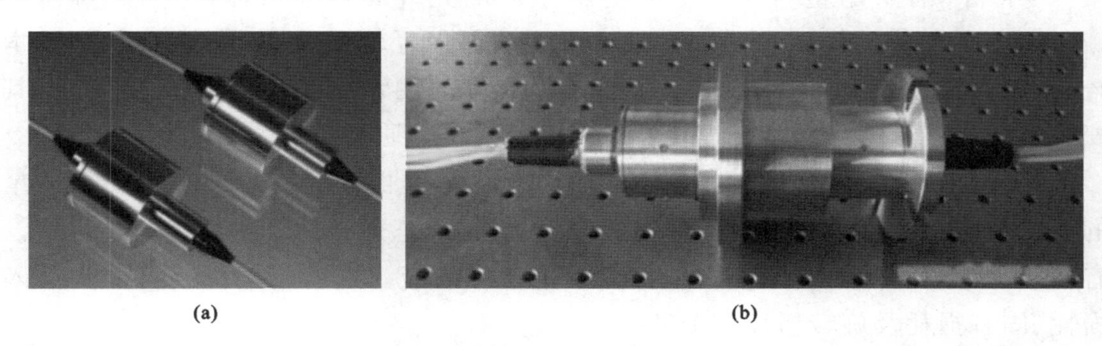

图 4-2 光纤旋转连接器

(a) 单通道连接器；(b) 多通道连接器

光纤旋转连接器主要由一对光准直器和保持准直器对准的精密机构组成，其中光准直器是核心部件。图 4-3 是一对光准直器耦合传输光信号的基本原理，一个光准直器主要由光纤和透镜等光学器件组成，光纤端头置于光学透镜的焦点上，透镜的作用就是将光纤端头输出的发散光转化成准直平行光，或者将平行光聚焦到光纤端头使之进入光纤内。显然，光纤准直器成对使用时，双向光纤通道的光信号是可逆传输的。光纤准直器提供的光束光斑直径较大，可远距离（甚至可达 10 m)耦合传输。

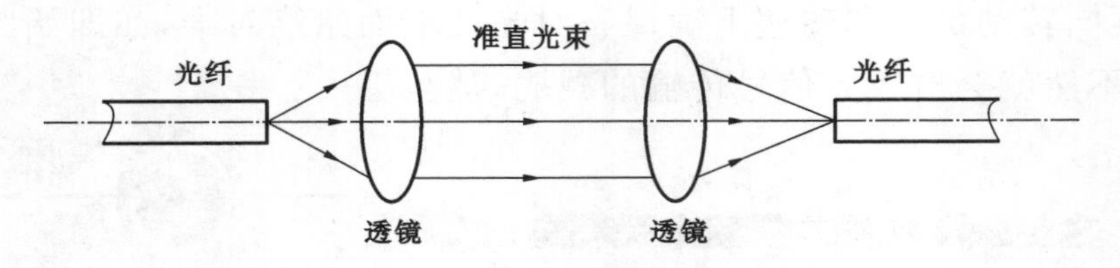

图 4-3 光信号耦合传输示意图

根据传输通道的多少,光纤旋转连接器分为单通道和多通道两种[8]。单通道光纤旋转连接器具有体积小、结构简单、成本低等诸多优点,而且通过波分复用技术可将传输的信号量扩展到 100 Gbit/s 以上;多通道光纤旋转连接器可传输的信号量多于单通道光纤旋转连接器,但其体积大、转速低、结构复杂、成本高,在一定程度上限制了其应用。目前广泛应用的是单通道光纤旋转连接器。

按照所使用光纤的不同,光纤旋转连接器还分单模光纤旋转连接器和多模光纤旋转连接器。单模光纤旋转连接器传输单模光信号,其芯径小,可传输 100 Gbit/s的数据,传输距离可达 120 km;多模光纤芯径为 50 μm 或 62.5 μm,可以传输不同波长的光信号,如 LEDs 和 VCSELs,可传输 1 Gbit/s 的数据,传输距离可达 300 m,传输中的信号衰减和损耗较大。因此,多模光纤常用于短距离的信号传输。

实际中,有采用塑料光纤作为传输介质的光纤旋转连接器,它一般可传输 125 bit/s 的数据,传输距离为 25 m,由于其光纤芯径较粗,很容易实现对准,成本较低,因而在工业领域应用较多。另外,光纤旋转连接器在安装上有一定要求,其安装精度直接影响光纤旋转连接器对光信号的传输质量[53]。

光纤旋转连接器是通过相对两端面对准的光信号耦合实现传输的,传输质量的重要性能指标就是光信号传输损耗,最理想的状态是光信号在其传输过程中没有衰减,无损耗,然而实际使用中都会发生信号衰减。这些传输损耗可分为插入损耗、固有损耗及旋转损耗三个部分[54]。

(1) 插入损耗:在传输通道上由光纤旋转连接器的插入所引起的光信号传输损耗就是插入损耗,表示为光纤旋转连接器插入前后光信号传输效率之比。光纤旋转连接器的设计及加工精度都会影响插入损耗,一般插入损耗占总损耗的大部分。

(2) 固定损耗:这是受材料、结构等影响的无法回避的损耗,两个相对运动端面上的光耦合光纤芯径、光纤芯材料及其折射率和数值孔径的差异性等都会影响信号传输。固定损耗一般约为总损耗的 5%,随着光纤信号传输技术的发展,这部分的损耗将会不断减少。

(3) 旋转损耗：产生旋转损耗的因素很多，与光纤旋转连接器的加工精度及装配误差有关，还与旋转件的结构及其旋转稳定状态有关。特别是旋转件(端)的振动、偏离等不稳定运动都会造成大的旋转损耗。

光纤旋转连接器是实现光纤光栅传感信号非接触传输的重要装置，其安装调试和旋转稳定性都会对光信号传输造成影响。特别是在对大型汽轮机和航空发动机、大型磨机等旋转机械进行光纤光栅分布传感检测时，一般的光纤旋转连接器往往难以满足光信号传输的要求，往往由于转速范围不够、实际运行工况变化大和运行环境恶劣(如烟雾大等)而使光耦合传输效果衰减过大等。因此，在实际大型旋转机械光纤光栅分布传感检测中，一般需针对应用要求研究开发相适应的光纤旋转连接器。

单通道光纤旋转连接器中的光信号耦合结构为同轴结构，通常有对接型、扩束型，如图 4-4 所示。图 4-4(a)为对接型，图 4-4(b)、图 4-4(c)、图 4-4(d)和图 4-4(e)为扩束型。

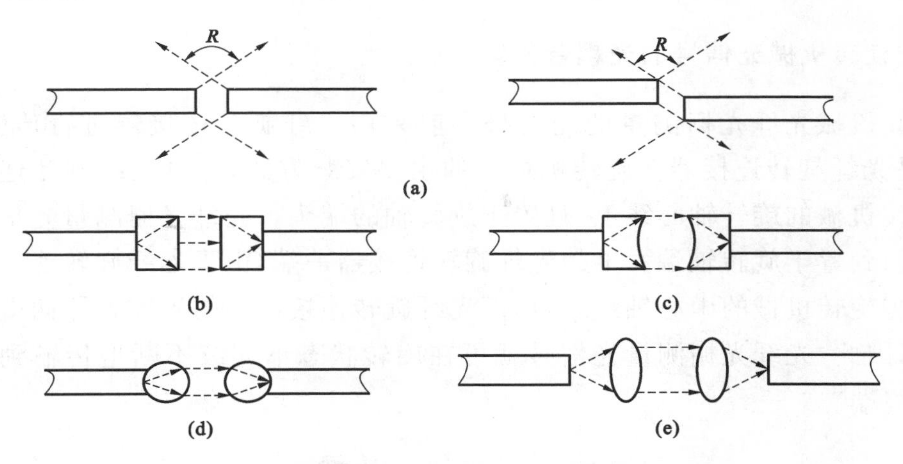

图 4-4　单通道光纤旋转连接器的耦合结构

(a) 对接型；(b)，(c)，(d)，(e) 扩束型

(1) 对接型：对接型光纤旋转连接器是将两根光纤端面直接进行对接，中间无光学组件，其对准精度完全由精密机械对接装置保证。应用中，两端面的相对跳动会使光信号耦合传输减弱，如图 4-4(a)中右图所示。由于这种对接型光耦合方式没有任何辅助耦合或补偿损失的器件，且光纤纤芯直径很小，因此两相对端面的较小跳动就会造成较大的光耦合损失。要减少这种光耦合损失，就得使相对两端面相互靠近，但还要防止两端面相对转动带来的磨损，这也会造成较大的光耦合损失。因此，对接型光纤旋转连接器对机械对接装置的精度要求很高，一般用于旋转运动较稳定的场合。

(2) 扩束型：扩束型光纤旋转连接器利用透镜等光学器件将光纤中的微细光

束进行扩束，形成较大的准直光束，再经过另一透镜等光学器件将准直光束耦合到接收光纤中。这种光耦合传输方法的优点是相对两端面同样的跳动或错位所引起的光耦合损失比对接型耦合方式的小，或者说这种光耦合传输方式在两端面一定的相对径向跳动范围内仍能获得一定的光耦合传输效率。但是，光耦合传输效率对两端面的相对角度偏差比较敏感，或者说受两端面相对角度差变化的影响较大。

光纤直接对接进行光耦合时，可以将光纤输出端发出的光场近似地认为是高斯光束，由于其束腰半径小、发散角较大，两光纤直接耦合的损耗对光纤间的间距非常敏感。采用光学器件构成光耦合方式时，可以通过透镜等光学器件将发散的高斯光束变成准直平行光，从而有效降低光耦合损耗对两光纤间距的敏感性。因此，光纤准直器是光纤旋转连接器的关键部件，它主要由光纤头和光学透镜两部分组成，透镜主要起准直作用，即将发散的光转化成平行光。主流的光学透镜是C透镜、G透镜（格林透镜）及非球面透镜。常见的光纤准直器有Grin-Lens（简称G-lens）准直器、C-Lens准直器、非球面透镜准直器[55]。

4.2.3　旋转机械光信号的光耦合传输

旋转机械光纤光栅测量的光信号一般采用光纤旋转连接器进行传输[56-57]，图4-5是光纤旋转连接器在旋转机械上的主要安装方式，即将光纤旋转连接器安装在旋转机械的旋转轴心线上，且置于旋转轴的端头。光纤光栅测量光信号通过光纤传输到置于旋转轴端面上的光纤旋转连接器一端，由于光纤旋转连接器的中心轴线与旋转机械的中心轴线一致，而光纤旋转连接器中的光准直器两端可以相对旋转，因此，光纤光栅测量光信号就可在旋转状态下连续不断地传输到信号接收处理终端。

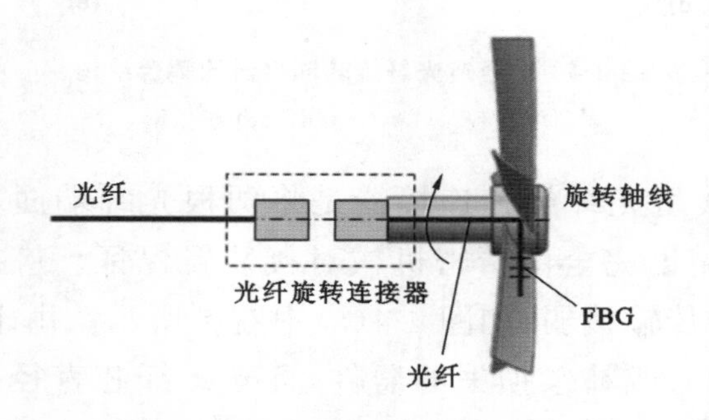

图4-5　光纤旋转连接器在旋转机械上的安装方式

实际应用中，为保证光纤旋转连接器传输光信号的可靠性，或者使光信号传输损耗最小，所选光纤旋转连接器必须适应实际旋转轴的径向跳动和摆动，以及满足载荷变化和旋转速度的要求[56]。

4.3 分布式传感信号的配准与融合原理

光纤光栅构成的传感网络不但可以实现分布式(多点)测量,而且还可对多种物理量进行测量,这实际上就是一种多传感器的分布测量。多传感器的信息往往具有不同的特征,必须对这些传感器的量测信号进行合理的处理,以获得被测物体的一致性描述。这种对多传感器信号进行合理利用和处理的过程就称为多传感器信息融合[58-61]。

多传感器信息融合(Multi-Sensor Information Fusion,MSIF)也被称为多传感器数据融合(Multi-Sensor Data Fusion,MSDF),目前尚无一个统一的定义。美国国防部 C3I(Command,Control,Communication,Integration)实验室数据融合小组联合委员会(Joint Directors of Laboratories Data Fusion Subpanel,JDLDFS)在 1991 年把数据融合定义为:数据融合是一个多级、多层面的数据处理过程,主要对来自多个信息源的数据完成自动检测、互联、关联、估计及组合等处理。

4.3.1 分布式传感信号的时空配准方法

在多光纤光栅分布传感检测中,首先要解决的一个问题就是如何获取测点的位置信息和对应的时间信息,这就是分布式传感信号的时空配准问题。在进行分布式传感检测时,为获得更准确的分布数据融合结果,往往要求各传感器的测量数据能在时间上统一到同一基准、在空间上统一转换到同一坐标系中。但是,外界环境的干扰及各传感器本身的差异,都会造成测量数据的时间和空间不匹配,如[62-65]:

① 各传感器的时间基准精度不同、采样频率和起始采样时刻不同、网络传输延迟不同等原因都会导致各传感器信号在时间上的不匹配。

② 各传感器本身的校准系统误差、参考坐标系中的测量误差、相对于公共坐标系的位置误差和坐标转换误差等都会导致各传感器信号在空间上的不匹配。

因此,在进行信息融合时,必须对各传感器的数据进行时空配准。时空配准属于分布式传感器信息融合的预处理阶段,直接影响着数据融合的最终效果。时间配准的任务是将各传感器对同一被测目标的测量数据统一到某个基准时刻上,空间配准的任务就是根据构成分布传感网络结构及其各传感器测量数据完成各测点位置偏差的估计和补偿。

1. 时间配准方法

常用的时间配准方法有内插外推法、最小二乘虚拟融合法、拉格朗日插值法、曲线拟合法等[62-64]。

(1) 内插外推法

在内插外推法中，以具有低采样率传感器的测量时刻为参考时序，把具有高采样率传感器的测量值推算到低采样率传感器测量时刻。假设传感器 S_1 具有高采样率，传感器 S_2 具有低采样率，两传感器观测时刻序列如图 4-6 所示。

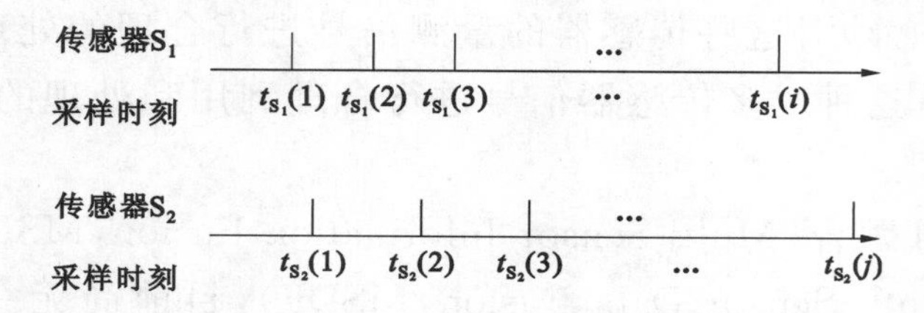

图 4-6　内插外推法中传感器 S_1、传感器 S_2 的采样时刻序列

假设传感器 S_1 的测量时间$[t_{S_1}(i), t_{S_1}(i+1)]$包含传感器 S_2 的测量时刻 $t_{S_2}(j)$，且传感器 S_1 在 $t_{S_1}(i)$时刻的测量值为$[x_{S_1}(i), y_{S_1}(i), z_{S_1}(i)]$，在 $t_{S_1}(i+1)$时刻的测量值为$[x_{S_1}(i+1), y_{S_1}(i+1), z_{S_1}(i+1)]$，那么，用内插公式就可计算求出传感器 S_1 在 $t_{S_2}(j)$时刻的测量值$[x(j), y(j), z(j)]$，即

$$\begin{cases} x(j) = x_{S_1}(i) + [x_{S_1}(i+1) - x_{S_1}(i)]\dfrac{t_{S_2}(j) - t_{S_1}(i)}{t_{S_1}(i+1) - t_{S_1}(i)} \\ y(j) = y_{S_1}(i) + [y_{S_1}(i+1) - y_{S_1}(i)]\dfrac{t_{S_2}(j) - t_{S_1}(i)}{t_{S_1}(i+1) - t_{S_1}(i)} \\ z(j) = z_{S_1}(i) + [z_{S_1}(i+1) - z_{S_1}(i)]\dfrac{t_{S_2}(j) - t_{S_1}(i)}{t_{S_1}(i+1) - t_{S_1}(i)} \end{cases} \tag{4-1}$$

(2) 最小二乘虚拟融合法

假设有两个传感器 S_1 和 S_2，其采样周期分别为 T_1 和 T_2，$T_1/T_2=N$(N 为正整数)。因此，在传感器 S_1 连续两次的测量时间间隔$[kT_1, (k+1)T_1]$内，传感器 S_2 有 N 个测量值。最小二乘虚拟融合法的核心思想就是利用最小二乘法将传感器 S_2 的 N 次测量值融合成一个与传感器 S_1 采样时刻同步的虚拟测量值，然后再与传感器 S_1 的测量值进行数据融合，如图 4-7 所示。

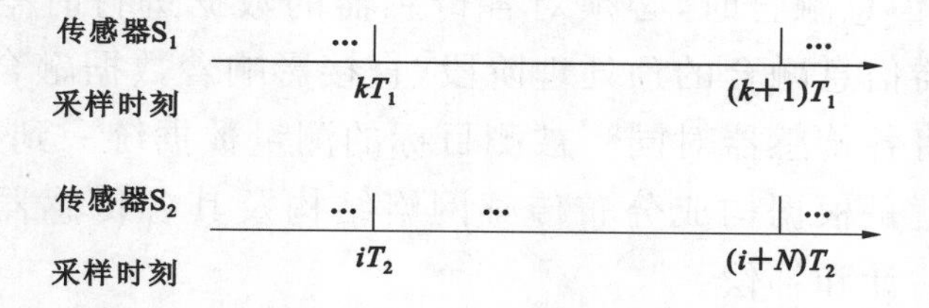

图 4-7　最小二乘虚拟融合法中传感器 S_1、传感器 S_2 的采样时刻序列

具体算法如下：

设传感器 S_2 在 kT_1 至$(k+1)T_1$ 时刻的 N 个测量值为 $\boldsymbol{X}_N=[x_1,x_2,\cdots,x_N]^{\mathrm{T}}$，且令 $\boldsymbol{U}=[x,\dot{x}]^{\mathrm{T}}$ 为 $x_1,x_2,\cdots,x_N$ 融合以后的测量值及其导数组成的向量，则传感器 S_2 的测量值 x_i 可以表示为

$$x_i = x+(i-N)T_2\dot{x}+v_i \quad (i=1,2,\cdots,N) \tag{4-2a}$$

式中，v_i 表示随机测量噪声。

将式(4-2a)改写为向量形式，为

$$\boldsymbol{X}_N = \boldsymbol{W}_N\boldsymbol{U}+\boldsymbol{V}_N \tag{4-2b}$$

式中，$\boldsymbol{V}_N=[v_1,v_2,v_3,\cdots,v_N]^{\mathrm{T}}$，其均值为零；

$$\boldsymbol{W}_N=\begin{bmatrix} 1 & 1 & \cdots & 1 \\ (1-N)T_2 & (2-N)T_2 & \cdots & (N-N)T_2 \end{bmatrix}^{\mathrm{T}}。$$

$$\boldsymbol{J}=\boldsymbol{V}_N^{\mathrm{T}}\boldsymbol{V}_N=[\boldsymbol{X}_N-\boldsymbol{W}_N\boldsymbol{U}]^{\mathrm{T}}[\boldsymbol{X}_N-\boldsymbol{W}_N\boldsymbol{U}]$$

由最小二乘准则可知，$\boldsymbol{J}$ 应为最小。$\boldsymbol{J}$ 两边对 $\boldsymbol{U}$ 求偏导数，并令其等于零得

$$\frac{\partial \boldsymbol{J}}{\partial \boldsymbol{U}}=-2(\boldsymbol{W}_N^{\mathrm{T}}\boldsymbol{X}_N-\boldsymbol{W}_N^{\mathrm{T}}\boldsymbol{W}_N\boldsymbol{U})=0 \tag{4-3}$$

解得

$$\boldsymbol{U}=[x,\dot{x}]^{\mathrm{T}}=[\boldsymbol{W}_N^{\mathrm{T}}\boldsymbol{W}_N]^{-1}\boldsymbol{W}_N^{\mathrm{T}}\boldsymbol{X}_N \tag{4-4}$$

合并后传感器 S_2 的测量值和测量噪声方差分别为

$$x(k)=c_1\sum_{i=1}^{N}x_i+c_2\sum_{i=1}^{N}ix_i \tag{4-5}$$

$$Var[x(k)]=\frac{2(2N+1)\sigma^2}{N(N+1)} \tag{4-6}$$

式中，$c_1=\dfrac{-2}{N}$，$c_2=\dfrac{6}{N(N+1)}$，σ^2 为合并前传感器 S_2 的测量噪声方差。

最小二乘虚拟融合法主要适用于各传感器采样周期之比为整数的情况，当各传感器采样周期之比不为整数时一般不使用，但是对于融合周期为所有传感器采样周期的整数倍时仍可适用。如当 $T_1/T_2=M/N$（不为整数）时，可以分别对传感器 S_1 的 M 次测量值和传感器 S_2 的 N 次测量值进行最小二乘虚拟融合，然后再进行融合处理。此外，该方法还要求两个传感器的采样起始时刻必须相同。

(3) 拉格朗日插值法

拉格朗日插值法是根据已知测量值，采用拉格朗日插值多项式建立一个函数表达式，然后根据函数表达式计算所求时刻的数据。

假设需要对传感器 S_1 进行时间配准，传感器 S_1 在时刻 $t_i(i=1,2,\cdots,n)$ 的测量数据为 $Z_i=(x_i,y_i,z_i)$，时间配准时刻为 $t_j(t_i<t_j<t_{i+1})$，时间配准后的数据表

示为 $Z_{ji}=(x_{ij},y_{ij},z_{ij})$。

若目标对象配准时的运动模型为匀速运动模型，则可采用拉格朗日两点插值公式，即

$$\begin{cases} L_x(t_{ij}) = \dfrac{t_{ij}-t_{i+1}}{t_i-t_{i+1}}x_i + \dfrac{t_{ij}-t_i}{t_{i+1}-t_i}x_{i+1} \\ L_y(t_{ij}) = \dfrac{t_{ij}-t_{i+1}}{t_i-t_{i+1}}y_i + \dfrac{t_{ij}-t_i}{t_{i+1}-t_i}y_{i+1} \\ L_z(t_{ij}) = \dfrac{t_{ij}-t_{i+1}}{t_i-t_{i+1}}z_i + \dfrac{t_{ij}-t_i}{t_{i+1}-t_i}z_{i+1} \end{cases} \tag{4-7}$$

若目标对象配准时的运动模型为匀加速运动模型，可采用拉格朗日三点插值公式，即

$$\begin{cases} L_x(t_{ij}) = \dfrac{(t_{ij}-t_i)(t_{ij}-t_{i+1})}{(t_{i-1}-t_i)(t_{i-1}-t_{i+1})}x_{i-1} + \dfrac{(t_{ij}-t_{i-1})(t_{ij}-t_{i+1})}{(t_i-t_{i-1})(t_i-t_{i+1})}x_i + \\ \qquad \dfrac{(t_{ij}-t_{i-1})(t_{ij}-t_i)}{(t_{i+1}-t_{i-1})(t_{i+1}-t_i)}x_{i+1} \\ L_y(t_{ij}) = \dfrac{(t_{ij}-t_i)(t_{ij}-t_{i+1})}{(t_{i-1}-t_i)(t_{i-1}-t_{i+1})}y_{i-1} + \dfrac{(t_{ij}-t_{i-1})(t_{ij}-t_{i+1})}{(t_i-t_{i-1})(t_i-t_{i+1})}y_i + \\ \qquad \dfrac{(t_{ij}-t_{i-1})(t_{ij}-t_i)}{(t_{i+1}-t_{i-1})(t_{i+1}-t_i)}y_{i+1} \\ L_z(t_{ij}) = \dfrac{(t_{ij}-t_i)(t_{ij}-t_{i+1})}{(t_{i-1}-t_i)(t_{i-1}-t_{i+1})}z_{i-1} + \dfrac{(t_{ij}-t_{i-1})(t_{ij}-t_{i+1})}{(t_i-t_{i-1})(t_i-t_{i+1})}z_i + \\ \qquad \dfrac{(t_{ij}-t_{i-1})(t_{ij}-t_i)}{(t_{i+1}-t_{i-1})(t_{i+1}-t_i)}z_{i+1} \end{cases} \tag{4-8}$$

若目标对象配准时的运动轨迹为高次多项式所表示的曲线，可采用拉格朗日多点插值公式，即

$$\begin{cases} L_x(t_{ij}) = \sum\limits_{i=0}^{n}\prod\limits_{\substack{k=0\\k\neq i}}^{n}\dfrac{t_{ij}-t_k}{t_i-t_k}x_i \\ L_y(t_{ij}) = \sum\limits_{i=0}^{n}\prod\limits_{\substack{k=0\\k\neq i}}^{n}\dfrac{t_{ij}-t_k}{t_i-t_k}y_i \\ L_z(t_{ij}) = \sum\limits_{i=0}^{n}\prod\limits_{\substack{k=0\\k\neq i}}^{n}\dfrac{t_{ij}-t_k}{t_i-t_k}z_i \end{cases} \tag{4-9}$$

一般而言，采用拉格朗日插值法实现时间配准时插值的时刻点数不大于七个，多项式次数太高会使插值法的时间配准结果不稳定。

(4) 曲线拟合法

不管是何目标，从时间上来看，所得到的目标测量数据均可以看成是目标的

一条运动曲线。因此可在保持拟合误差最小的原则下，对测量点进行最小二乘拟合得到拟合曲线，然后根据选择好的采样间隔进行采样，即可得到该目标在采样间隔下的目标点，从而实现时间配准。

假设要拟合的测量数据为$(x_i,y_i)(i=1,2,\cdots,n)$，拟合的曲线为$P(x)$，则拟合曲线与测量点的误差$\delta_i$可表示为

$$\delta_i = P(x_i) - y_i \quad (i = 1,2,\cdots,n) \tag{4-10}$$

为使δ_i最小，可用离散误差平方和最小来表示，使

$$\| \delta \|^2 = \sum_{i=1}^{n} \delta_i^2 = \sum_{i=1}^{n} [P(x_i) - y_i]^2 = \min \tag{4-11}$$

因此，在最小二乘曲线拟合时，最关键的问题就是如何求$P(x)$使得$\| \delta \|^2$最小。拟合$P(x)$的方法有很多，通常采用多项式形式，即在函数类$\varphi=\{\varphi_0,\varphi_1,\cdots,\varphi_m\}$中找一个函数组合$P(x)$，使$\| \delta \|^2$最小。

$$P(x) = \sum_{j=0}^{m} [a_j \varphi_j(x)] \tag{4-12}$$

这样，求拟合曲线函数的过程就转化为求多元函数极小值的问题。

2. 空间配准方法

1）坐标转换

在多传感器的检测系统中，各传感器对目标的测量总是相对于某一特定坐标系而言。选择合适的坐标系，可提高测量精度、减少计算量。在实际使用时，需将各传感器信息变换到当前统一的标准坐标系中，即实现多传感器的坐标变换。坐标变换是空间配准的首要任务，若各传感器均位于同一测量平台，最好选用与测量平台相关联的参考坐标系作为统一坐标系，通常是北东下（North-East-Down，NED）坐标系。NED坐标系是一种以测量平台质心为原点的局部坐标系，N指向地球北极，E指向地球自转的切线方向，D为平台质心指向地心的方向。若各传感器处于不同测量平台，且空间间隔距离较大，则最好选用地心地固（Earth-Centered Earth-Fixed，ECEF）坐标系。ECEF坐标系主要包括大地坐标系和直角坐标系，ECEF大地坐标系是以地球椭圆赤道面为基圈、以起始子午线为主圈的三维坐标系，其坐标一般表达为(L,λ,H)，其中L为地理纬度，λ为地理经度，H为基于参考椭球体的高度，即海拔高度；ECEF直角坐标系是以地球质心为原点，Z轴指向地球北极，X轴指向格林尼治平均子午面与赤道的交点，Y轴垂直于XOZ平面构成右手坐标系，其坐标一般表达为(x,y,z)[63-64]。

ECEF大地坐标系和ECEF直角坐标系的变换关系为

$$\begin{cases} x = (C + H)\cos L \cos\lambda \\ y = (C + H)\cos L \cos\lambda \\ z = [C(1 - e^2) + H]\sin L \end{cases} \tag{4-13}$$

式中，$C=\dfrac{E_q}{(1-e^2\sin L)^{1/2}}$，$E_q$ 为赤道半径，e 为地球离心率。

设目标在传感器的局部极坐标系中位置为(r,θ,η)，其中 r 为斜距，θ 为相对于 y 轴的方位角，η 是俯仰角。那么，该位置可以转换为局部直角坐标系的坐标(x_l,y_l,z_l)：

$$\begin{cases} x_l = r\sin\theta\cos\eta \\ y_l = r\cos\theta\cos\eta \\ z_l = r\sin\eta \end{cases} \tag{4-14}$$

根据式(4-13)和式(4-14)得到的坐标(x,y,z)和(x_l,y_l,z_l)，通过旋转和平移就可获得其 ECEF 坐标(x_t,y_t,z_t)：

$$\begin{bmatrix} x_t \\ y_t \\ z_t \end{bmatrix} = \begin{bmatrix} x \\ y \\ z \end{bmatrix} + \begin{bmatrix} -\sin\lambda & -\sin L\cos\lambda & \cos L\cos\lambda \\ \cos\lambda & -\sin L\cos\lambda & \cos L\sin\lambda \\ 0 & \cos L & \sin L \end{bmatrix} \times \begin{bmatrix} x_l \\ y_l \\ z_l \end{bmatrix} \tag{4-15}$$

令

$$\boldsymbol{R} = \begin{bmatrix} -\sin\lambda & -\sin L\cos\lambda & \cos L\cos\lambda \\ \cos\lambda & -\sin L\cos\lambda & \cos L\sin\lambda \\ 0 & \cos L & \sin L \end{bmatrix}$$

$\boldsymbol{R}$ 通常被称为旋转矩阵。

2）空间偏差估计

在完成坐标变换后，还需进行空间偏差估计。目前使用的空间偏差估计方法主要有广义最小二乘法、不敏卡尔曼滤波法、极大似然法等。下面仅介绍广义最小二乘法和不敏卡尔曼滤波法[63-65]。

（1）广义最小二乘法

假设传感器 S_1 和 S_2 所在 ECEF 大地坐标系的坐标分别为$(L_{S_1},\lambda_{S_1},H_{S_1})$和$(L_{S_2},\lambda_{S_2},H_{S_2})$，在 ECEF 大地直角坐标系中的坐标分别为$(x_{S_1},y_{S_1},z_{S_1})$和$(x_{S_2},y_{S_2},z_{S_2})$。传感器 S_1 和传感器 S_2 对目标 T_k 的斜距、方位角和俯仰角测量值分别为$[r_1(k),\theta_1(k),\eta_1(k)]$和$[r_2(k),\theta_2(k),\eta_2(k)]$，$\beta=[\Delta r_1(k),\Delta\theta_1(k),\Delta\eta_1(k),\Delta r_2(k),\Delta\theta_2(k),\Delta\eta_2(k)]$为传感器的测量系统偏差，$\psi(k)=[r_1''(k),\theta_1''(k),\eta_1''(k),r_2''(k),\theta_2''(k),\eta_2''(k)]^{\mathrm{T}}$ 则表示只包含系统偏差时传感器的测量值。$[R_{r1}(k),\theta_{r1}(k),\eta_{r1}(k),R_{r2}(k),\theta_{r2}(k),\eta_{r2}(k)]$为传感器的量测随机误差。那么，目标 T_k 在传感器 S_1 和 S_2 局部直角坐标系的坐标分别为：

$$\begin{cases} x_{1l}(k) = [r_1(k)-\Delta r_1]\sin[\theta_1(k)-\Delta\theta_1]\cos[\eta_1(k)-\Delta\eta_1] \\ y_{1l}(k) = [r_1(k)-\Delta r_1]\cos[\theta_1(k)-\Delta\theta_1]\cos[\eta_1(k)-\Delta\eta_1] \\ z_{1l}(k) = [r_1(k)-\Delta r_1]\sin[\eta_1(k)-\Delta\eta_1] \end{cases} \tag{4-16a}$$

$$\begin{cases}x_{2l}(k)=[r_2(k)-\Delta r_2]\sin[\theta_2(k)-\Delta\theta_2]\cos[\eta_2(k)-\Delta\eta_2]\\ y_{2l}(k)=[r_2(k)-\Delta r_2]\cos[\theta_2(k)-\Delta\theta_2]\cos[\eta_2(k)-\Delta\eta_2]\\ z_{2l}(k)=[r_2(k)-\Delta r_2]\sin[\eta_2(k)-\Delta\eta_2]\end{cases}\tag{4-16b}$$

根据转换公式(4-15),将局部坐标转换为 ECEF 坐标:

$$\begin{bmatrix}x_{1t}\\ y_{1t}\\ z_{1t}\end{bmatrix}=\begin{bmatrix}x_{S_1}\\ y_{S_1}\\ z_{S_1}\end{bmatrix}+\boldsymbol{R}_1\times\begin{bmatrix}x_{1l}\\ y_{1l}\\ z_{1l}\end{bmatrix}\tag{4-17a}$$

$$\begin{bmatrix}x_{2t}\\ y_{2t}\\ z_{2t}\end{bmatrix}=\begin{bmatrix}x_{S_2}\\ y_{S_2}\\ z_{S_2}\end{bmatrix}+\boldsymbol{R}_2\times\begin{bmatrix}x_{2l}\\ y_{2l}\\ z_{2l}\end{bmatrix}\tag{4-17b}$$

式中,$\boldsymbol{R}_1$、$\boldsymbol{R}_2$ 分别为传感器 S_1 和传感器 S_2 的旋转矩阵。

令

$$f[\psi(k),\beta]\equiv\begin{bmatrix}\Delta x(k)\\ \Delta y(k)\\ \Delta z(k)\end{bmatrix}=\begin{bmatrix}x_{1t}(k)\\ y_{1t}(k)\\ z_{1t}(k)\end{bmatrix}-\begin{bmatrix}x_{2t}(k)\\ y_{2t}(k)\\ z_{2t}(k)\end{bmatrix}\tag{4-18}$$

对式(4-18)进行泰勒展开,取一阶线性部分为

$$\begin{aligned}f[\psi(k),\beta]\approx{}&f[\psi'(k),\beta']+\nabla_\psi[f(\psi'(k),\beta')][\psi(k)-\psi'(k)]+\\&\nabla_\beta[f(\psi'(k),\beta')](\beta-\beta')\end{aligned}\tag{4-19}$$

式中,$\psi'(k)$为传感器在第 k 次采样时刻对目标 T_k 的真实测量值,β'为系统偏差初始估计。在无先验信息的条件下,可假设 $\boldsymbol{\beta}'=[0\quad 0\quad 0\quad 0\quad 0\quad 0]^{\mathrm{T}}$。

令 $\boldsymbol{X}_1(k)=[x'_{1l}(k)\quad y'_{1l}(k)\quad z'_{1l}(k)]^{\mathrm{T}}$,$\boldsymbol{X}_2(k)=[x'_{2l}(k)\quad y'_{2l}(k)\quad z'_{2l}(k)]^{\mathrm{T}}$,则 $\nabla_\psi[f(\psi'(k),\beta')]$和$\nabla_\beta[f(\psi'(k),\beta')]$分别为:

$$\nabla_\psi[f(\psi'(k),\beta')]=[R_1\times J_1(k)\quad -R_2\times J_2(k)]=F_k\tag{4-20a}$$

$$\nabla_\beta[f(\psi'(k),\beta')]=[R_1\times L_1(k)\quad -R_2\times L_2(k)]=G_k\tag{4-20b}$$

其中

$$J_i(k)=\begin{bmatrix}\dfrac{\partial[x'_{il}(k)]}{\partial r''_i(k)} & \dfrac{\partial[x'_{il}(k)]}{\partial\theta''_i(k)} & \dfrac{\partial[x'_{il}(k)]}{\partial\eta''_i(k)}\\ \dfrac{\partial[y'_{il}(k)]}{\partial r''_i(k)} & \dfrac{\partial[y'_{il}(k)]}{\partial\theta''_i(k)} & \dfrac{\partial[y'_{il}(k)]}{\partial\eta''_i(k)}\\ \dfrac{\partial[z'_{il}(k)]}{\partial r''_i(k)} & \dfrac{\partial[z'_{il}(k)]}{\partial\theta''_i(k)} & \dfrac{\partial[z'_{il}(k)]}{\partial\eta''_i(k)}\end{bmatrix}\tag{4-21a}$$

$$\boldsymbol{L}_i(k)=\begin{bmatrix}\dfrac{\partial[x_{il}{}'(k)]}{\partial\Delta r_i} & \dfrac{\partial[x_{il}{}'(k)]}{\partial\Delta\theta_i} & \dfrac{\partial[x_{il}{}'(k)]}{\partial\Delta\eta_i}\\ \dfrac{\partial[y_{il}{}'(k)]}{\partial\Delta r_i} & \dfrac{\partial[y_{il}{}'(k)]}{\partial\Delta\theta_i} & \dfrac{\partial[y_{il}{}'(k)]}{\partial\Delta\eta_i}\\ \dfrac{\partial[z_{il}{}'(k)]}{\partial\Delta r_i} & \dfrac{\partial[z_{il}{}'(k)]}{\partial\Delta\theta_i} & \dfrac{\partial[z_{il}{}'(k)]}{\partial\Delta\eta_i}\end{bmatrix} \tag{4-21b}$$

式中，$i=1,2$。对同一目标，有 $f[\psi(k),\beta]=[0\quad 0\quad 0]^{\mathrm{T}}$。假设$[\psi(k)-\psi'(k)]$和$(\beta-\beta')$足够小，即可忽略泰勒级数中微小的高阶分量，则

$$G_k\beta(k)+F_k\partial\psi(k)=G_k\beta'-f[\psi'(k),\beta'] \tag{4-22}$$

$\partial\psi(k)=\psi(k)-\psi'(k)$，$\psi(k)$没有考虑随机测量误差，所以

$$\partial\psi(k)=[R_{r1}(k),\theta_{r1}(k),\eta_{r1}(k),R_{r2}(k),\theta_{r2}(k),\eta_{r2}(k)] \tag{4-23}$$

利用经典高斯-马尔科夫 GLSE 模型表示就为

$$\boldsymbol{X}\beta+\boldsymbol{\xi}=\boldsymbol{Y} \tag{4-24}$$

式中

$$\boldsymbol{X}=[G_1\quad G_2\quad\cdots\quad G_N]^{\mathrm{T}} \tag{4-25}$$

$$\boldsymbol{\xi}=[F_1\partial\psi(1)\quad F_2\partial\psi(2)\quad\cdots\quad F_N\partial\psi(N)]^{\mathrm{T}} \tag{4-26}$$

$$\boldsymbol{Y}=[G_1\beta_1-f(\psi'(1),\beta')\quad G_2\beta_2-f(\psi'(2),\beta')\quad\cdots\quad G_N\beta_N-f(\psi(N),\beta')]^{\mathrm{T}} \tag{4-27}$$

令协方差 $\sum_\xi=E(\xi\xi^{\mathrm{T}})=diag\left[\sum_1\quad\sum_2\quad\cdots\quad\sum_N\right]$，其中，$\sum_k=F_k\sum_k(k)F_k^{\mathrm{T}}(k=1,2,\cdots,N)$；$\sum_k(k)=diag[\sigma_r^2(\mathrm{S}_1)\quad\sigma_\theta^2(\mathrm{S}_1)\sigma_\eta^2(\mathrm{S}_1)\quad\sigma_r^2(\mathrm{S}_2)\quad\sigma_\theta^2(\mathrm{S}_2)\quad\sigma_\eta^2(\mathrm{S}_2)]$，$\sigma_r^2(\mathrm{S}_1)$、$\sigma_\theta^2(\mathrm{S}_1)$、$\sigma_\eta^2(\mathrm{S}_1)$和$\sigma_r^2(\mathrm{S}_2)$、$\sigma_\theta^2(\mathrm{S}_2)$、$\sigma_\eta^2(\mathrm{S}_2)$分别为传感器的斜距、方位角和俯仰角的测量噪声方差。

则配准误差的最小二乘解为

$$\beta=\left(\boldsymbol{X}^{\mathrm{T}}\sum\nolimits_\xi^{-1}\boldsymbol{X}\right)^{-1}\boldsymbol{X}^{\mathrm{T}}\sum\nolimits_\xi^{-1}\boldsymbol{Y} \tag{4-28}$$

由式(4-28)可知，GLSE 配准精度的大小仅取决于传感器的测量精度的大小和待配准目标的空间分布。

(2) 不敏卡尔曼滤波法(Unscented Kalman Filter，UKF)

UKF 在中文文献中对应好几种翻译，除不敏卡尔曼滤波以外，还有无味卡尔曼滤波、无迹卡尔曼滤波、无先导卡尔曼滤波等。其核心算法是 UT(Unscented Transformation)变换。

假设传感器 S_1 位于公共坐标系的坐标原点，传感器 S_2 在公共坐标系中的坐标值为(u,v,w)。传感器 S_1 和 S_2 对目标的测量值分别为$[x_{\mathrm{S}_1}(k),y_{\mathrm{S}_1}(k),z_{\mathrm{S}_1}(k)]$和$[x_{\mathrm{S}_2}(k),y_{\mathrm{S}_2}(k),z_{\mathrm{S}_2}(k)]$，传感器 S_1 和 S_2 的真实距离、方位角和俯仰角

分别为$[r'_{S_1}(k),\theta'_{S_1}(k),\eta'_{S_1}(k)]$和$[r'_{S_2}(k),\theta'_{S_2}(k),\eta'_{S_2}(k)]$，误差为$(\Delta r_{S_1},\Delta\theta_{S_1},\Delta\eta_{S_1})$和$(\Delta r_{S_2},\Delta\theta_{S_2},\Delta\eta_{S_2})$，则

$$\begin{cases} x_{S_1}(k) = [r'_{S_1}(k)+\Delta r_{S_1}]\sin[\theta'_{S_1}(k)+\Delta\theta_{S_1}]\cos[\eta'_{S_1}(k)+\Delta\eta_{S_1}]+n_1(k) \\ y_{S_1}(k) = [r'_{S_1}(k)+\Delta r_{S_1}]\cos[\theta'_{S_1}(k)+\Delta\theta_{S_1}]\cos[\eta'_{S_1}(k)+\Delta\eta_{S_1}]+n_2(k) \\ z_{S_1}(k) = [r'_{S_1}(k)+\Delta r_{S_1}]\sin[\eta'_{S_1}(k)+\Delta\eta_{S_1}]+n_3(k) \end{cases} \tag{4-29a}$$

$$\begin{cases} x_{S_2}(k) = [r'_{S_2}(k)+\Delta r_{S_2}]\sin[\theta'_{S_2}(k)+\Delta\theta_{S_2}]\cos[\eta'_{S_2}(k)+\Delta\eta_{S_2}]+n_4(k)+u \\ y_{S_2}(k) = [r'_{S_2}(k)+\Delta r_{S_2}]\cos[\theta'_{S_2}(k)+\Delta\theta_{S_2}]\cos[\eta'_{S_2}(k)+\Delta\eta_{S_2}]+n_5(k)+v \\ z_{S_2}(k) = [r'_{S_2}(k)+\Delta r_{S_2}]\sin[\eta'_{S_2}(k)+\Delta\eta_{S_2}]+n_6(k)+w \end{cases} \tag{4-29b}$$

式中，$n_l(k)(l=1,2,\cdots,6)$为随机噪声误差。

设$[x'(k),y'(k),z'(k)]$为目标在系统平面中的实际直角坐标，则有

$$\begin{cases} x'(k) = r'_{S_1}(k)\sin\theta'_{S_1}(k)\cos\eta'_{S_1}(k) = r'_{S_2}(k)\sin\theta'_{S_2}(k)\cos\eta'_{S_2}(k)+u \\ y'(k) = r'_{S_1}(k)\cos\theta'_{S_1}(k)\cos\eta'_{S_1}(k) = r'_{S_2}(k)\cos\theta'_{S_2}(k)\cos\eta'_{S_2}(k)+v \\ z'(k) = r'_{S_1}(k)\sin\eta'_{S_1}(k) = r'_{S_2}(k)\sin\eta'_{S_2}(k)+w \end{cases} \tag{4-30}$$

如果各随机噪声误差服从正态分布且相互独立，则对于小偏差系统而言，以上两组坐标变换可近似表示为

$$\boldsymbol{X}(k) = \boldsymbol{A}(k)\boldsymbol{\Omega}(k)+\boldsymbol{B}(k)+\boldsymbol{n}(k) \tag{4-31}$$

式中，$\boldsymbol{X}(k)=[x_{S_1},y_{S_1},z_{S_1},x_{S_2},y_{S_2},z_{S_2}]^{\mathrm{T}}$ 为传感器相对目标的位置测量矢量；

$\boldsymbol{\Omega}(k)=[\Delta r_{S_1}(k),\Delta\theta_{S_1}(k),\Delta\eta_{S_1}(k),\Delta r_{S_2}(k),\Delta\theta_{S_2}(k),\Delta\eta_{S_2}(k)]^{\mathrm{T}}$ 为系统偏差矢量；

$\boldsymbol{B}(k)=[x(k),y(k),z(k),x(k),y(k),z(k)]^{\mathrm{T}}$ 为目标真实位置矢量；

$\boldsymbol{n}(k)=[n_1(k),n_2(k),n_3(k),n_4(k),n_5(k),n_6(k)]^{\mathrm{T}}$ 为随机测量误差矢量；

$\boldsymbol{A}(k)=diag[\boldsymbol{A}_{11}(k),\boldsymbol{A}_{22}(k)]$，有

$$\boldsymbol{A}_{11}(k) = \begin{bmatrix} x'(k)/r'_{S_1}(k) & y'(k) & z'(k)\sin\theta'_{S_1}(k) \\ y'(k)/r'_{S_1}(k) & -x'(k) & -z'(k)\cos\theta'_{S_1}(k) \\ z'(k)/r'_{S_1}(k) & 0 & r_{S_1}(k)\sin\eta'_{S_1}(k) \end{bmatrix} \tag{4-32a}$$

$$\boldsymbol{A}_{22}(k) = \begin{bmatrix} [x'(k)-u]/r'_{S_2}(k) & y'(k)-v & [z'(k)-w]\sin\theta'_{S_2}(k) \\ [y'(k)-v]/r'_{S_2}(k) & -[x'(k)-u] & -[z'(k)-w]\cos\theta'_{S_2}(k) \\ [z'(k)-w]/r'_{S_2}(k) & 0 & r'_{S_2}(k)\cos\eta'_{S_2}(k) \end{bmatrix} \tag{4-32b}$$

由于目标在公共坐标系中的实际坐标为$[x'(k),y'(k),z'(k)]$,则相应的速度可表示为$[\dot{x}'(k),\dot{y}'(k),\dot{z}'(k)]$。令$\boldsymbol{M}(k)=[x'(k),\dot{x}'(k),y'(k),\dot{y}'(k),z'(k),\dot{z}'(k)]^{\mathrm{T}}$,则目标位置的动态模型为

$$\boldsymbol{M}(k+1)=\boldsymbol{\Phi}(k)\boldsymbol{M}(k)+\boldsymbol{W}(k) \tag{4-33}$$

式中,$\boldsymbol{\Phi}(k)$为状态转移矩阵,$\boldsymbol{W}(k)$为相互独立且满足零均值正态分布的随机噪声。

将目标的运动方程和传感器的偏差配准模型组合,对状态空间模型进行扩维。扩维的状态向量为

$$\boldsymbol{X}(k)=[\boldsymbol{M}(k)^{\mathrm{T}},\boldsymbol{D}_{\mathrm{S}_1}(k)^{\mathrm{T}},\boldsymbol{D}_{\mathrm{S}_2}(k)^{\mathrm{T}}]^{\mathrm{T}} \tag{4-34}$$

式中,$\boldsymbol{D}_{\mathrm{S}_1}(k)=[\Delta r_{\mathrm{S}_1}(k),\Delta\theta_{\mathrm{S}_1}(k),\Delta\eta_{\mathrm{S}_1}]^{T}$、$\boldsymbol{D}_{\mathrm{S}_2}(k)=[\Delta r_{\mathrm{S}_2}(k),\Delta\theta_{\mathrm{S}_2}(k),\Delta\eta_{\mathrm{S}_2}]^{\mathrm{T}}$,分别为传感器$\mathrm{S}_1$和$\mathrm{S}_2$的准配偏差向量。则扩维系统的状态方程可以写成

$$\boldsymbol{X}(k+1)=\boldsymbol{F}\cdot\boldsymbol{X}(k)+\boldsymbol{n}_{\boldsymbol{q}}(k) \tag{4-35}$$

式中,$\boldsymbol{F}=\begin{bmatrix}\boldsymbol{\Phi} & 0 & 0\\ 0 & I & 0\\ 0 & 0 & I\end{bmatrix}$,$\boldsymbol{n}_{\boldsymbol{q}}(k)$为扩维系统的状态噪声。

定义观测向量

$$\begin{aligned}\boldsymbol{Z}(k)&=[x_{\mathrm{S}_1}(k),y_{\mathrm{S}_1}(k),z_{\mathrm{S}_1}(k),x_{\mathrm{S}_2}(k),y_{\mathrm{S}_2}(k),z_{\mathrm{S}_2}(k)]^{\mathrm{T}}\\&=\boldsymbol{A}(k)\boldsymbol{\Omega}(k)+\boldsymbol{B}(k)+\boldsymbol{n}(k)=\boldsymbol{f}(k)+\boldsymbol{n}(k)\end{aligned} \tag{4-36}$$

则式(4-35)和式(4-36)共同描述了传感器空间配准的问题。由于测量方程对状态向量是非线性的,因此可以用UKF估计状态变量。UKF估计算法如下:

① 初始化,计算Sigma点

令$\hat{\boldsymbol{X}}_0=E(X_0)$,$\boldsymbol{P}_0=E[(X_0-\hat{X}_0)(X_0-\hat{X}_0)^{\mathrm{T}}]$,对状态进行扩展

$$\hat{\boldsymbol{X}}_0^a=E(X_0^a)=[\hat{X}_0^{\mathrm{T}},0,0] \tag{4-37}$$

$$\boldsymbol{P}_0^a=E[(x_0^a-\hat{x}_0^a)(x_0^a-\hat{x}_0^a)^{\mathrm{T}}]=\begin{bmatrix}P_0 & & \\ & P_v & \\ & & P_\omega\end{bmatrix} \tag{4-38}$$

式中,P_v为状态噪声方差,P_ω为量测噪声方差。

对于任意$k\in\{1,2,\cdots\}$,计算L个Sigma点的χ_{k-1}^a,即

$$\chi_{k-1}^a=\left[\hat{X}_{k-1}^a,\hat{X}_{k-1}^a+\sqrt{(L+\lambda)P_{k-1}^a},\hat{X}_{k-1}^a-\sqrt{(L+\lambda)P_{k-1}^a}\right] \tag{4-39}$$

每个Sigma点的权值为

$$W_0^{(m)}=\frac{\lambda}{L+\lambda} \tag{4-40a}$$

$$W_0^{(c)}=\frac{\lambda}{(L+\lambda)+(1-\alpha^2+\beta)} \tag{4-40b}$$

$$W_i^{(m)} = W_i^{(c)} = \frac{1}{2(L+\lambda)} \tag{4-40c}$$

式中，$\lambda = \alpha^2(L+\kappa) - L$，$\alpha$ 为尺度因子；κ 为第二尺度参数，通常取 0；β 为状态分布参数，正态分布下最优值为 2。

② 时间更新方程

根据①中的 Sigma 点，分别求出状态变量、测量预测值和协方差。

$$\chi_{k/(k-1)}^x = F \cdot [\chi_{(k-1)}^x, \chi_{(k-1)}^\nu] \tag{4-41}$$

$$\hat{X}_k = \sum_{i=0}^{2L} W_i^{(m)} \chi_{i,k/(k-1)}^x \tag{4-42}$$

$$Z_{k/(k-1)} = f[\chi_{k/(k-1)}^x, \chi_{(k-1)}^n] \tag{4-43}$$

$$P_k^- = \sum_{i=0}^{2L} W_i^{(c)} [\chi_{i,k/(k-1)}^x - \hat{X}_k^-][\chi_{i,k/(k-1)}^x - \hat{X}_k^-]^{\mathrm{T}} \tag{4-44}$$

$$\hat{Z}_k = \sum_{i=0}^{2L} W_i^{(m)} Z_{i,k/(k-1)} \tag{4-45}$$

③ 测量更新方程

计算增益矩阵 **K**、更新状态变量和对应的协方差矩阵

$$\boldsymbol{P}_{Z_k Z_k} = \sum_{i=0}^{2L} W_i^{(c)} [Z_{i,k/(k-1)} - \hat{Z}_k][Z_{i,k/(k-1)} - \hat{Z}_k]^{\mathrm{T}} \tag{4-46}$$

$$\boldsymbol{P}_{X_k Z_k} = \sum_{i=0}^{2L} W_i^{(c)} [\chi_{i,k/(k-1)} - \hat{X}_k][Z_{i,k/(k-1)} - \hat{Z}_k]^{\mathrm{T}} \tag{4-47}$$

$$K = \boldsymbol{P}_{X_k Z_k} \boldsymbol{P}_{Z_k Z_k}^{-1} \tag{4-48}$$

$$\hat{X}_k = \hat{X}_k^- + K(Z_k - \hat{Z}_k^-) \tag{4-49}$$

$$\boldsymbol{P}_k = \hat{\boldsymbol{P}}_k^- - K\boldsymbol{P}_{Z_k Z_k} \tag{4-50}$$

4.3.2 分布式传感信号的融合原理

1. 融合的层次结构

根据所需处理的数据类型，可将融合的层次结构分为像素级融合、特征级融合和决策级融合[58-60,66]。

像素级融合是指直接将采集到的初始数据进行融合，属于低层次的融合。其优点是尽可能地保留原始数据；缺点是传感器数据量和通信量都大，对融合处理器和抗干扰能力要求都较高，且一般要求数据来源于同质传感器。

特征级融合是指先对传感器的原始信号进行特征提取，然后再对特征信息进行融合，属于中间层次的融合。其优点是可实现信息压缩，有利于实时处理，灵活性好。

决策级融合是指各传感器独立完成预处理、特征提取、判决、分类决策后，在融合中心对各传感器作出的独立决策进行综合，以得到最终判决。它属于最高层次的融合。决策级融合通信量小，抗干扰能力强，对融合处理器要求较低，具有一定的容错性。

2. 融合的体系结构

根据融合的位置，可将融合的体系结构分为集中式融合、分布式融合、结合分布式融合和混合式融合[21]。

（1）集中式融合

图 4-8 所示为集中式融合的体系结构示意图。n 个传感器 $S_1,S_2,\cdots,S_n$ 直接将所有数据送到融合中心。融合中心要对所有传感器的原始观测数据进行时空配准，然后再对数据进行关联分析，最终形成融合结果。

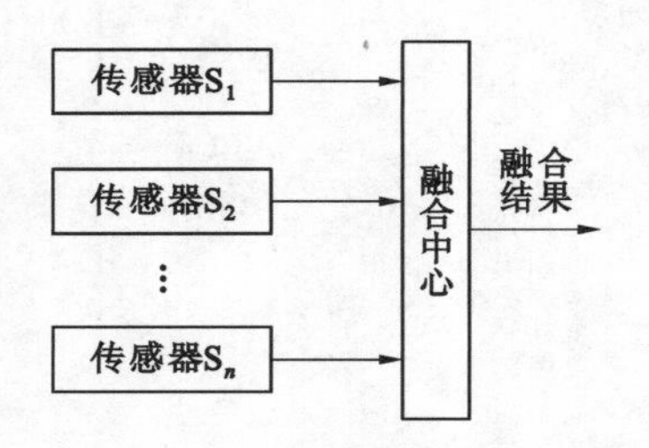

图 4-8 集中式融合结构

集中式融合适合对多个同类传感器的数据进行融合，一般在像素级融合中采用。由于需要将各传感器的初始数据传送给融合中心，通信量大，因此要求有足够的通信带宽。此外，运算量较大，算法也比较复杂，要求计算机有足够的存储量和较高的运算速度。

（2）分布式融合

分布式融合结构如图 4-9 所示。先对 n 个传感器 $S_1,S_2,\cdots,S_n$ 观测到的数据进行预处理和特征估计分析，以得到 n 个预决策（即状态向量），然后传输给融合中心进行深度融合处理，以获得所需要的特征信息。

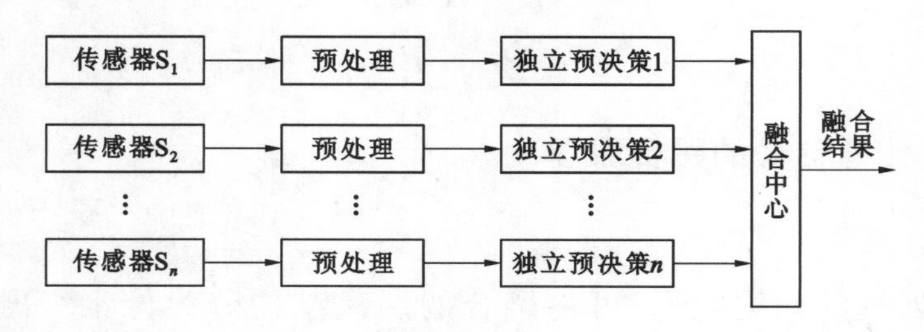

图 4-9 分布式融合结构

在分布式融合中，各传感器数据分别独立进行了预分析处理，将获得的预决策信息转换成有代表性的状态向量，使得与融合中心的通信量较小，减小了融合处理器的负担。但是，其成本较集中式融合高，这种融合方式适用于特征级或决策级融合。

分布式检测系统的组成结构一般分为并行结构、分散式结构、串行结构和树状结构，如图 4-10 所示。

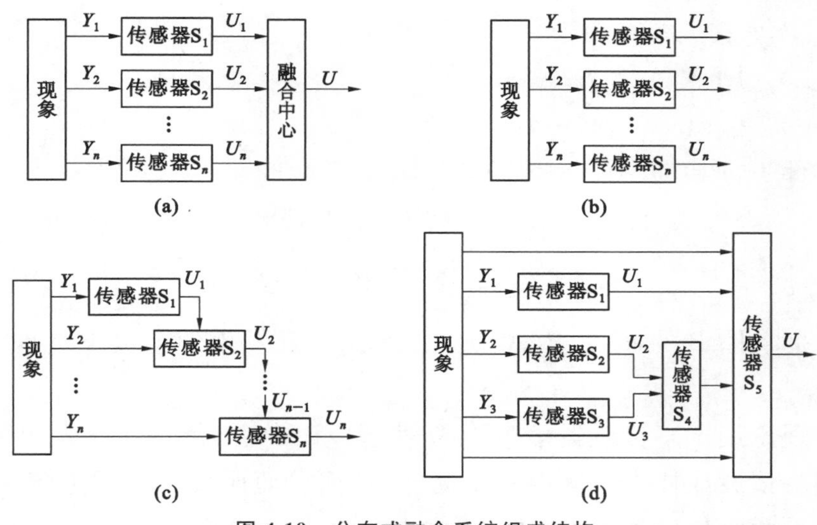

图 4-10 分布式融合系统组成结构

(a) 并行式结构;(b) 分散式结构;(c) 串行结构;(d) 树状结构

(3) 混合式融合

图 4-11 所示是混合式融合结构示意图,它是集中式融合和分布式融合的综合应用,具有集中式融合和分布式融合的特点。混合式融合是将各传感器经过预处理的数据和预决策的结果同时送入融合中心,由融合中心进行深度的融合处理,以获得需要的特征信息。

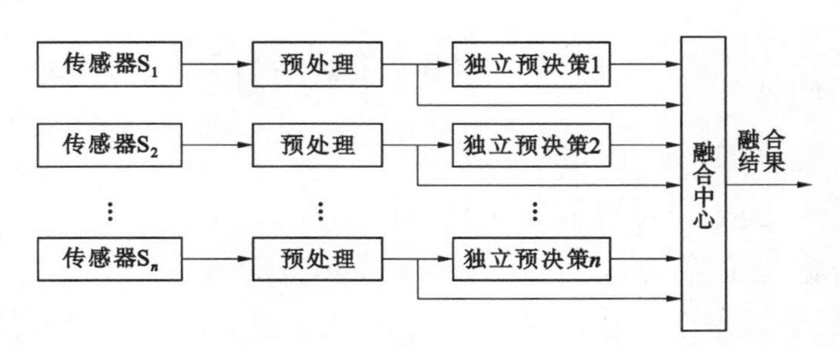

图 4-11 混合式融合结构

3. 融合算法

常见的多传感器数据融合算法有贝叶斯推理算法、D-S(Dempster-Shafer)证据理论算法、神经网络相关算法等[58-60]。

(1) 贝叶斯推理算法

贝叶斯推理是英国牧师 Thomas Bayes 在 1763 年提出的,是在经典的统计估计与假设检验基础上发展起来的一种新的统计推理方法,其推理不仅要依据当前信息,而且还要依据推理者的经验和知识。

在贝叶斯推理法则中,假设 $A_1, A_2, \cdots, A_m$ 为样本空间 S 的一个划分,即满足:

① $A_i \cap A_j = \varnothing \quad (i \neq j)$；

② $A_i \cup A_j \cup \cdots \cup A_m = S$；

③ $P(A_i) > 0 \quad (i = 1, 2, \cdots, m)$。

则对任一事件 B，$P(B) > 0$，有

$$P(A_i \mid B) = \frac{P(B \mid A_i)P(A_i)}{\sum_{j=1}^{m} P(B \mid A_j)P(A_j)} \tag{4-51}$$

式中，$P(B)$是事件 B 的概率，$P(A_i \mid B)$是在事件 B 发生的前提下事件 A_i 发生的条件概率。

贝叶斯理论用于多传感器信息融合时，要求系统可能的决策相互独立，此时即可将这些决策看成样本空间的一个划分，从而可使用贝叶斯理论解决系统的决策问题。假设两个传感器 S_1 和 S_2 对被测对象进行检测时，传感器 S_1 得到的量测结果为 B，传感器 S_2 得到的量测结果为 C，利用系统的先验知识及传感器的特性得到各先验概率 $P(A_i)$及条件概率 $P(B \mid A_i)$和 $P(C \mid A_i)$，则有

$$P(A_i \mid B \cap C) = \frac{P(B \cap C \mid A_i)P(A_i)}{\sum_{j=1}^{m} P(B \cap C \mid A_j)P(A_j)} \tag{4-52}$$

假设 A、B、C 之间相互独立，则 $P(B \cap C \mid A_i) = P(B \mid A_i)P(C \mid A_i)$，上式可化简为

$$P(A_i \mid B \cap C) = \frac{P(B \mid A_i)P(C \mid A_i)P(A_i)}{\sum_{j=1}^{m} P(B \mid A_j)P(C \mid A_j)P(A_j)} \tag{4-53}$$

此结论可推广到多个传感器同时检测的情况。

(2) D-S 证据理论算法

贝叶斯推理要求每个传感器必须在公共抽象级上以贝叶斯可信度做出响应，当传感器的数据处在不同的抽象级上(如类别、形状、目标类型、性质、传感器可靠性等)时，就很难根据贝叶斯推理给出精确的可信度表示。此时，可采用 D-S 证据理论算法进行数据融合。D-S 证据理论算法是一种基于统计方法的数据融合分类算法，它能捕捉、融合来自多传感器的信息，这些信息在模式分类中具有能确定某些因素的能力。

在 D-S 证据理论中，设 Ω 为 x 所有可能取值的论域集合，且 Ω 中的每个元素是互不相容的。若存在函数 $m: 2^{\Omega} \to [0,1]$ 满足条件 ① $m(\varnothing) = 0$，$\varnothing$ 为空集；② $\sum_{A \subset \Omega} m(A) = 1$。则称 $m(A)$ 为事件 A 的基本概率赋值，它表示对事件 A 的精确信任程度。

对于所有的 A⊆Ω，有如下定义：

$$bel(A) = \sum_{B \subseteq A} m(B) \tag{4-54}$$

$$pl(A) = \sum_{A \cap B \neq \varnothing} m(B) = 1 - bel(\overline{A}) \tag{4-55}$$

式中，$bel(A)$、$bel(\overline{A})$和 $pl(A)$分别为事件 A 的信任函数、怀疑函数和似真函数。表 4-1 解释了不确定区间的概念。

表 4-1 事件 A 的不确定区间解释

[bel(A),pl(A)]	解释
[0,1]	对事件 A 一无所知
[0.6,0.6]	事件 A 为真的确切概率是 0.6
[0,0]	事件 A 为假
[1,1]	事件 A 为真
[0.25,1]	证据部分支持事件 A 为真
[0,0.85]	证据部分支持事件 A 为假
[0.25,0.85]	事件 A 为真的概率在 0.25～0.85 之间，即证据同时支持 A 为真和 A 为假

多传感器信息的 D-S 合成规则如下：

设 m_1、m_2 是 2^{Ω} 上两个相互独立证据的基本概率赋值，则两个信度融合后的基本概率赋值为

$$m(C) = \frac{\sum\limits_{\substack{i,j \\ A_i \cap B_j = C}} m_1(A) m_2(B)}{1 - \sum\limits_{\substack{i,j \\ A_i \cap B_j = \varnothing}} m_1(A) m_2(B)} \tag{4-56}$$

式(4-56)的计算方法可推广到多个信度的合成。

图 4-12 所示是 D-S 数据融合过程示意图。n 个传感器对目标的 m 个属性进行判决，确定每个传感器的基本概率赋值，然后利用 D-S 组合规则进行信息融合，得到其信度函数，最后根据一定的决策准则进行判定。

(3) 神经网络相关算法

人工神经网络与分布式传感信息融合系统很相似，两者都是并行信息处理系统，完成的都是从输入到输出的非线性映射。人工神经网络具有强大的数据处理能力、自适应学习能力、较强的鲁棒性和容错能力等特性，非常适用于信号融合。

利用人工神经网络进行多传感器信息融合时，可遵循以下步骤：

① 根据系统要求和传递函数特点选择合适的神经网络模型；

② 根据对信息融合的要求，建立神经网络输入和输出的映射关系；

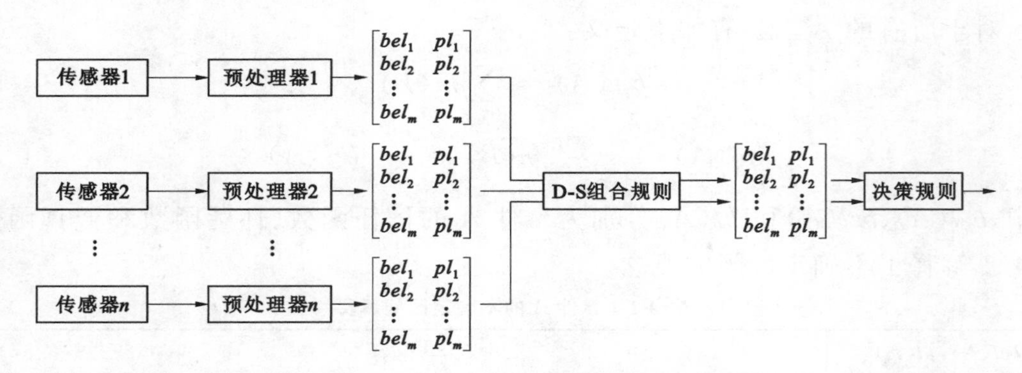

图 4-12　D-S 数据融合过程

③ 根据已有的传感器信息和系统决策对神经网络进行指导性学习，确定权值分配，完成网络训练；

④ 训练好的神经网络即可作为实际信息融合的处理算法。

BP(Back Propagation)神经网络是一种应用广泛的神经网络模型，它是一种基于误差逆传播算法训练的多层前馈网络。通过反向传播不断调整网络的权值和阈值，使网络的误差平方和最小。BP 神经网络模型的拓扑结构包括输入层、隐含层和输出层，如图 4-13 所示。

当输出层的实际输出与期望输出不相符时，将两者的误差信号以某种形式通过隐含层向输入层逐层反传，即输入信号正向传播、误差信号反向传播，直至输出误差减少至可接受为止，其算法流程如图 4-14 所示。

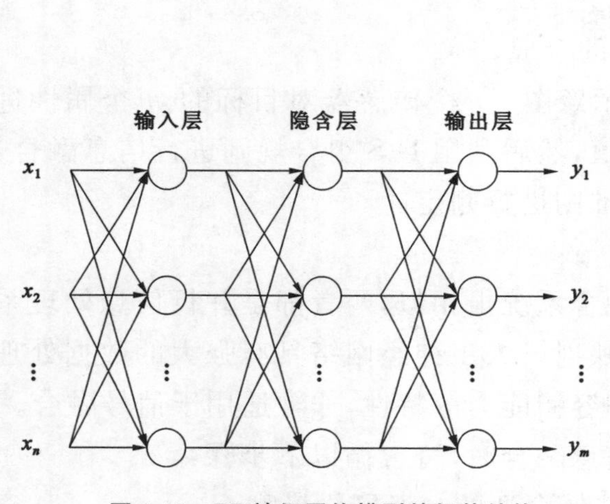

图 4-13　BP 神经网络模型的拓扑结构

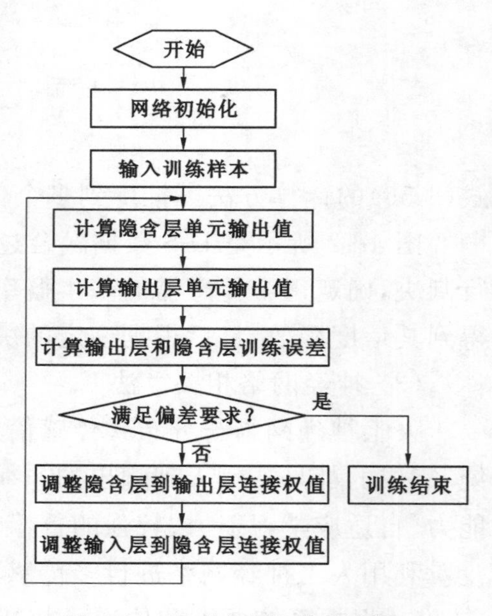

图 4-14　BP 神经网络算法流程

4.4　非平稳信号处理的基本方法

机械装备的运行振动信号往往是非平稳的，包含多种频率成分，并且其幅值同样也会受到周期性冲击力的调制，因此其运行振动信号实际上是非平稳的调频-调幅信号。针对这种信号类型，典型的信号处理方法有短时傅立叶变换(Short-time Fourier Transform，STFT)、小波变换(Wavelet Transformation，WT)、希尔伯特-黄变换(Hilbert-Huang Transform，HHT)、局部均值分解(Local Mean Decomposition，LMD)和小波分解等[66-73]。

4.4.1　短时傅立叶变换

短时傅立叶变换是由Dennis Gabor于1946年提出的一种时频分析方法，其基本思想是选择一个在短时间间隔内平稳(伪平稳)的时频局部化窗函数 $h(t)$，通过移动窗函数使被分析信号 $x(t)$ 与窗函数 $h(t)$ 的积信号 $x(t)h(t)$ 在不同的有限时间宽度内是平稳的，由此可计算不同时间段上的频谱。

为了研究信号 $x(t)$ 在某一时刻 t(或时段)上的特征，一种方法就是将该时刻的信号加强，同时削弱其他时刻的信号，信号加强的方法就是利用一个窗函数 $h(t)$ 与信号 $x(t)$ 相乘来实现，即

$$x_t(\tau) = x(\tau)h(\tau - t) \tag{4-57}$$

令窗函数 $h(t)$ 沿时间滑动，覆盖时域上的整个信号 $x(t)$。再对 $x_t(\tau)$ 做傅立叶变换，即可得到信号 $x(t)$ 的短时傅立叶变换，即

$$STFT_x(t,f) = \int_{-\infty}^{+\infty} \mathrm{e}^{-j2\pi f\tau} x_t(\tau)\mathrm{d}\tau = \int_{-\infty}^{+\infty} \mathrm{e}^{-j2\pi f\tau} x(\tau)h(\tau - t)\mathrm{d}\tau \tag{4-58}$$

短时傅立叶变换本质上是将原信号进行分段处理，而每一段信号被认为是平稳的或近似平稳的。因此，短时傅立叶变换主要用于分析平稳和近似平稳信号。

4.4.2　小波变换

小波变换是由Morlet于20世纪80年代提出的，后经Meyer、Daubechies等人的改进，目前已成为一种应用广泛的信号分析方法。

原信号 $x(t)$ 的小波变换定义为：

$$WT(a,b) = \frac{1}{\sqrt{a}}\int_{-\infty}^{+\infty} h\left(\frac{t-b}{a}\right)x(t)\mathrm{d}t \tag{4-59}$$

式中，a 为尺度因子($a \neq 0$)，b 为时移因子，$h(t)$ 为母小波。用不同的 a 和 b 可以构成不同的小波基函数 $h_{a,b}(t)$

$$h_{a,b}(t) = \frac{1}{\sqrt{a}} h\left(\frac{t-b}{a}\right) \tag{4-60}$$

短时傅立叶变换中所选窗函数的时间长度是固定的，针对变化的信号很难兼顾分析要求的时间分辨率和频率分辨率，而小波变化中时间窗口不是固定的，而是会随着尺度因子 a 变化而变化。当尺度因子 a 改变时，小波的时宽和带宽均发生变化，但其形状和大小保持不变，也就是说，当 a 增大时，基函数变成一个展宽的小波，此时频率分辨率提高，时间分辨率降低；相反，当 a 减小时，基函数变成一个压缩的小波，频率分辨率降低，而时间分辨率提高。小波分析中的时移因子 b 与时间相对应，尺度因子 a 与频率相对应，因此小波分析中的时间-尺度平面与时频分析中的时频平面相对应。因此，小波变换适用于对非平稳信号的分析。

4.4.3 希尔伯特-黄变换

希尔伯特-黄变换是由美籍华裔 Norden E Huang 教授于 1998 年提出的，它非常适用于分析非平稳信号。

希尔伯特-黄变换的分析步骤可以分成两步：首先，用经验模态分解方法(Empirical Modality Decomposition，EMD)对信号进行分解，以获得有限数目的固有模态函数(Intrinsic Mode Function，IMF)；然后，利用 Hilbert 变换和瞬时频率方法对各模态函数 IMF 进行变换，以获得信号的时-频谱，即 Hilbert 谱(也称为 HHT 谱)。

利用 EMD 得到的每个 IMF 必须满足两个条件：① 极值点个数和过零值点个数相差不大于 1；② 在任何时刻，上包络线和下包络线的平均值必须为零。

EMD 的具体步骤如下：

① 找出原信号 $x(t)$的所有极大值和极小值，利用三次样条插值函数拟合出极大值包络线 $e_+(t)$和极小值包络线 $e_-(t)$。

② 取上下包络线的均值作为原信号的均值包络线

$$m_1(t) = \frac{e_+(t) + e_-(t)}{2} \tag{4-61}$$

将原信号 $x(t)$减去 $m_1(t)$得

$$h_1(t) = x(t) - m_1(t) \tag{4-62}$$

③ 判断 $h_1(t)$是否满足 IMF 的两个必要条件。如果不满足，则将 $h_1(t)$作为 $x(t)$，重复步骤①和②，直到满足条件为止；一般需要重复 k 次才能满足(k 一般小于 10)。记 $c_1(t)$为信号 $x(t)$的第一个 IMF 分量，则

$$c_1(t) = IMF_1 = h_1^k(t) \tag{4-63}$$

④ 用原信号 $x(t)$减去 $c_1(t)$，就得到了一个差值信号 $r_1(t)$，即

$$r_1(t) = x(t) - c_1(t) \tag{4-64}$$

把 $r_1(t)$看作新的 $x(t)$，重复以上步骤筛选出原信号的其他 IMF 分量，直到 $r_n(t)$为单调函数或常量时迭代终止。原信号 $x(t)$最终表示为

$$x(t) = \sum_{i=1}^{n} c_i(t) + r_n(t) \tag{4-65}$$

式中，$r_n(t)$为残余分量，$c_i(t)(i=1,2,\cdots,n)$称为第 i 阶 IMF 分量。

完成了 EMD 后，分别对每一个 IMF 分量 $c_i(t)(i=1,2,\cdots,n)$进行 Hilbert 变换，可得到每个 IMF 分量的瞬时频率 $\omega_i(t)$和瞬时幅值 $r_i(t)$。将瞬时幅值以等高线图或三维谱图的形式表示在时间-瞬时频率平面上，就可以得到 HHT 谱图，一般表示为 $H(\omega,t)$。

$$H(\omega,t) = Re\left(\sum_{i=1}^{n} a_i(t)e^{j\varphi_i(t)}\right) = Re\left(\sum_{i=1}^{n} a_i(t)e^{j\int\omega_i(t)\mathrm{d}t}\right) \tag{4-66}$$

其中的 Re 表示取实部，这里省略了残余分量 $r_n(t)$。$H(\omega,t)$描述了信号幅值在整个频段上随时间和频率的变化规律，是信号 $x(t)$完整的时频分布表示。

用 Hilbert 谱可以进一步定义边际谱，即

$$H(\omega) = \int_{-\infty}^{+\infty} H(\omega,t)\mathrm{d}t \tag{4-67}$$

边际谱表示某个频率点上振幅(能量)在时间上的叠加，反映能量在不同频率上的分布情况。尤其在分析非平稳信号时，这种定义对于频率随时间变化的信号特征来说，能够反映信号的许多振动特征。因此，对瞬时频率的计算十分重要。

为了获取信号的瞬时频率，可采用以下方法。

任意的信号 $X(t)$的 Hilbert 变换 $Y(t)$为：

$$Y(t) = \frac{1}{\pi}P\int_{-\infty}^{+\infty} \frac{X(\tau)}{t-\tau}\mathrm{d}\tau \tag{4-68}$$

式中，P 为柯西主值。定义 $X(t)$和 $Y(t)$构成的复信号 $Z(t)$，则

$$Z(t) = X(t) + jY(t) = a(t)e^{j\theta(t)} \tag{4-69}$$

$Z(t)$是解析函数，其中

$$a(t) = \sqrt{X^2(t) + Y^2(t)}, \theta(t) = \arctan\frac{Y(t)}{X(t)} \tag{4-70}$$

$a(t)$、$\theta(t)$分别是 $Z(t)$的振幅和相位。

由于 Hilbert 变换，$Y(t)$实际上就是 $X(t)$与 $1/(\pi t)$的卷积。因此，它强调了 $X(t)$的局部属性。根据式(4-70)，信号 $X(t)$的瞬时频率定义为

$$\omega(t) = \frac{\mathrm{d}\theta}{\mathrm{d}t} \tag{4-71}$$

应当指出，这里的定义仍然存在两个问题。第一，瞬时频率是时间的单值函

数，即任意时间点对应唯一的频率值，满足这一条件的信号被称为单分量信号。目前，对单分量信号还缺乏足够的认识和严格的定义，还缺乏有效方法判断一个信号是否为单分量信号。第二，实际中的信号，尤其是复杂机械系统中的信号往往是多种信号的叠加，并不是单纯的单分量信号，对这样的信号直接用 Hilbert 变换计算出的瞬时频率是否有实际意义还需进一步探讨。

在 HHT 实际应用过程中，有可能会出现模态混淆、端点效应、负频率等问题，从而影响信号分析结果，因而需根据实际情况进行完善。

4.4.4 局部均值分解

局部均值分解是 Jonathan S Smith 于 2005 年提出的一种自适应时频分析方法。它的基本思想是将复杂信号分解为多个乘积函数（Production Function，PF），其中每一个 PF 分量由一个包络信号和一个纯调频信号相乘得到，包络信号就是该 PF 分量的瞬时幅值，而纯调频信号对应着该 PF 分量的瞬时频率。因此，与 HHT 类似，LMD 同样可得到原信号的时频分布，但不需要像 HHT 那样，先做 EMD 然后再做 Hilbert 变换。有研究表明，LMD 比 HHT 更有利于分析非平稳信号。

LMD 算法的步骤如下：

① 计算原信号的所有极值点 n_i 及其对应时刻 t_i，计算相邻两个极值点 n_i 和 n_{i+1} 的平均值 m_i（称为局部平均值）及两极值点的差值 a_i（称为局部包络值），即

$$m_i = \frac{n_i + n_{i+1}}{2} \tag{4-72a}$$

$$a_i = \frac{n_i - n_{i+1}}{2} \tag{4-72b}$$

② 将所有的局部平均值 m_i 和局部包络值 a_i 在对应的极值时刻 t_i 之间进行直线延伸，分别得到局部均值函数 $m_{11}(t)$ 和局部包络函数 $a_{11}(t)$，并对局部均值函数和局部包络函数进行平滑处理。

③ 将 m_{11} 从 $x(t)$ 中分离出来，其剩余部分 $h_{11}(t)$ 为

$$h_{11}(t) = x(t) - m_{11}(t) \tag{4-73}$$

④ 用 $h_{11}(t)$ 除以局部均值函数 $a_{11}(t)$，得到

$$s_{11}(t) = \frac{h_{11}(t)}{a_{11}(t)} \tag{4-74}$$

⑤ 求 $s_{11}(t)$ 的局部包络函数 $a_{12}(t)$，若 $a_{12}(t) \neq 1$，说明 $s_{11}(t)$ 不是一个纯调频信号。则将 $s_{11}(t)$ 作为原信号重复①～④，直到 $s_{1n}(t)$ 为一个纯调频信号时终止，此时 $-1 \leqslant s_{1n}(t) \leqslant 1$、$a_{1n}(t) = 1$。

$$\begin{cases} h_{11}(t) = x(t) - m_{11}(t) \\ h_{12}(t) = s_{11}(t) - m_{12}(t) \\ \vdots \\ h_{1n}(t) = s_{1(n-1)}(t) - m_{1n}(t) \end{cases} \tag{4-75}$$

其中

$$\begin{cases} s_{11}(t) = \dfrac{h_{11}(t)}{a_{11}(t)} \\ s_{12}(t) = \dfrac{h_{12}(t)}{a_{12}(t)} \\ \vdots \\ s_{1n}(t) = \dfrac{h_{1n}(t)}{a_{1n}(t)} \end{cases} \tag{4-76}$$

⑥ 将以上迭代产生的所有局部包络函数相乘得到包络信号 $a_1(t)$

$$a_1(t) = \prod_{i=1}^{n} a_{1i}(t) \tag{4-77}$$

⑦ 将包络信号 $a_1(t)$和纯调频信号 $s_{1n}(t)$相乘得到原信号的第一个 PF 分量

$$PF_1(t) = a_1(t)s_{1n}(t) \tag{4-78}$$

⑧ 将第一个 PF 分量从原信号中分离出来,得到一个新的信号 $u_1(t)$,重复①～⑦,直到 $u_k(t)$为一个单调函数为止。

$$\begin{cases} u_1(t) = x(t) - PF_1(t) \\ u_2(t) = u_1(t) - PF_2(t) \\ \vdots \\ u_k(t) = u_{(k-1)}(t) - PF_k(t) \end{cases} \tag{4-79}$$

这样,原信号 $x(t)$就可表示为

$$x(t) = \sum_{i=1}^{k} PF_i(t) + u_k(t) \tag{4-80}$$

在 LMD 中,其包络信号 $a_i(t)$就是对应 PF 分量的瞬时幅值,而瞬时频率 $\omega_i(t)$可由纯调频信号 $s_i(t)$求出。由于$-1 \leqslant s_i(t) \leqslant 1$,且幅值恒等于 1,因此可以将纯调频信号写成

$$s_i(t) = \cos\varphi_i(t) \tag{4-81}$$

式中,$\varphi_i(t)$为瞬时相位。则有

$$\varphi_i(t) = \arccos[s_i(t)] \tag{4-82}$$

瞬时频率为

$$\omega_i(t) = \frac{\mathrm{d}\varphi_i(t)}{\mathrm{d}t} = \frac{\mathrm{d}\{\arccos[s_i(t)]\}}{\mathrm{d}t} \tag{4-83}$$

此时，每个 PF 分量可表示为

$$PF_i(t) = a_i(t)\cos\left[2\pi\int f_i(t)\mathrm{d}t\right] \tag{4-84}$$

式中，$f_i(t)=\omega_i(t)/2\pi$。根据式(4-80)，原信号 $x(t)$ 可表示为

$$x(t) = \sum_{i=1}^{k} a_i(t)\cos\left[2\pi\int f_i(t)\mathrm{d}t + u_k(t)\right] \approx \sum_{i=1}^{k} a_i(t)\cos\left[2\pi\int f_i(t)\mathrm{d}t\right] \tag{4-85}$$

$x(t)$ 基于 LMD 的时频分布 $D(f,t)$ 定义为

$$D(f,t) = \sum_{i=1}^{k} a_i(t)\cos\left[2\pi\int f_i(t)\mathrm{d}t\right] = Re\sum_{i=1}^{k} a_i(t)\exp\left[2\pi j\int f_i(t)\mathrm{d}t\right] \tag{4-86}$$

$D(f,t)$ 精确描述了信号 $x(t)$ 的幅值在整个频率段上随时间和频率的变化规律。通过 $D(f,t)$ 还可定义基于 LMD 的边际谱 $D(f)$，即

$$D(f) = \int_0^T D(f,t)\mathrm{d}t \tag{4-87}$$

LMD 得到的每个 PF 分量中的瞬时幅值和瞬时频率是相互独立的，一方面保留了原信号中更多的局部波动特征，另一方面瞬时频率不受时变幅值影响，即不会产生负频率现象，并且由于纯调频信号是满足单分量信号条件的，故瞬时频率具有现实物理意义。另外，LMD 采用平滑方式形成的局部均值函数和局部包络函数，避免了 EMD 中采用三次样条插值形成包络线时产生的过包络、欠包络问题。不过 LMD 也和 EMD 一样，有可能产生端点效应，尤其是对长度较短的信号，端点效应现象将更加严重。

5 大型薄壁结构件变形的光纤光栅动态检测

5.1 大型薄壁结构件变形检测

薄壁结构件是指其厚度远小于其长、宽尺寸的结构件，因其具有质量轻、易加工等特点，被广泛应用于航空航天、汽车、高速列车、仪器仪表等行业（图 5-1）。但是由于其厚度薄，因此在工作过程中容易发生变形，例如卫星天线一般就采用薄壁结构件，它在太空的特殊环境中往往会伴有较严重的机械变形和热变形，其中机械变形主要是由地球环境与工作时太空环境的差异引起。例如，在地球的重力、湿度等因素下制造装配的卫星天线发射到太空后，在失重、电磁等环境中其内部应力产生变化，从而导致天线结构的变形。而热变形是由于卫星天线在太空环境中，受到太阳辐射和卫星进出地球阴影区的极端冷热交变环境等因素的影响，天线阵面在空间和时间上都存在较大的温度梯度，进而引起薄壁结构件热应力及其热胀缩的动态变化，易使薄壁结构件产生屈曲和变形。卫星天线结构的变形会改变天线阵列的发射构型，从而造成天线波束形状畸变，影响系统性能。因此，对大型薄壁结构件变形进行在线监测，是有效提升其设备装置安全可靠运行水平及其维护能力的重要途径[74-75]。

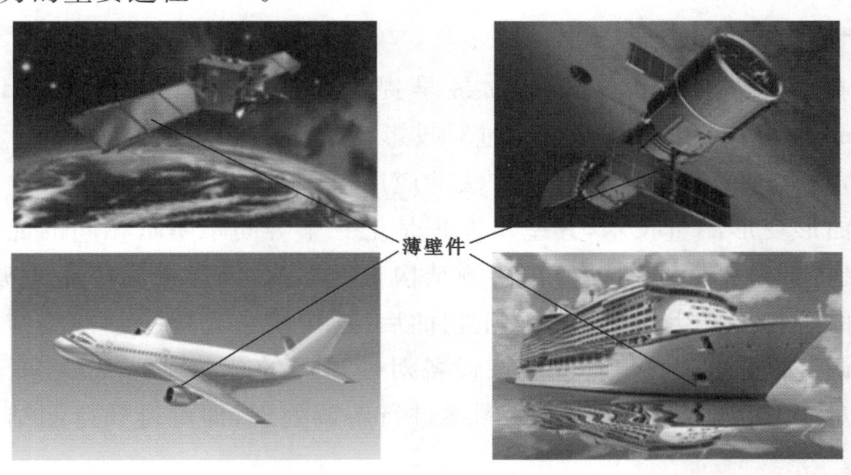

图 5-1 薄壁结构件的应用

目前，对大型薄壁结构件变形进行在线监测是一项具有挑战性的工作，特别是对卫星天线这类大型薄壁结构件变形的在线监测，由于对检测系统质量、环境适应性和可靠性等的要求极高，这类结构变形的检测成为一项关键技术，这是保障卫星天线长期稳定健康运行的关键基础之一。

如图 5-2 所示，大型薄壁结构件变形是指在各种力、热等荷载作用下，其形状及尺寸大小在时空上的变化。目前对大型薄壁结构件变形检测采取的主要方法是在薄壁结构件上设置多个离散观测点，并对各观测点的点位变化进行测量，用这些观测点的点位变化来描述薄壁结构件的空间变形。若是对各个观测点的点位变化进行周期性或者某个时间段内的连续测量，就可获得薄壁结构件在时域上的变形。

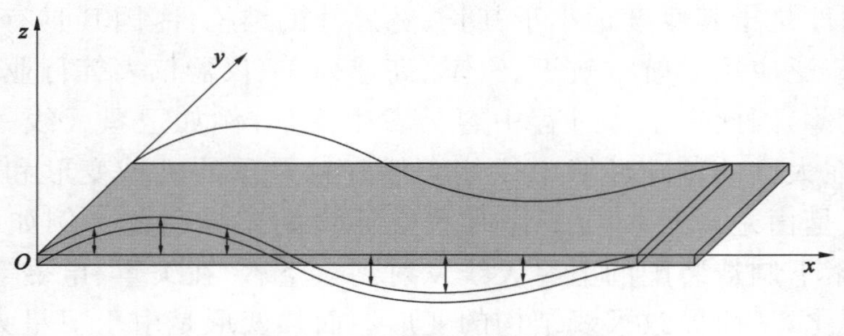

图 5-2 大型薄壁结构件的变形

5.1.1 薄壁件变形的光学监测技术

目前，较成熟的薄壁件变形监测技术主要是基于光学原理监测薄壁平面位移变化，根据具体的监测原理可分为投影云纹干涉法、视频模型变形测量法和数字散斑测量法。

(1) 投影云纹干涉法

1970 年，Meadows 和 Takasaki 最早提出了投影云纹法（Projection Moire Interferometry，PMI）[76]。随后，通过对投影云纹法的深入研究，改善了条纹对比度等特性，极大地拓展了这种测试方法的应用范围。投影云纹法是一种非接触三维物体的面形变形测量技术，其基本原理是把一个等间距明暗相间的光栅投影到待测结构（特别是平面结构）上，在待测结构未变形前，该光栅为等距光栅，当待测结构表面由于物体发生热变形而产生扭曲后，这个投影光栅受到待测结构表面三维形状的调制而发生变形，通过摄像设备对变形后的莫尔干涉条纹进行摄制，并由计算机对变形后的莫尔干涉条纹图案进行解调处理，即可得到待测结构表面的变形信息。

图 5-3 的左图是对一个模型飞机机翼表面变形进行投影云纹干涉法测量，右

图为变形后的投影云纹,通过不断对比分析摄制图像就可获得机翼表面变形的过程和变形程度。测量中是把参考光栅放在机翼的上方,采用平行光源将参考光栅投影到待测机翼表面,参考光栅和光栅影子干涉形成莫尔条纹。由于云纹图是等位移曲线(即等高线),二维图像可以反映三维机翼的信息。作为一个全场、非接触的位移无损测试技术,投影云纹干涉法越来越广泛地应用在物体表面的位移测量中。

图 5-3 投影云纹干涉法测量与莫尔干涉条纹

该方法结合数字图像处理和小波算法能实现三维物体面形的自动测量,如图 5-4所示。通过投影设备对被测物体表面投影形成云纹,由 CCD 摄像设备对干涉条纹(云纹)进行摄制,并经图形采集系统进行数据采集,最后再通过计算机进行数据处理就可获取变形信息,其测量精度由 CCD 摄像设备的像素决定。

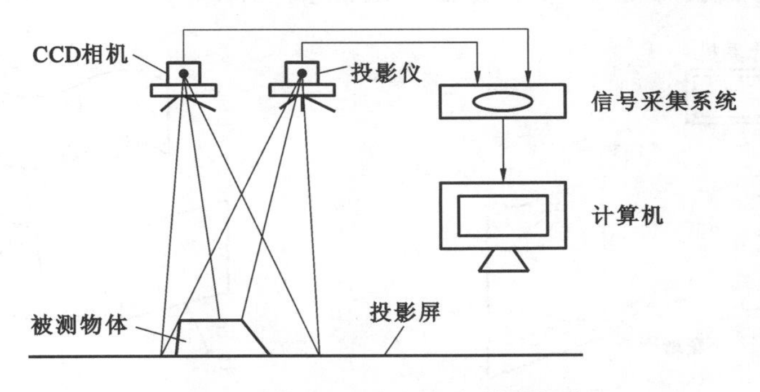

图 5-4 投影云纹干涉法测量变形

相比于传统的电类位移传感器的单点位移测量,投影云纹干涉法的优点在于可以进行全局的变形测量。但是,这种测量方法也有一定的局限性,它只能对被测结构表面进行测量,且投影莫尔云纹的物体表面需要尽可能平整,否则会产生较大的误差。因此,这种方法仅能应用于类似于机翼、天线等结构的变形测量。

(2) 视频模型变形测量法

视频模型变形测量法(Videogrammetric Model Deformation,VMD)是一种应用较为广泛的模型变形测量方法,早期主要使用胶片照相机作为测量工具,后来发展为使用高速数字摄像机[77]。这种测量方法主要分为两种:一种是基于单摄像机的视频模型变形测量方法,另一种是基于立体视觉的视频模型变形测量方法。单摄像机的视频模型变形测量系统主要由计算机、摄像机、模型表面的标记点和放置在摄像机附近的照明光源组成,其原理如图 5-5 所示。根据标记点在图像平面中的位置和摄像机针孔成像的原理,可以在已知标记点的某一约束的情况下计算还原出该标记点在模型所在坐标系中的位置。这种单摄像机的视频模型变形测量方法只使用了一个摄像机,也就只能够在对已知标记点的某一方向位置进行约束以后(如对被测物体的纵深位置进行固定),才能测量计算出该标记点在其他两个约束方向上的变化。

图 5-6 所示是多摄像机的视频模型变形测量法原理示意图,这是基于立体视觉原理进行的测量,这种视频模型变形测量法至少需要两个摄像机,分别从不同位置、不同角度对被测物体成像。图 5-6 中的 P 点为模型表面的特征标记点,m_1、m_2为 P 点分别在两个摄像机坐标系中的像点位置,C_1、C_2 分别为两个摄像机的光心。根据摄像机针孔成像的原理及立体视觉共线方程的计算方法,不需要标记点额外的位置信息就可以直接计算出 P 点的三维坐标。因此,这种方法不受标记点横向位移的影响,能够适应模型有横向位移或变形的情况。目前,这种视频模型变形测量法已经成为风洞试验模型变形测量应用最为广泛的方法。

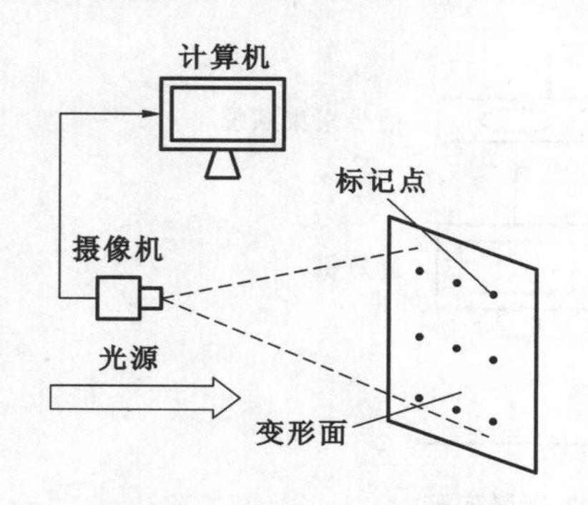

图 5-5 单摄像机视频模型变形测量系统

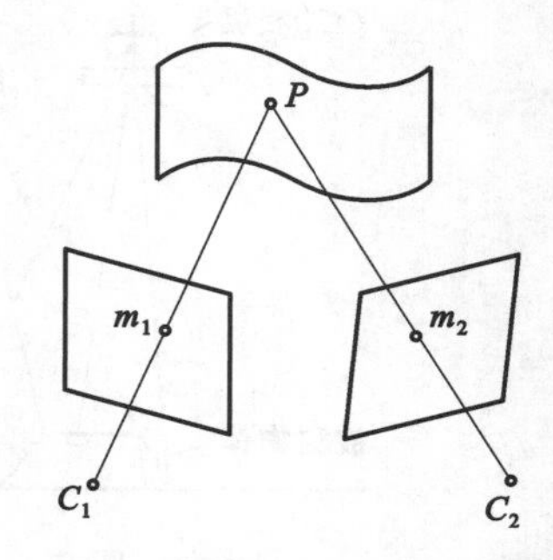

图 5-6 多摄像机视频模型变形测量原理

(3) 数字散斑测量法

20 世纪 40 年代英国学者 Denis Gabor 首先提出全息术,激光散斑最初作为全息术里的一种光学噪声,会影响全息图的质量,并由此引起人们的关注。1962 年贝尔实验室的 Rigden 和 Gordon 首先解释了激光散斑现象的产生:当用相干性很好的光(如激光)照射漫反射表面时,漫反射表面就好像有很多个小的点光源,它们反射的光彼此相互干涉，并在物体反射表面前方的空间形成无数随机分布的亮点和暗点，这些相干的亮点和暗点就称为散斑，这种随机分布的散斑结构就称为散斑场。随后，英国学者 Leenderz 开创了新的利用散斑检测粗糙表面的光学干涉方法——散斑干涉测量法。数字散斑测量技术主要分为两种：数字散斑相关测量技术和数字散斑干涉测量技术[78]。

散斑是由物体各点反射叠加而成，具有随机性，在光场不变的情况下，物体的位移不会影响散斑间的相对分布，只会造成散斑场的移动。由于散斑分布的随机性，散斑场上的每一点周围的小区域中的散斑分布与其他点的是不同的，这样的小区域通常称为子集。散斑场上以某一点为中心的子集可作为该点位移的信息载体，通过分析和搜索该子集的移动和变化，便可以获得该点的位移。数字散斑相关测量技术正是基于这种原理，应用 CCD 摄像机对散斑场进行记录，通过记录变形前后的散斑场图像，经过模/数转化获得两个数字灰度场，再对两个数字灰度场进行相关性运算找到关系点，通过一系列的数学计算最终就可获得结构的变形。这种变形测量方法的一个主要问题是对散斑场数字灰度场的数学计算，其计算量较大。

数字散斑干涉测量技术是指利用被测物体表面散射光所产生的散斑与另外一参考光相干涉得到的散斑图，通过分析变形前后散斑图来获知变形信息的一种变形测量方法。当结构发生变形时，两者发生的干涉条纹有所变化，由此可以对结构的变形进行测量。同样通过 CCD 相机对干涉条纹进行摄像，通过模/数转化，运用计算机图像处理技术对所测的干涉条纹进行分析就可提取变形的信息。

5.1.2 薄壁结构件变形的在线监测技术

由于薄壁结构件变形的光学监测技术位移测量存在着对工作环境要求高、难以在实际工况下对薄壁结构件变形进行在线监测等缺点，因此，已经有学者开展了薄壁结构件变形的在线监测技术研究。其研究基本思路如下：结构件的变形可以认为是局部应变变化的积累，通过测量结构件各局部应变的变化，并按照一定的方式对各局部应变变化测量值进行积分运算就可得到结构件的变形。细化的局部或者离散的测点数越多，其计算得到的结构件变形就越准确。因此，对于大型薄壁结构件变形的检测需要采用传感器阵列或者传感器网格，同时对于卫星天线这类大型薄壁结构件还要求传感器阵列不影响天线信号发射构型，这就要求传感器阵列微型化、轻量化[79-80]。传统的位移传感器及其测量技术在构成大规模传感器阵列方面具有较多的局限，很难满足传感器阵列微型化、轻量化等的要求。图 5-7所示的薄板结构件变形监测系统则是通过在薄板上下两面粘贴一定数量的应变片，感知薄板的应变变化，通过材料力学、弹性力学等相关公式对所监测应变数据进行积分求解出薄板挠度，从而获取整个薄板变形情况[81]。但从图 5-7 可以看出，电类分布式传感网络走线繁杂，并不适合实际现场的工程应用，并且通过对较少量离散数据进行积分求解出的实际变形误差较大，对薄壁结构件微小变形的监测效果不佳，一般只适用于较明显变形情况下的监测。

图 5-7　电类应变片监测薄板结构件变形系统

5.2　大型薄壁件的光纤光栅测量

随着光纤光栅传感器技术的发展，光纤光栅传感器具有的微小、轻型和易于构成传感网络等优势，为大型薄壁结构件变形检测增添了新的技术手段。将光纤光栅组成的分布传感网络用于大型薄壁结构件变形检测的基本思想是获取各测点的应变数据，通过对分布测点应变数据的分析处理或计算求得变形，其计算方法与各测点分布布置或传感器网络结构有密切关系。因此，在对大型薄壁结构件变形进行检测时，要解决各测点分布布置优化或传感器网络结构优化及其对应的变形计算模型等问题。

5.2.1　大型薄壁件变形的光纤光栅分布测量系统

图 5-8 所示是采用光纤光栅分布传感检测技术进行薄壁结构件变形测量的系统框图。实验中被测薄壁结构由两块相同结构和尺寸的蜂窝板构成，两蜂窝板用螺栓连接于支撑架上，该装置用来模拟人造卫星天线薄壁件的实际结构。整个薄壁结构的一端用支撑座固定，另一端用可调节位移加载装置对其施加对应的位移，模拟人造卫星天线在实际工况中的变形情况。

实验中，通过调节位移加载装置使整个薄壁结构发生挠曲变形，这个变形在理论上可认为是局部应变的积累。因此，通过规划在蜂窝板上的多个光纤光栅测点获得的对应应变 $\varepsilon(x,y)$，并按照一定方法建立挠度 $w(x,y)$ 与应变 $\varepsilon(x,y)$ 的关系 $w(x,y)=f[\varepsilon(x,y)]$，从而计算获得结构件的变形。

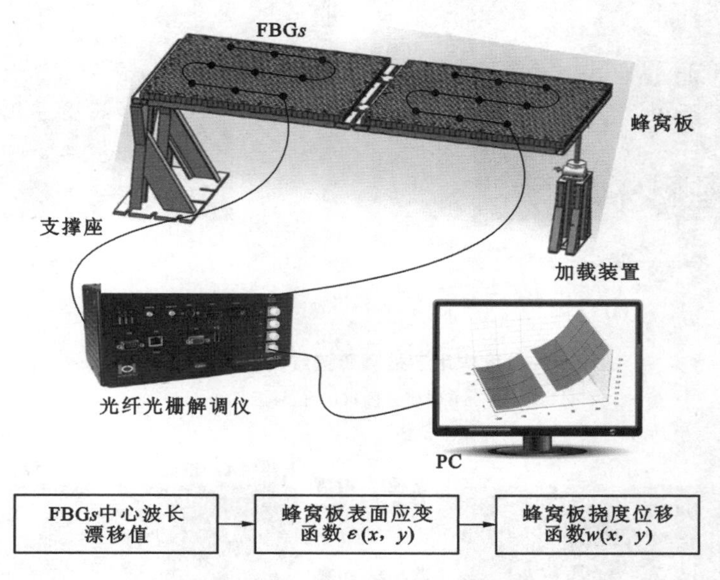

图 5-8 薄壁结构件变形的测量系统

5.2.2 大型薄壁件的光纤光栅测点布置

在图 5-8 所示的实验中，被测薄壁结构件在可调节位移加载装置的作用下，各点位置上的挠度和对应应变是不同的，理论上可以通过对被测薄壁结构件进行受力分析和计算来获得各点位置的应力/应变及其挠度变化的情况。一般地，对大型薄壁结构件挠度、应力/应变计算分析多采用有限元分析方法。从计算分析得到的各点位置上的挠度和应力/应变，可以帮助或辅助多个光纤光栅测点的规划和布置。

图 5-9 是利用有限元分析软件所得的薄壁结构件在自由状态下的应变和挠度分布情况。从图中可以看到由于被测薄壁结构件呈悬臂梁结构固定，自身重力作用引起的应变和变形相对于中心线呈对称分布。为此，初步计划沿被测薄壁结构件长度方向对称布置 3 根光纤，每根光纤为一个测试路径，其上设置有多个光纤光栅测点，如图 5-10(a)所示。同时在每个薄壁结构件上，也初步计划沿其宽度方向布置 3 根光纤，每根光纤为一个测试路径，其上仍设置多个光纤光栅测点，如图 5-10(b)所示。

通过计算可得到被测薄壁结构件在自由状态下(亦即仅有重力作用)沿长度方向 3 条测试路径上的应变值，如图 5-11(a)所示。可以看到，由于测试路径 1 与测试路径 3 对称于 x 轴，它们的应变曲线重合，路径上的最大应变值约为 53.2 $\mu\varepsilon$，测试路径 2 上的应变最大值约为 47.8 $\mu\varepsilon$，应变最大值的位置在薄壁结构件的固定端附近，并且应变值由固定端向自由端逐渐减小。依此应变变化，按

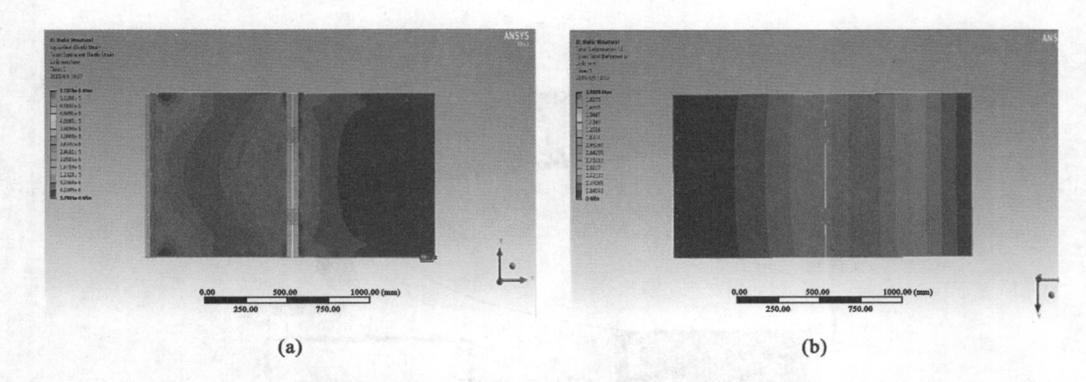

图 5-9 自重作用下被测薄壁结构件的静力学分析

(a) 应变云图;(b) 位移云图

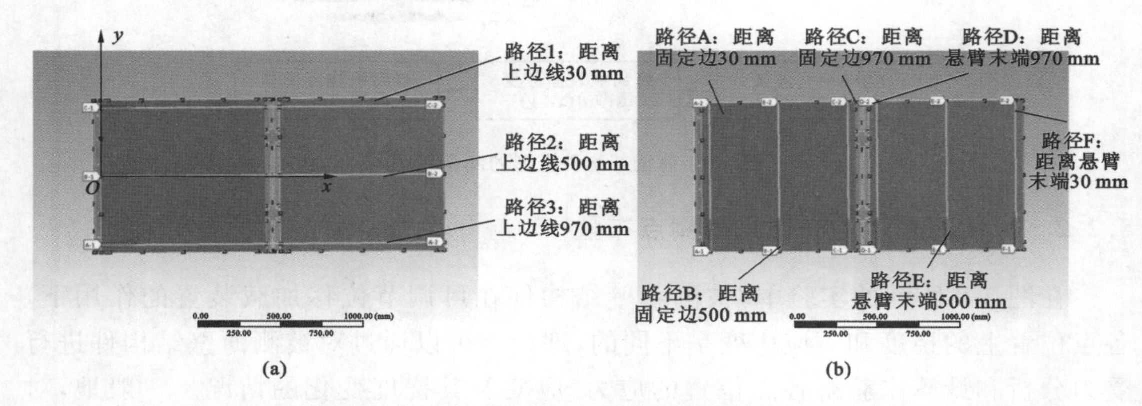

图 5-10 被测薄壁结构件上光纤光栅测点布置

(a) 沿测试板长度方向的测点布置;(b) 沿测试板宽度方向的测点布置

一定方式计算得到的挠度变形如图 5-11(b)所示,可以看到此时薄壁结构件沿长度方向的位移越来越大,表明薄壁结构件沿长度方向位置(点)的变形越来越大。

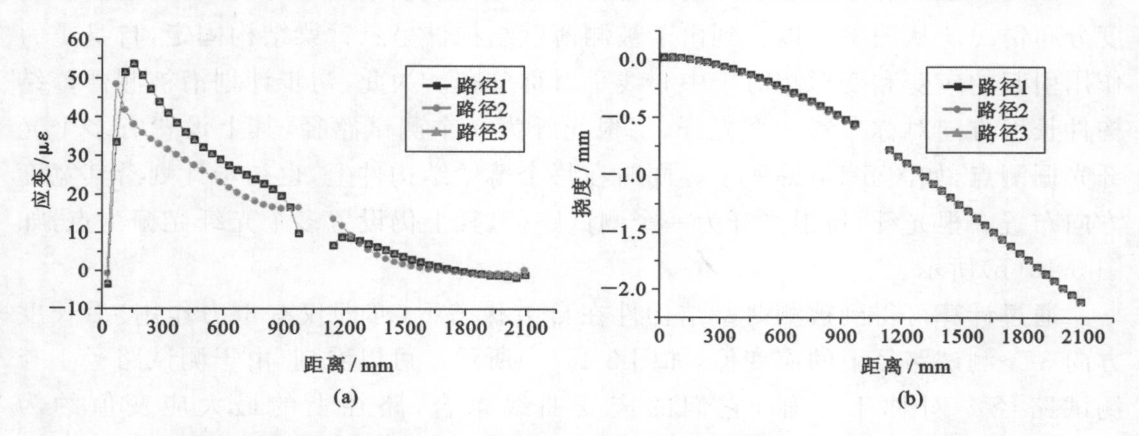

图 5-11 在自重作用下薄壁结构件沿长度方向的 3 条测试路径的应变与位移变化曲线

(a) 沿长度方向 3 条测试路径上的应变变化曲线;(b) 沿长度方向 3 条测试路径的位移变化曲线

如果用可调节位移加载装置在被测薄壁结构件自由端沿宽度方向的中点和边角点分别施加一定的位移作用(图 5-12),同样可以计算得到薄壁结构件上的相应应变和变形分布情况,如图 5-13～图 5-16 所示。

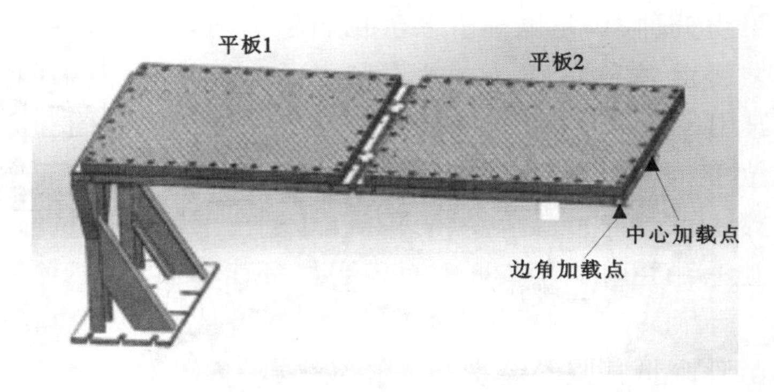

图 5-12　不同位置的位移加载

图 5-13 是在被测薄壁结构件自由端宽度的中点沿竖直向上方向施加一定位移作用,计算其应变和变形分布,并提取图 5-10(a)所示 3 条测试路径上的应变和挠度变化的情况。从图中可以看到,由于在中点垂直向上施加了一定的位移作用,也就抵消了部分重力作用引起的下垂变形,此时薄壁结构件上的应变和挠度变化的趋势与图 5-11 一致。另外,须注意到,两个薄壁结构件的应变、挠度变化规律不一致,靠近固定端的薄壁结构应变、挠度变化要大于远离固定端薄壁结构的应变、挠度变化。

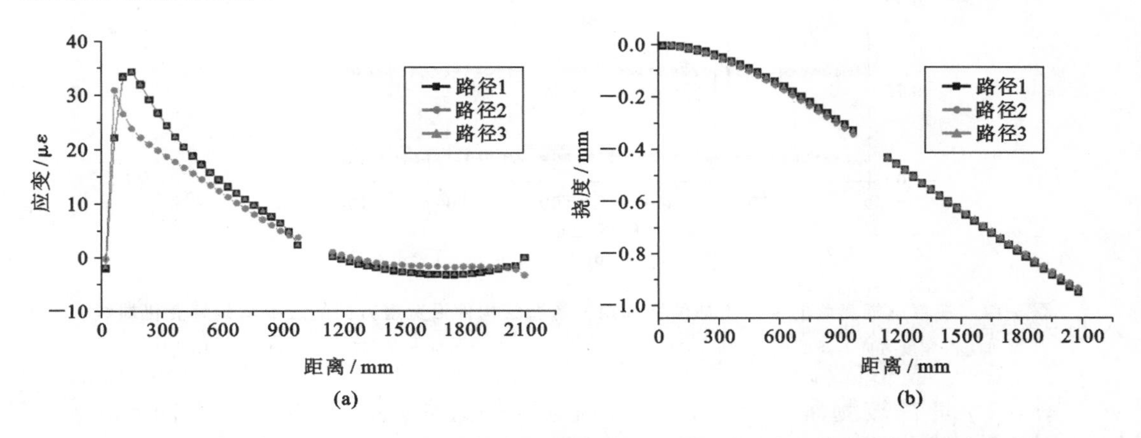

图 5-13　在自由端宽度的中点施加位移作用下薄壁结构件沿长度方向的应变与位移变化曲线

(a) 沿长度方向 3 条测试路径的应变变化曲线;(b) 沿长度方向 3 条测试路径的位移变化曲线

图 5-14 是在被测薄壁结构件自由端宽度的中点沿竖直向上方向施加一定位移作用,计算其应变和变形分布,并提取图 5-10(b)所示 6 条横向测试路径上的应变和挠度变化的情况。可以看到,在薄壁结构件自由端宽度的中点施加垂直向上

的位移作用，测试板上沿宽度方向的应变变化十分明显，且越靠近固定端，宽度方向的应变呈类正弦变化越明显，而宽度方向上的挠度位移变化基本对称于长度方向的中心线，如图 5-14(b)所示。

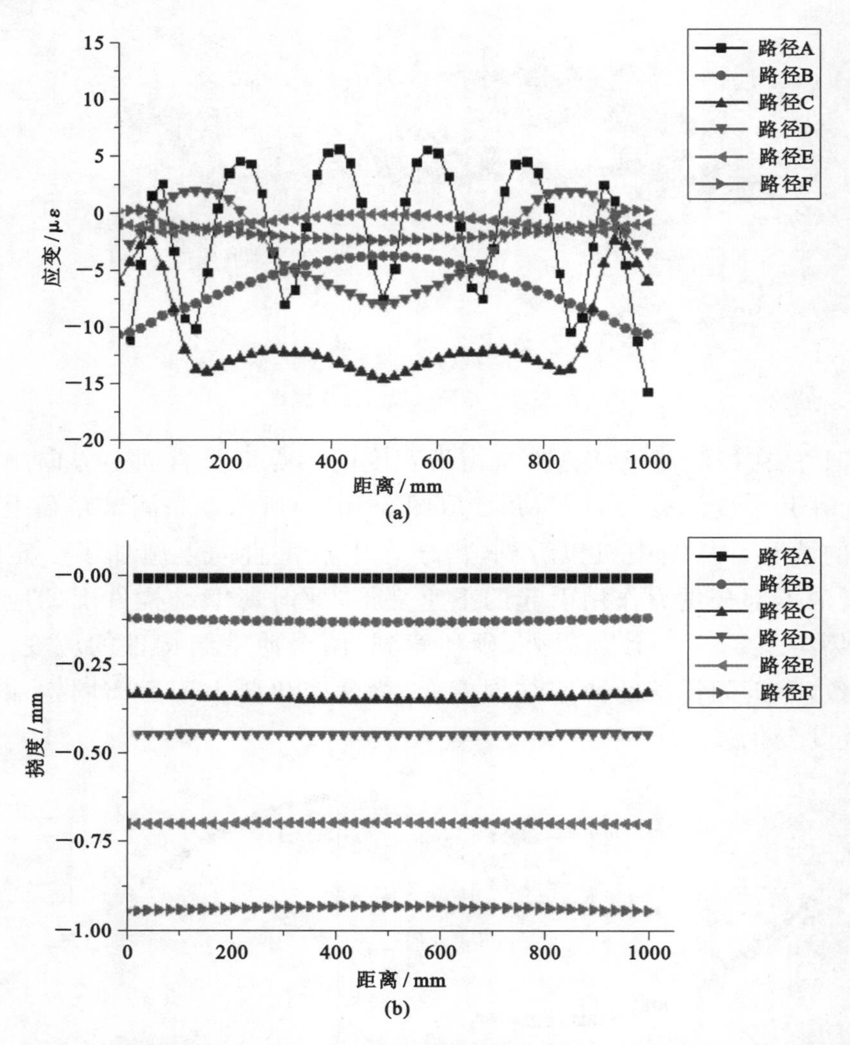

图 5-14 在自由端宽度的中点施加位移作用下薄壁结构件沿宽度方向的应变与位移变化曲线

(a) 沿宽度方向 6 条测试路径的应变变化曲线；(b) 沿宽度方向 6 条测试路径的位移变化曲线

图 5-15 是在被测薄壁结构件自由端宽度的边角点沿竖直向上方向施加一定位移作用，计算其应变和变形分布，并提取图 5-10(a)所示长度方向的 3 条测试路径上的应变和挠度变化的情况。可以看到，在自由端边角点垂直向上方向施加一定位移的作用，沿长度方向上 3 条测试路径的应变和挠度的变化明显不一样，且靠近位移加载点一边的路径上的应变和挠度的变化最大。

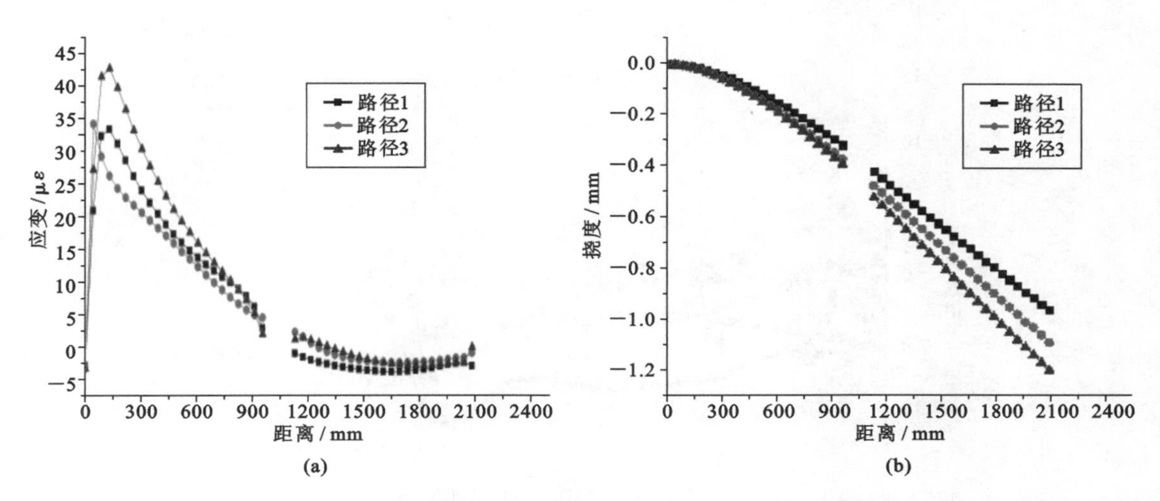

图 5-15 在自由端宽度的边角点施加位移作用下薄壁结构件沿长度方向的应变与位移变化曲线

(a) 沿长度方向 3 条测试路径的应变变化曲线;(b) 沿长度方向 3 条测试路径的位移变化曲线

图 5-16 是在被测薄壁结构件自由端宽度的边角点沿竖直向上方向施加一定位移作用,计算其应变和变形分布,并提取图 5-10(b)所示 6 条横向测试路径上的应变和挠度变化的情况。可以看到,在自由端边角点垂直向上方向施加一定位移的作用,沿宽度方向 6 条测试路径上的应变和挠度的变化明显不一样,靠近固定端宽度方向的应变呈明显的周期性变化[图 5-16(a)],在宽度方向上的挠度位移变化从位置加载点一侧向另一侧逐渐增大,位移加载点类似一个支撑[图 5-16(b)]。

以上的计算分析告诉我们,薄壁结构件的变形及其对应应变的变化在各个方向上是不同的,呈非线性变化。因此,通过有限测点的应变测量来计算分析其变形时,即使单个测点的应变测量非常准确,但若测点布置不合理或过少,由这些测点的测量数值拟合得到的应变变化规律的误差就会较大,从而造成变形计算分析的误差较大,亦即检测变形的误差较大。显然,测点数越多,应变变化拟合和变形计算分析的准确性越高。然而,过多的测点不但会增加测量系统的复杂性,影响被测件的工作状态,而且还会增加工程实现的难度。因此,测点的合理规划布置是一个需要解决的问题,以期望用较少的测点数就能获得准确的结构件变形信息。

根据前述图 5-9～图 5-16 所示薄壁结构件变形的计算分析,测试平板 2 相对于测试平板 1 的应变数值较小,测试平板 2 的变形近似于刚体转动。因此,在实际布置光纤光栅测点时,测试平板 1 上的测点数多于测试平板 2 上的测点数。在实际测试中,光纤光栅的布置还要考虑被测件的具体结构和安装形式,光纤光栅主要用于测量薄壁件的应变变化,一般是直接将光纤光栅粘贴在薄壁件上,粘贴

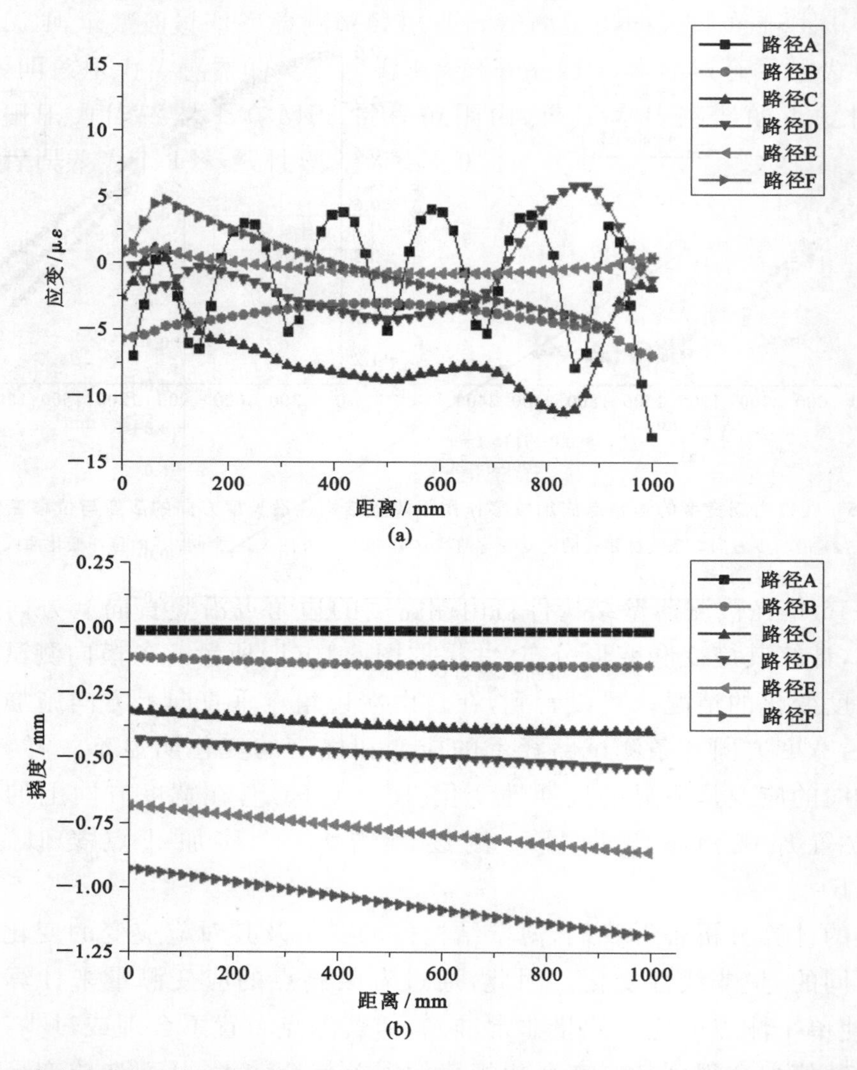

图 5-16 在自由端宽度的边角点施加位移作用下薄壁结构件沿宽度方向的应变与位移变化曲线

(a) 沿宽度方向 6 条测试路径的应变变化曲线;(b) 沿宽度方向 6 条测试路径的位移变化曲线

工艺应保证光纤光栅传感的准确性。此外,针对温度对光纤光栅测量的影响,可考虑采用差分补偿方式消除温度对应变测量的影响。为此,对于图 5-12 所示的被测薄壁结构件,为保证光纤光栅测量系统不影响被测对象的收拢与展开,每个测试平板上分别用 4 根光纤采用光波分复用技术串联多个光纤光栅传感器,同时在测试平板 1 的适当位置上布置 1 个测量环境温度的光纤光栅温度传感器,用于对应变测量的温度补偿。因此,被测薄壁结构件的光纤光栅实际布点如图 5-17 所示。路径 1、路径 2、路径 3 是指长度方向,路径 1 和路径 3 对称布置在路径 2 两侧。假设 3 条路径线在薄壁结构件固定端处的结构变形为零,分别记为 a10、a20 和 a30,这三点的位移为零。

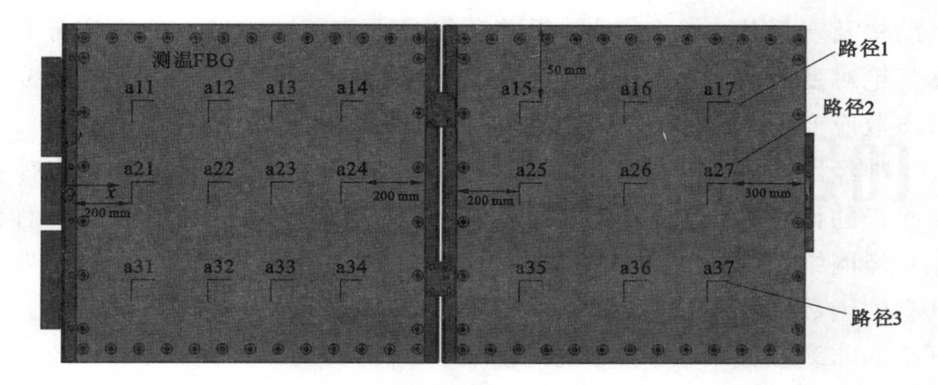

图 5-17　薄壁结构件的光纤光栅测点布置示意图

图 5-18(a)所示为光纤光栅薄壁结构件变形监测实验台实物图(其系统框图见图 5-8)。分布式光纤光栅测点按图 5-17 的规划被粘贴到实验台被测薄壁件相应位置。加载装置底座固定于被测薄壁件相应加载点,实验中选取中点加载与边角加载进行实验验证,加载时通过转动加载装置的旋转手柄(加载装置工作原理类似蜗杆升降系统),使薄壁件发生变形。薄壁件下方的平面平台布置一排激光位移传感器实时监测薄壁件的绝对变形情况。选取测试板上的 18 个激光位移传感器测点作为平板变形检测系统的对比点,由于激光位移传感器的数量有限,因此将激光位移传感器测点分为 6 组,平板 1 上 3 组,平板 2 上 3 组,每次仅测量一组,进行轮换测量。激光位移传感器测得的绝对变形数据将用于与基于光纤光栅应变监测数据的变形重构计算结果对比,以验证光纤光栅变形监测系统的性能。

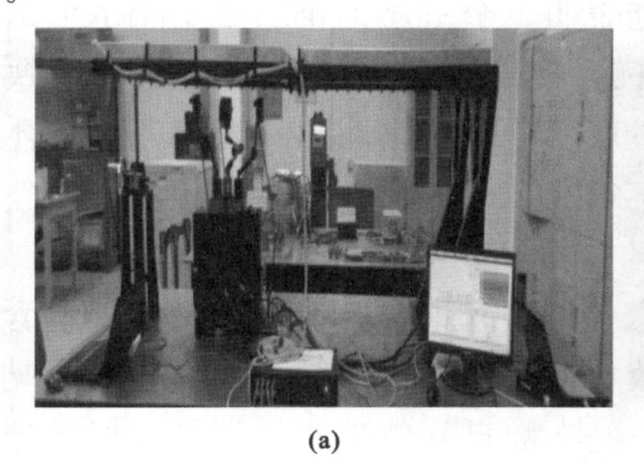

(a)

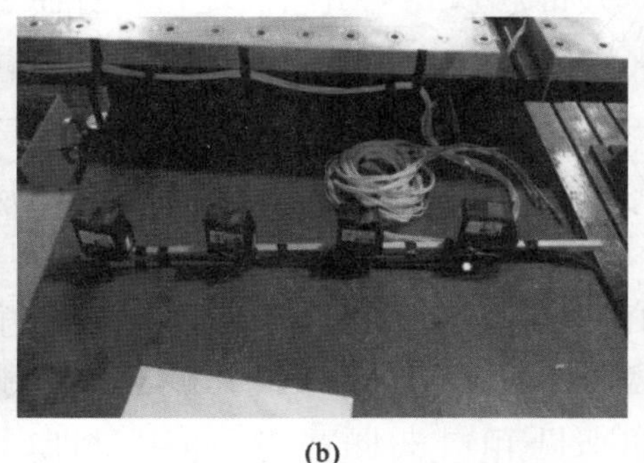

(b)

图 5-18　基于光纤光栅的薄壁结构件变形监测实验台

(a) 光纤光栅薄壁结构件变形监测实验台实物图;(b) 激光位移传感器

5.2.3　大型薄壁件变形的重构计算模型

为通过多点分布式测量应变值实现薄壁结构件的变形重构,需要建立薄壁结构件上离散应变值与薄壁结构件绝对变形之间的关系模型。然而,由于薄壁件内部连接结构及变形状态的复杂性，目前还很难由薄壁结构件上的应变分布准确解析计算其绝对变形。因此，本节采用人工神经网络这一智能学习算法建立薄壁结构件上离散应变值与薄壁件绝对变形之间的关系模型。

人工神经网络（Artificial Neural Network，ANN）是抽象模仿生物神经系统而建立起来的计算系统（或计算模型），它可以模拟生物神经系统处理各种信息的过程。神经网络内部包含大量的类似生物体中神经细胞的处理单元，这些处理单元所具有的函数计算和记忆功能使得神经网络有很强的非线性拟合能力，可映射任意复杂的非线性关系，且学习规则易于计算机实现。因此，人工神经网络被广泛应用于函数逼近、图像识别、计算机视觉等众多领域。

人工神经网络具有的非线性函数逼近能力，可为复杂系统建模提供强有力的工具，可通过学习的方式实现系统模型的自主构建，这对数学模型不清晰的数据计算尤为重要。因此，利用人工神经网络来解决薄壁结构件变形计算问题不失为一种好的思路。通过上节对薄壁结构件变形的有限元分析中看到，测试平板 1 的应变变化和变形相较于测试平板 2 的大，因此，以下就以测试平板 1 为计算对象来示范如何建立测试平板 1 变形的人工神经网络计算模型。

BP（Back Propagation）神经网络是采用误差反向传播学习算法的多层前馈神经网络，由于具有构型和学习算法简单等优势，在函数逼近、模式识别与分类、故障诊断等领域得到了广泛的应用[82]。

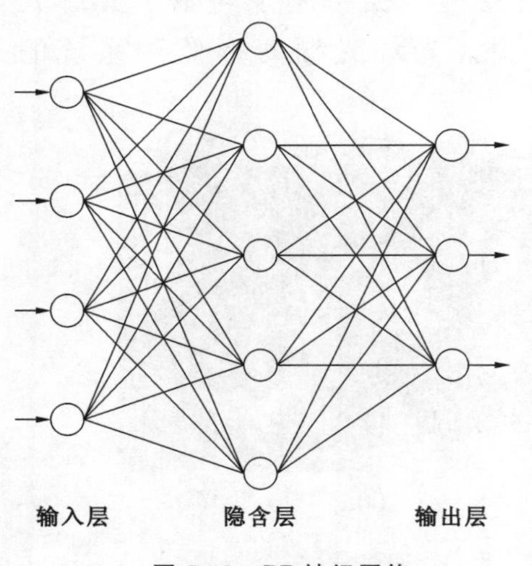

图 5-19　BP 神经网络

在 BP 神经网络的实际应用中，首先要根据实际问题确定 BP 神经网络的隐含层数，已有研究表明一个三层的 BP 神经网络可以完全逼近任意 m 维变量到任意 n 维变量的映射关系。三层的 BP 神经网络由输入层、隐含层和输出层组成，如图 5-19 所示。设 BP 神经网络输入层有神经元 m 个，隐含层有神经元 q 个，输出层有神经元 n 个。实际上隐含层包含的神经元数目需根据具体情况确定，一般情况下隐含层神经元数目 q 应为 2 倍的输入层神经元数目 m 加 1，即 $q=2m+1$。

对于图 5-18 所示的被测薄壁结构件，其光纤光栅应变测点和激光位移测点的详细位置如图 5-20 所示。选用三层 BP 神经网络来建立测试平板 1 的变形检测模型，首先需确定其输入层、隐含层和输出层的神经元数目，以及相互连接的权重等基本参数。具体步骤如下：

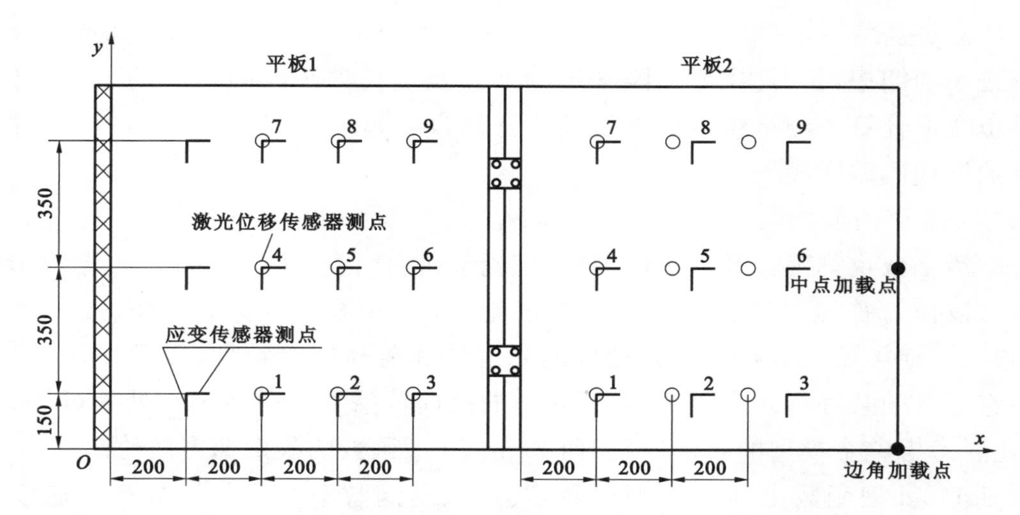

图 5-20 薄壁结构件光纤光栅应变测点和激光位移测点布置图

(1) 神经元数目的确定

如图 5-20 所示，在测试平板 1 上布置有 24 个光纤光栅应变传感器测点及 9 个激光位移传感器测点(1～9 测点)，光纤光栅应变传感器的测量应变作为 BP 神经网络的输入，激光位移传感器的测量位移作为 BP 神经网络的输出。因此，建立的 BP 神经网络的输入层、隐含层和输出层所含神经元数目分别为 24、49 和 9。

(2) 权重

生物神经元在互相的联系中具有不同的突触性质和突触强度，突触是一个神经元与另一个神经元相连接的结构，其作用是传递相连接神经元之间的作用方式及其强度。在 BP 神经网络中用相互连接的两个神经元之间的加权系数 w_{ij} 来体现这种作用，这个加权系数就称为权重，其正负模拟生物神经元中突触的兴奋和抑制，其大小代表突触的不同连接强度。

人工神经网络中各个神经元之间的权重是通过训练学习确定的，其初始权值一般选择(−0.5,0.5)之间的随机数。

(3) 阈值(偏置)

人工神经网络的隐含层神经元与输出层神经元的阈值均选择(−1,1)之间的随机数。

(4) 学习速率

学习速率用于误差反向传播中权重与阈值的计算，学习速率的取值在(0.01,0.8)之间。一般情况下，倾向于选取较小的学习速率以保证系统的稳定性。为了在满足训练速率的条件下保证系统的稳定性，神经网络的学习速率取值为 0.2。

(5) 期望误差

较小的期望误差是靠增加隐含层的节点及延长训练时间达到的。考虑到测试平板变形计算的测量精度要求及插值计算误差,根据具体计算误差,人工神经网络的期望误差取较低值。

(6) 激活函数

激活函数也称为神经元传递函数,理论上讲,任何一个连续的多项式、常数函数都可以作为神经元的激活函数。一般地,神经元激活函数采用 Sigmoid 型函数,它与其他类型函数相比具有较好的光滑性和鲁棒性等特性,以及在求导时可以用它自身的某种形式来表示,因为权值的反向传播要求激活函数处处可导。此外,还要考虑整个模型的收敛速度,而 Sigmoid 型函数的收敛速度较快。

Sigmoid 型函数也称为 S 型函数,其特点是函数本身及其导数都是连续的,因而在处理上十分方便。一般地,S 型函数又分为单极性和双极性两种。

单极性 S 型函数的表达式为

$$f(x)=\frac{1}{1+\mathrm{e}^{-ax}} \tag{5-1}$$

其函数曲线如图 5-21(a)所示。

双极性 S 型函数的表达式为

$$f(x)=\frac{1-\mathrm{e}^{-ax}}{1+\mathrm{e}^{-ax}} \tag{5-2}$$

其函数曲线如图 5-21(b)所示。

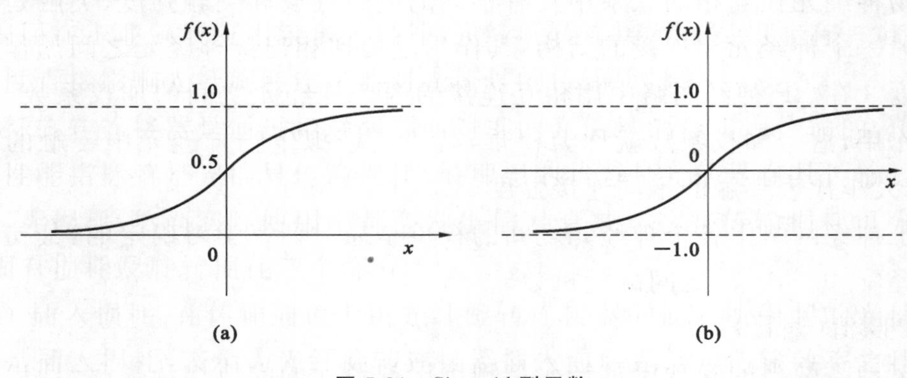

图 5-21 Sigmoid 型函数

(a) 单极性;(b) 双极性

考虑到测试平板的变形有正有负,所以 BP 神经网络输出层神经元选择双极型 S 型函数。BP 神经网络隐含层神经元既可以选择单极性 S 型函数,又可以选择双极性 S 型函数,但是应用双极性 S 型函数可以获得较小的计算误差,因此均选用双极性 S 型函数。

(7) 神经网络的学习算法

人工神经网络能够通过对样本的学习训练,不断改变神经网络的连接权值及拓扑结构,使神经网络的输出不断地逼近期望输出。这一过程称为神经网络的学习,其本质是神经网络中各权重阈值的动态调整。

BP 神经网络的学习过程是一种在误差反向传播中不断修正权系数的过程,因此 BP 神经网络的学习算法分为正向传播和反向传播两个过程[83]。

正向传播:输入信息先传到隐含层的神经元上,经过隐含层各神经元的 S 型激活特性函数运算后,传输到输出层的各神经元上,再经过输出层各神经元的 S 型激活特性函数运算后输出。

反向传播:如果 BP 神经网络的输出不是理想输出或者其输出存在误差,则转入反向传播过程,将误差信号沿原来的连接线路返回,并修改相连接神经元之间的权值,直至输入层,再进行正向传播运算过程。

正向传播与反向传播的重复运用,最终将使 BP 神经网络的输出达到期望输出,或者其输出误差小于期望误差,此时 BP 神经网络模型的输入/输出关系就逼近实际的对应关系。对于图 5-20 所示的测试平板 1,为了探寻各光纤光栅应变传感器测量应变值与激光位移传感器测量位移之间的关系,可以采用 BP 神经网络模型通过基于测试数据的学习训练得到。

(8) 测试平板 1 变形的计算

根据在测试平板 1 上布置的光纤光栅测点数和激光位移测点数,取建立的 BP 神经网络的输入层神经元个数为 $m=24$、隐含层神经元个数为 $q=49$、输出层神经元个数为 $n=9$,且隐含层神经元的传递函数为双极性 S 型函数 $f(x)$,输出层神经元的传递函数为双极性 S 型函数 $g(x)$,学习速率为 $N=0.2$,并设 BP 神经元网络的基本参量如下:

目标输出向量(激光位移传感器测得的挠度值)为$\boldsymbol{Y}_r=[y_{r1} \quad y_{r2} \quad \cdots \quad y_{rn}]^{\mathrm{T}}$,

输入层神经元的输入向量(光纤光栅应变测量值)为$\boldsymbol{U}=[u_1 \quad u_2 \quad \cdots \quad u_m]^{\mathrm{T}}$,

隐含层神经元的输入向量为$\boldsymbol{U}_{\mathrm{I}}=[u_{\mathrm{I}1} \quad u_{\mathrm{I}2} \quad \cdots \quad u_{\mathrm{I}m}]^{\mathrm{T}}$,

隐含层神经元的输出向量为$\boldsymbol{U}_{\mathrm{O}}=[u_{\mathrm{O}1} \quad u_{\mathrm{O}2} \quad \cdots \quad u_{\mathrm{O}q}]^{\mathrm{T}}$,

输出层神经元的输入向量为$\boldsymbol{Y}_{\mathrm{I}}=[y_{\mathrm{I}1} \quad y_{\mathrm{I}2} \quad \cdots \quad y_{\mathrm{I}q}]^{\mathrm{T}}$,

输出层神经元的输出向量为$\boldsymbol{Y}_{\mathrm{O}}=[y_{\mathrm{O}1} \quad y_{\mathrm{O}2} \quad \cdots \quad y_{\mathrm{O}n}]^{\mathrm{T}}$,

输入层至隐含层的连接权重为 $w_{ij}(i=1,2,\cdots,m;j=1,2,\cdots,q)$,

隐含层至输出层的连接权重为 $w_{jk}(j=1,2,\cdots,q;k=1,2,\cdots,n)$,

隐含层神经元的阈值为 $\boldsymbol{\Theta}=[\theta_1 \quad \theta_2 \quad \cdots \quad \theta_q]$,

输出层神经元的阈值为 $\boldsymbol{T}=[T_1 \quad T_2 \quad \cdots \quad T_n]$。

那么,对于测试获得的数据样本$\{\boldsymbol{U}(t),\boldsymbol{Y}_r(t)\}$,首先,给每个连接权重$w_{ij}$、$w_{jk}$,阈值$\boldsymbol{\Theta}$、$\boldsymbol{T}$赋初值。根据输入$\boldsymbol{U}=[u_1 \quad u_2 \quad \cdots \quad u_m]^{\mathrm{T}}$、输入层至隐含层连接权重$w_{ij}$及隐含层神经元的激励函数$f(x)$和阈值$\boldsymbol{\Theta}$,可计算隐含层的输出$\boldsymbol{Y}_{\mathrm{I}}=[y_{\mathrm{I}1} \quad y_{\mathrm{I}2} \quad \cdots \quad y_{\mathrm{I}q}]^{\mathrm{T}}$,即

$$y_{\mathrm{I}j} = f\left(\sum_{i=1}^{m} w_{ij} u_i - \theta_j\right) \quad (j = 1,2,\cdots,q) \tag{5-3}$$

式中,w_{ij}为输入层至隐含层的神经元i与j之间的连接权重,θ_j为隐含层神经元j的阈值(偏置)。

由隐含层的输出$h_{\mathrm{O}j}$、隐含层至输出层的连接权重w_{jk}及输出层神经元的阈值T,可计算输出层神经元的输出$\boldsymbol{Y}_{\mathrm{O}}=[y_{\mathrm{O}1} \quad y_{\mathrm{O}2} \quad \cdots \quad y_{\mathrm{O}n}]^{\mathrm{T}}$,即

$$y_{\mathrm{O}k} = g\left(\sum_{j=1}^{q} w_{jk} y_{\mathrm{I}j} - T_j\right) \quad (k = 1,2,\cdots,n) \tag{5-4}$$

根据人工神经网络的目标输出$\boldsymbol{Y}_r=[y_{r1} \quad y_{r2} \quad \cdots \quad y_{rn}]^{\mathrm{T}}$,计算输出层神经元实际输出与目标输出之间的误差,即

$$e_{\mathrm{O}k} = (y_{rk} - y_{\mathrm{O}k})g'(\boldsymbol{U}) \quad (k = 1,2,\cdots,n) \tag{5-5}$$

利用隐含层与输出层的连接权重w_{jk}、输出层的误差$e_{\mathrm{O}k}$和隐含层的输出$\boldsymbol{Y}_{\mathrm{I}}$,可计算隐含层各神经元的误差,即

$$e_j = f'(\boldsymbol{Y}_{\mathrm{I}}) \sum_{k=1}^{n} w_{jk} e_{\mathrm{O}k} \quad (j = 1,2,\cdots,q) \tag{5-6}$$

利用输出层神经元的误差与隐含层神经元的输出,修正隐含层-输出层的权重及输出层的阈值,即

$$w_{jk} = w_{jk} + N e_{\mathrm{O}k} y_{\mathrm{I}j} \tag{5-7}$$

$$T_k = T_k + N e_{\mathrm{O}k} \tag{5-8}$$

利用隐含层神经元的误差、输入层神经元的输出,可修正输入层-隐含层的权重及隐含层的阈值,即

$$w_{ij} = w_{ij} + N e_j u_i \tag{5-9}$$

$$\theta_j = \theta_j + N e_j \tag{5-10}$$

以上给出的计算可归纳为图 5-22 所示的计算流程,用测试样本数据不断地进行学习训练(即计算)直至训练误差小于期望误差,此时由训练得到确定的权重、阈值等参数的 BP 神经网络的输入/输出关系就逼近真实的关系。

为了实现 BP 神经网络的训练,并构建图 5-20 所示测试平板 1 表面应变与变形之间的数学模型,需要通过实验的方法获得测试平板 1 在不同载荷作用下的应变值与变形值,这些应变值和变形值就是训练所需的样本数据。在样本获取试验中,应用在测试平板 1 上布置的 9 个激光位移传感器测量其在载荷作用下的变形

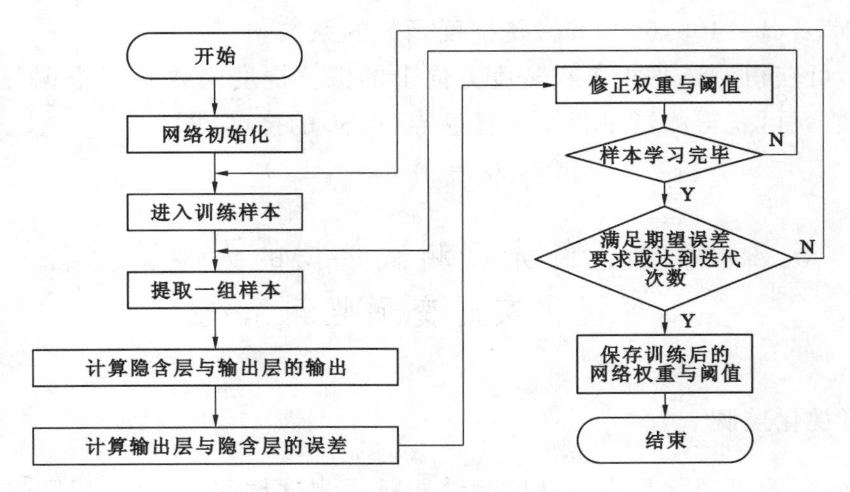

图 5-22 BP 神经网络训练流程图

值,应用在测试平板 1 表面上布置的 24 个光纤光栅应变传感器测量其在载荷作用下的应变值。在不同加载作用下,进行多次测试获得的应变值与位移值作为样本数据可送到 BP 神经网络模型中进行训练,以得到需要的数学模型。

BP 神经网络训练学习的迭代次数对权重、阈值的确定也有较大的影响,这一影响主要体现在 BP 神经网络训练样本集均方误差(MSE)上。假设用于神经网络训练的训练样本数为 N,则 BP 神经网络训练样本集均方误差为

$$MSE = \sum_{k=0}^{N} (e_{\mathrm{O}k})^2 / N \tag{5-11}$$

那么,选取不同的迭代次数(如 $N = 100, 200, 300, \cdots$),就可获得 MSE 误差关于迭代次数 N 的曲线,依据均方误差较小的要求就可选取合适的训练次数。

完成神经网络的学习训练之后保存训练得到的阈值及权重,并将测试样本送入构建的 BP 神经网络中进行测试,计算并绘制出测试平板 1 中 9 个激光位移传感器测点的实测值与计算值之间的误差。若误差值较小,则经过训练后的神经网络可以用于测试平板 1 的变形计算。

根据前面的分析可知,如图 5-11(b)、图 5-13(b)、图 5-15(b)所示,图 5-20 所示测试平板 1 沿 x 方向(即长度方向)的变形近似为抛物线,沿 y 方向(即宽度方向)的变形呈非线性。因此,在由 BP 神经网络模型计算得到测试平板 1 上 9 个激光位移传感器测点的挠度值之后,可利用二次多项式拟合其变形曲线,如对图 5-20所示测试平板 1 宽度方向的直线 $y=150$ 上的 1、2、3 点,直线 $y=500$ 上的 4、5、6 点及直线 $y=850$ 上的 7、8、9 点,拟合出测试平板 1 在三个长度方向上的二次多项式挠度函数为

$$w_{xk} = a_k y^2 + b_k y + c_k \tag{5-12}$$

式中，a_k、b_k、c_k(k=400,600,800)是挠度函数的系数。

同样，可获得测试平板1在宽度方向上的拟合挠度函数 w_{yk}，根据两个方向上的挠度函数就可获得测试平板1上任意点(x,y)的挠度，即

$$w(x,y)=W(w_{xk},w_{yk}) \tag{5-13}$$

5.3 基于光纤光栅测试数据的大型薄壁件可视化实时变形监测系统

5.3.1 可视化监测

结构监测的可视化是指对被监测结构赋予测试数据(信息)，用图形图像表示基于测试数据的结构形态。可视化的基本思想就是使用图形和图像来表征数据，将隐藏在大量数据中的信息以相对直观、易于理解的图形图像方式表达出来。可视化技术指的是运用计算机图形学和图像处理技术，将数据换为图形或图像在屏幕上显示，并进行交互处理的理论、方法和技术。它涉及计算机图形学、图像处理、计算机辅助设计、计算机视觉及人机交互技术等多个领域。将可视化技术应用于结构变形监测，有助于直观掌握变形状态、评估健康状况及预警预报。目前，基于测试数据的可视化表现方式主要分为两种，即二维图形显示和三维图形显示。二维图形显示包括传统的数字显示、表格、饼图、曲线等，利用二维图形可以对测试数据进行形象、快捷的可视化显示，增强数据的直观性，方便用户参考使用。三维图形显示主要有三维折线图、三维曲面图、轮廓图等，充分利用三维图形多样的表现形式和多维特性，能够高度集成地显示状态数据的各方面特性，更方便于直观分析。虽然，三维图形比二维图形更能显示出结构变形的信息，但对计算机数据保存和处理能力有较高的要求，特别是对于结构变形监测的实时三维显示，对应用程序编制也需要尽可能的优化。考虑到大型薄壁件的外观几何形状并不复杂，可以采用三维曲面直观表示其变形状况。具体到本项目而言，就是通过基于光纤光栅应变监测数据的神经网络变形重构计算结果，实时可视化地显示出被测薄壁件变形状况的三维曲面。

5.3.2 三维曲面重构基本原理

曲面重构方法主要包括显式曲面重构和隐式曲面重构。其中，显式曲面重构主要是通过参数化方法来处理点集数据，先将点集数据投影到一些简单的平面或者球面等曲面上，然后利用三角剖分或者 Voronni 图等方法获得点集的拓扑连接，并构造网格曲面或直接从参数域求解参数曲面。常用的显式曲面重构方法有

NURBS 曲面重构、B 样条曲面重构、Delaunay 三角剖分、三角 Bezier 曲面重构等[84-87]。由于在显式曲面重构时，需要先对点集数据进行 Delaunay 三角剖分等数据分割，然后利用分割的点集数据进行曲面拟合，或将划分的三角网格分割为曲面片用于特征提取，因此，在处理大量数据的点集或点云时，资源耗费较大[88]。

隐式曲面重构是当前应用最为广泛的曲面重构方法，其基本思想是直接采用隐函数曲面来逼近或拟合数据点集，不需要对散乱数据点集进行参数化，既能以较低的计算代价精确逼近复杂物体的表面，重构的曲面可以很容易地表示拓扑形状复杂的几何形体，而且光滑性高[89]。典型的隐式曲面重构方法有径向基函数(RBF)方法、有向距离函数方法、移动最小二乘方法等[90]。有向距离函数方法是通过估算局部区域内的最近点切平面的有向距离进行曲面重建；而径向基函数方法则是以径向基函数为基函数，通过解线性方程组得到插值函数实现曲面重构；移动最小二乘方法则采用流形曲面逼近真实物体的表面，根据数据的重采样结果来控制逼近误差而实现曲面重构。

5.3.3 大型薄壁件变形的可视化监测

图 5-23 为大型薄壁件变形的可视化监测系统框图，该系统主要由分布式光纤光栅传感器和信号分析处理两部分组成。分布式光纤光栅测点是基于对大型薄壁件的力学分析，布置在能够反映其变形特性的关键部位，用于测量结构的应

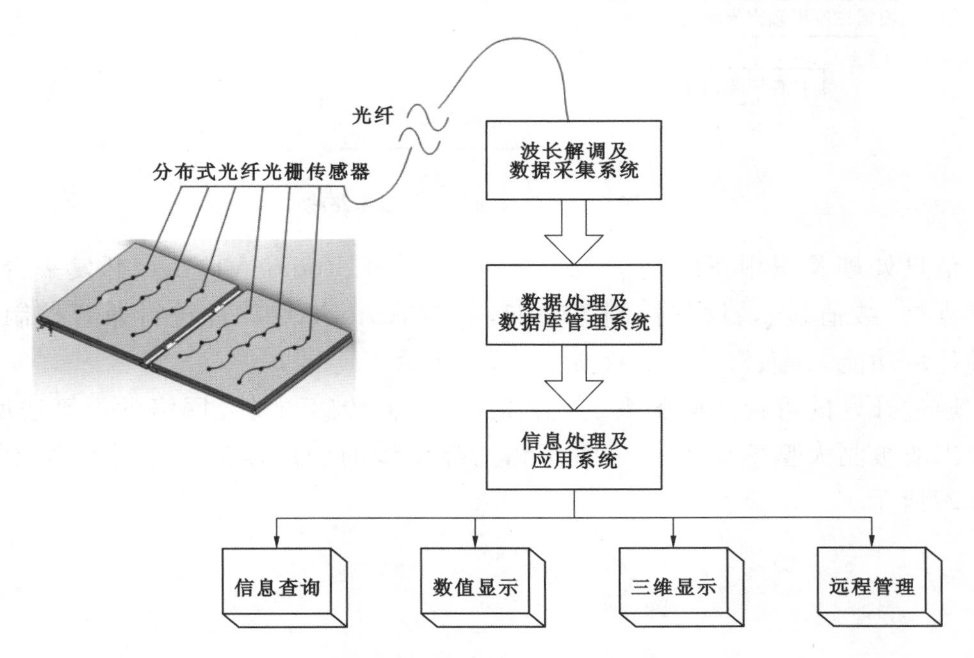

图 5-23 大型薄壁件变形的可视化监测系统框图

变，以达到实时多点感知结构变形状态。光纤光栅分布传感光信号通过光纤传输到信号分析处理部分。信号分析处理部分通过对光纤光栅传感的光波长信号进行解调和数据处理后，得到大型薄壁件实时的分布应变信息。通过神经网络训练得到应变与变形映射模型，就可计算大型薄壁件的变形，最终利用三维曲面重构技术显示大型薄壁件的变形状况。因此，这种可视化监测系统具备信号采集、分析处理、信息查询、测点变形数值显示、三维曲面显示及远程管理等功能。

针对大型薄壁件的变形，可以采用基于显示曲面重构的方法，依托于专业的CAD/CAM(如 AutoCAD)软件，将曲面重构算法集成在软件中，通过特定的命令流进行控制，大大降低人为构建算法难度，实现高效曲面重构。图 5-24 为三维曲面重构技术路线，包含处理离散点坐标、构建三维曲面和构建三维实体。

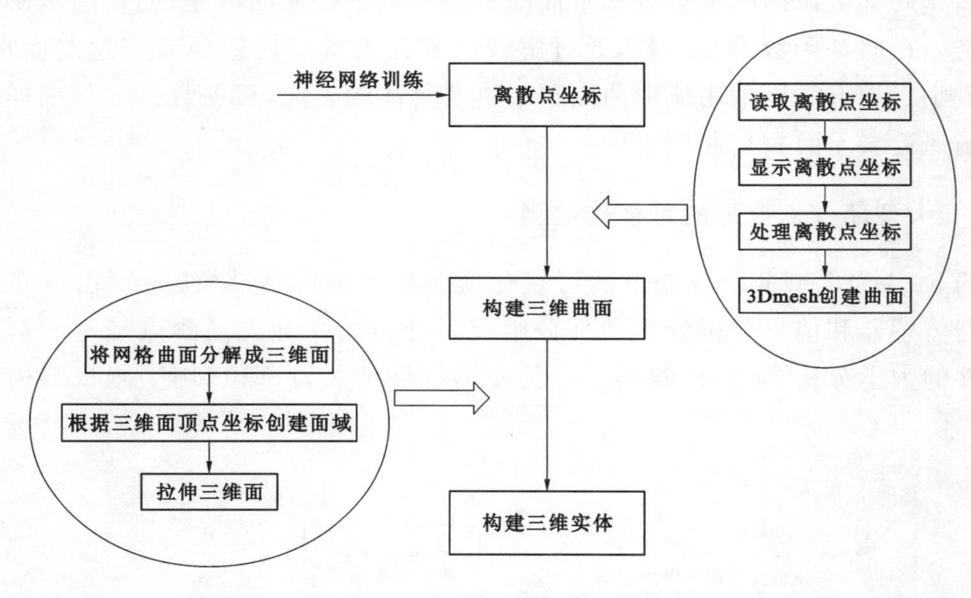

图 5-24 三维曲面重构技术路线

信息处理及应用系统基于 Microsoft Visual Studio(Vb. net)开发平台，实现信息查询、数值显示、远程控制等功能，并对 AutoCAD 软件进行兼容控制，实现三维显示功能，其人机交互界面如图 5-25 所示。

通过开发的可视化监测系统，结合光纤光栅传感与神经网络学习算法所实时重构出的被测大型薄壁件三维曲面和三维实体的变形监测效果分别如图 5-26、图 5-27所示。

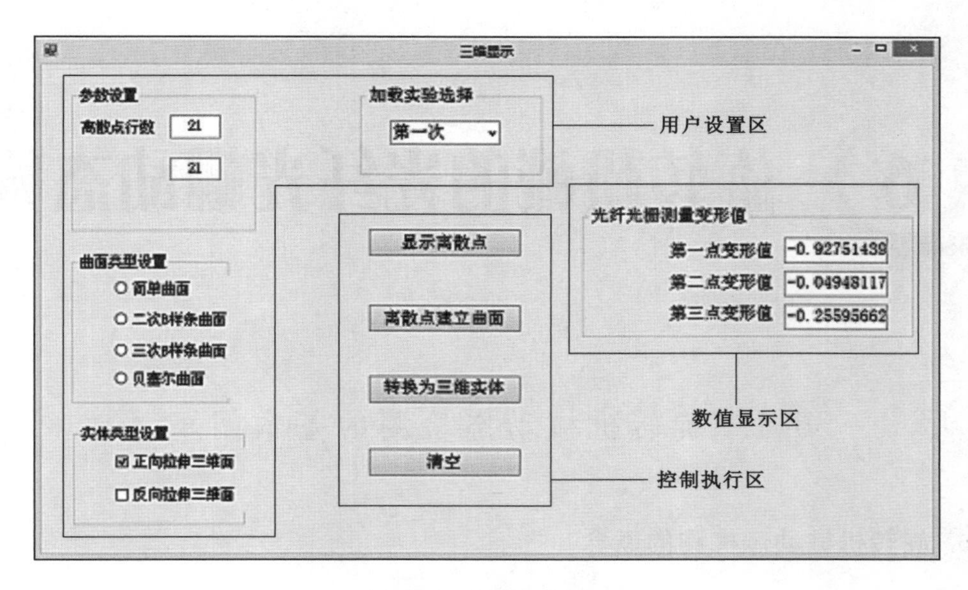

图 5-25 人机交互界面

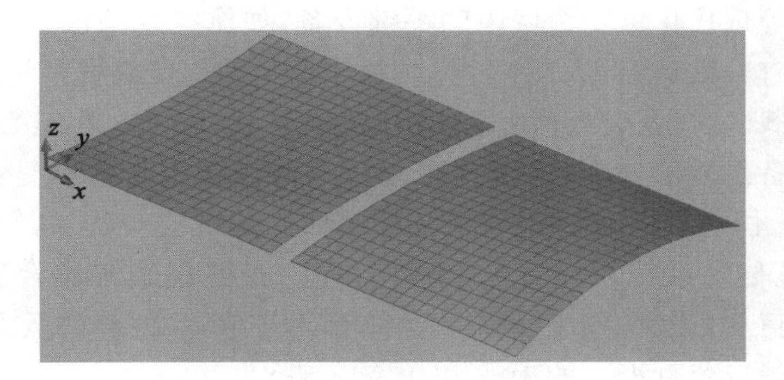

图 5-26 三维曲面变形监测

图 5-27 三维实体变形监测

6 旋转机械的光纤光栅动态检测

6.1 旋转机械动态检测的基本问题

6.1.1 旋转机械动态检测的概念

旋转机械是指主要依靠旋转动作来完成特定功能的机械系统。交通、能源动力及国防军事等现代化重要领域中的关键设备，如航空发动机、汽轮机、水轮机、风力发电机和直升机动力传动系统等，均属于典型的旋转机械系统。由于旋转机械多运转于重载、变速及变载荷等恶劣、严苛工况下，其故障屡有发生。而一旦这些关键机械设备出现故障，极有可能带来巨大的经济损失甚至是严重的人员伤亡[91]。据统计，国内外因旋转机械系统故障而引起的灾难性事故屡有发生。例如，风力发电机传动系统故障曾引发连锁反应，最终损毁了整台风力发电机组(图 6-1)，造成巨大的经济损失。据欧盟统计，对于服役 20 年的风力发电机组，其维护成本将占到运营总投入的 10%以上[92]。此外，美国国家航空航天局在一次例行“黑鹰”直升机主齿轮箱的开箱维护中，意外发现其行星架上已出现长达

图 6-1　风力发电机组动力传动系统故障引起的风力发电机损毁

25 cm的裂纹，严重威胁飞行安全[93]。据美国军方一项公开统计报告指出，在机械故障导致的直升机飞行事故中，68%来源于动力装置和传动系统故障，而动力装置和传动系统的维修费用也占到直升机总维修费用的58%[94]。因此，旋转机械系统的健康监测对保障高端机电系统的经济、安全运行意义重大。

旋转机械动态检测与故障诊断技术是20世纪60年代以来借助多种学科的现代化技术成果迅速发展形成的一门新兴学科。其突出特点是理论研究与工程实际应用紧密结合，主要研究如何在旋转机械系统动态运行过程中不对设备进行拆卸，实时掌握设备的运行状况，分析判断设备故障的部位、故障原因及故障严重程度，并预测、估算设备可靠性和剩余使用寿命。该项技术在未来的广泛应用将使机械设备的维护方式发生根本性变革，由计划、定期检修走向状态、预知检修，并可保障机械设备经济、安全运行[95]。

6.1.2　旋转机械动态检测的主要方法

可靠的信号获取与先进的传感技术是旋转机械系统动态检测与故障诊断的基础。目前，市场上商用动态检测系统主要采用温度法、油样分析法、声发射法及振动法来检测和诊断旋转机械故障[96]。

（1）温度法：旋转机械发生异常时，由于各部件间摩擦或振动加剧，其温度场也会发生异常波动。因此，温度检测法多采用红外热成像仪、热电偶等设备实时监测旋转机械运行过程中温度场变化特征来诊断设备故障。由于温度检测方法存在着对设备早期故障不敏感和受环境因素影响较大等缺点，因此，一般需和其他技术方法结合使用。

（2）油样分析法：旋转机械部件表面磨损产生的磨屑微粒会进入润滑油液中，并在油液中呈悬浮状，因此，这些微小的悬浮磨损颗粒包含旋转机械设备故障的重要信息。油样分析法多是利用高梯度的强磁场把碎屑按粒度大小分离出来，再通过光学或电子显微镜观察，对磨损颗粒特征如形态、尺寸、表面形貌，或数量、粒度分布、材料成分进行分析、对比，从而得出机械设备的运行状态。目前，油样分析法一般存在操作费时、误差较大及全自动分析仪器较为昂贵等缺点。

（3）声发射法：材料中的能量从局部源快速释放产生瞬态弹性波的现象称为声发射，有时也称为应力波发射。旋转机械部件受力时微观结构的不均匀或内部缺陷的存在均会导致局部压力集中，促使其塑性变形加大或发生裂纹的形成和发展。因此，利用压电陶瓷应变片等声发射传感器可对旋转机械运行状态进行有效监测。但是，声发射法也存在着易受机电噪声干扰、对数据采集设备采样频率要求高（$>$10 kHz）等缺点。

（4）振动法：振动监测技术是目前比较普遍采用的旋转机械动态检测方法。

当旋转机械发生故障时，一般都会伴随着振动的加大或异常振动频率的产生。为了不干扰旋转机械正常运转，振动法多采用压电式加速度传感器、电涡流位移传感器和激光位移传感器来监测旋转机械壳体或箱体振动。其中，综合传感器安装难易程度、灵敏度、可靠性和成本考虑，市场上的商用旋转机械动态检测系统基本选用压电式加速度传感器作为主要信号采集设备。

6.1.3 旋转机械动态检测的主要问题

从运转中的旋转机械获取监测信号后，还需运用信号处理算法从信号中提取各种特征信息，从而获取与故障相关的征兆，最终利用征兆进行故障诊断。工程应用实践表明，不同类型的旋转机械故障在其动态信号中会表现出不同的特征波形，如转子失衡振动的波形与正弦波相似，齿轮和轴承等旋转机械零部件出现剥落和裂纹等故障时，其运行中会产生冲击振动，其响应波形将会呈现接近单边振荡衰减，并且随着损伤程度的发展，响应特征波形也会发生改变。近年来，时域同步平均、傅里叶变换、短时傅里叶变换、小波变换等时域、频域信号处理算法已经被广泛用于故障特征的提取，从而实现旋转机械在线故障诊断。但是，当前针对旋转机械早期故障、微弱故障、复合故障、系统故障等的在线动态监测还存在不足，可靠的检测诊断方法有限。究其原因，早期故障、微弱故障具有潜在性和动态响应的微弱性，其故障特征在单一物理场中易被工况波动、背景噪声湮灭；复合故障和系统故障由于多因素耦合和传递路径复杂，往往导致仅根据单一测点的信号处理方法难以有效溯源其故障成因[97]。此外，当前旋转机械动态检测系统所选用的电类传感器往往存在抗电磁干扰能力差、不能浸泡在润滑油液中、不便于多点布置等局限。光纤光栅传感系统具有体积小、安装灵活、抗电磁干扰、抗油液腐蚀、一线多点准分布式测量及对应变、振动和温度多参数敏感的优势，它能嵌入到旋转机械内部且不干涉设备正常运转，直接靠近各部件潜在故障点测量应变、振动及温度等多状态参数，简化信号传递路径。因而，利用光纤光栅传感技术有望突破现有动态检测手段的瓶颈，有效诊断旋转机械早期故障、微弱故障、复合故障、系统故障。

6.2 旋转机械光纤光栅动态检测方法

6.2.1 旋转机械的光纤光栅测点布置

旋转机械动态检测的一个核心技术是将测试信号从旋转部件中引出并不干扰旋转机械正常运转。目前，旋转部件上电类传感器测量信号的传输方式主要为电滑环或无线电磁波传输，前者易磨损，长期稳定工作的可靠性低，后者易受工业环境中常存在的强电磁场干扰。由于光纤光栅通过光信号传输信息，而光可以直接在空气中传播，因此只需采用一对光纤准直器即可实现光纤光栅传感信号的非接触式传输[98]。

光纤准直器具体结构示意图如图 6-2 所示。光纤准直器的其中一端旋转准直器需要安装在旋转机械旋转轴的轴心位置，其尾纤与旋转机械内部安装的光纤光栅传感器相连接。光纤准直器的另外一端静止准直器则安装在一预先设定的固定基座上，其尾纤与光纤光栅解调设备相连接。旋转轴在实际运行中由于存在制造或安装误差，会存在一定的径向跳动，而光纤纤芯的直径十分微小，为保证测试光信号的连续可靠传输，光纤准直器采用自聚焦透镜将光纤纤芯内的光信号转变为一束平行光，在两准直器之间的空气中传输。此外，在旋转机械内部布置光纤光栅传感器时，还需考虑光纤抗剪切力性能较差及光纤多次弯曲后光功率传输损耗严重等特性，结合动力学理论分析所得的故障敏感测点及实际箱体中光纤光栅的可安装部位，优化光纤光栅多测点的测点设置位置与测点布设数目。

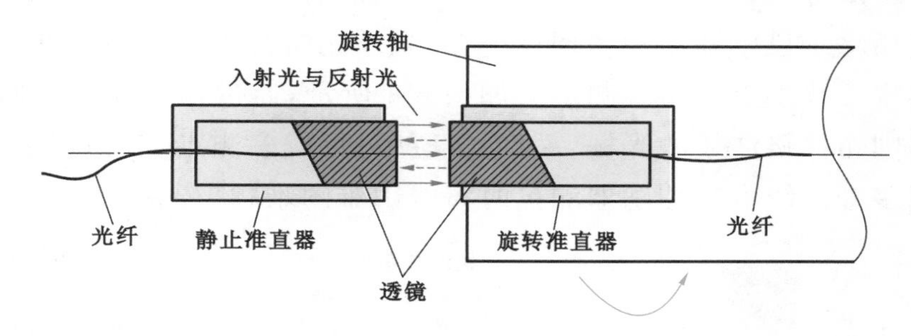

图 6-2　光纤准直器结构示意图

6.2.2　旋转机械光纤光栅多测点(分布式)多参数检测系统

如图 6-3 所示，当输入的宽带光沿着光纤传播到光纤光栅处时，会有一束窄带光被反射回来，其余成分的光波则继续传播，几乎不受影响。被反射回来的窄带光谱的中心波长称为布拉格波长，它满足布拉格散射条件：

$$\lambda_B = 2n_{eff}\Lambda \tag{6-1}$$

式中，λ_B 为布拉格波长，n_{eff} 为纤芯的有效折射率，Λ 为光栅周期。当光栅处温度或应力发生变化时，布拉格光栅周期与纤芯折射率也会发生相应变化，进而使光纤布拉格光栅中心波长发生偏移，通过检测布拉格波长的偏移情况，即可以获得待测温度、应力的变化情况。布拉格波长的偏移量与光栅沿轴向应变 ε 及温度变化 ΔT 的关系为：

$$\frac{\Delta\lambda_B}{\lambda_B} = (1 - P_e)\varepsilon + (\alpha_f + \xi_f)\Delta T \tag{6-2}$$

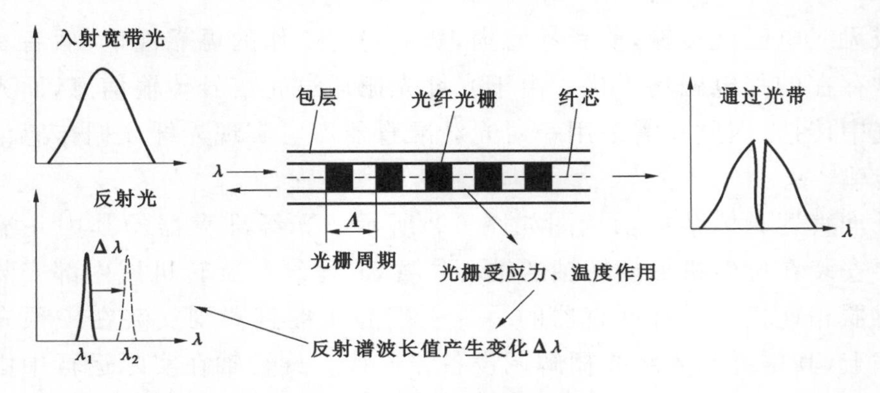

图 6-3 光纤光栅传感基本原理

式中，P_e 为光纤的弹光系数，α_f 和 ξ_f 分别为光纤的热膨胀系数和热光系数。从式(6-2)中可以看出，光纤光栅与电阻应变片类似，对温度和应变交叉敏感。因此，在使用光纤光栅测量应变时，需要采用参考光栅等方式进行温度补偿。除了应变和温度的测量，通过各种弹性体的转换，光纤光栅传感系统还可感知力、压强、加速度、扭矩等多种物理参量[99]。

光纤光栅除了可感知多种物理参量外，光纤光栅类传感器的另外一个显著特点是可以实现一线多点分布式测量。如图 6-4 所示，通过在光纤上不同位置布设多个反射不同布拉格波长的光栅，一根光纤就可形成多测点、多物理量传感网络，解决了运用多个传统电类传感器测量时布线困难的难题[100]。

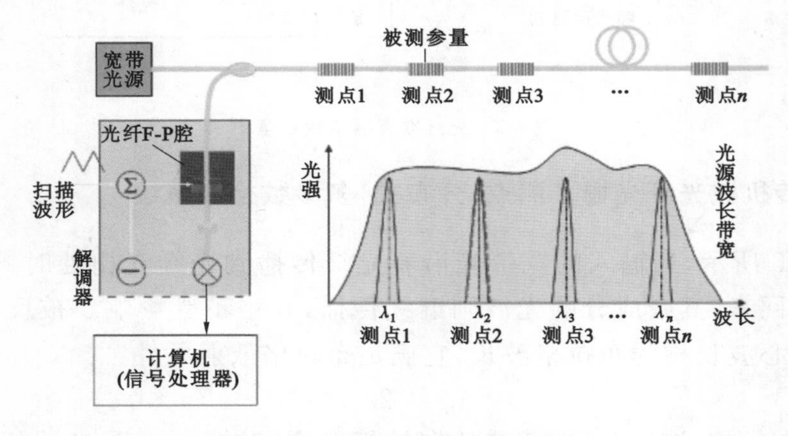

图 6-4 光纤光栅多点多物理量传感网络

如图 6-5 所示，旋转机械光纤光栅动态检测系统主要由上位机、FBG 解调仪、光纤光栅应变传感器及光纤准直器等构成。其中，上位机用来存储所测量的数据以供进一步的处理分析；光纤光栅解调仪主要提供宽带光源并检测布拉格波长的偏移情况。由于旋转机械动态响应中往往包含转频的高次谐波，因此，高速光纤光栅解调仪在旋转机械光纤光栅动态检测系统中十分重要。

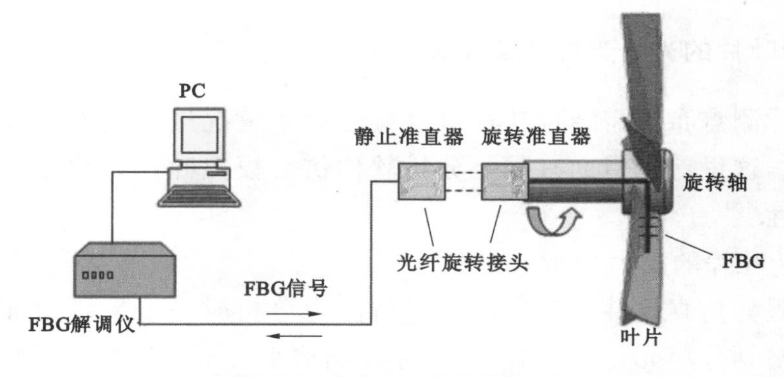

图 6-5 旋转机械光纤光栅动态检测系统构成示意图

6.3 旋转叶片的光纤光栅动态检测

在旋转机械中,以航空发动机、压气机、汽轮机、水轮机、核主泵为代表的叶片类旋转机械是一类重要的分支。此类旋转机械在国民经济、国防建设方面具有举足轻重的地位,其设计、运行、维护关系到重大工程项目的安全稳定,对国民经济、国家安全有着重大的意义。近年来,随着现代工业的不断发展,叶片类旋转机械不断向高速、重载、柔性方向发展,同时人们对其可靠性的要求也越来越高。叶片类旋转机械一般由轴、叶轮、叶片、壳体组成,而叶片一般是核心部件,承担着功能转换的核心任务。为了提高效率,目前叶片类旋转机械轴的转速可达万转以上,叶片端部的线速度通常会在 200 m/s 以上。在这种工况下,叶片工作环境恶劣,承受着巨大的离心力、高温应力、流体载荷、流体激振力等,因此,叶片类旋转机械叶片可靠性较低,成为故障率较高的部件,而叶片一旦出现事故,极有可能造成巨大的直接或间接经济损失。据统计,叶片的损坏事故(裂纹、折断等),绝大部分是由振动引起;美国军方统计数据表明 56%航空发动机事故与叶片高周疲劳有关。因此,对旋转叶片动应变/振动状况进行检测是旋转机械动态检测的一项重要任务。其检测数据不仅可用于叶片类旋转机械的故障诊断和剩余寿命预测,更可用于评估设备设计优劣并辅助优化设计参数。目前,对旋转叶片的检测一般分间接法和直接法。由于旋转叶片处于高速流体包围中和高速的旋转状态,间接法一般很难精确测量叶片的受力状态、变形情况、振动情况、疲劳状况、损伤程度等参数。直接法也因为受到叶片环境恶劣、空间狭小、流体冲刷等局限而很难精确测量叶片的动应变情况。所以,旋转叶片动态检测在很长时间内是旋转机械动态检测的一个瓶颈[101]。而光纤光栅传感系统具有体积小、安装灵活、抗电磁干扰、一线多点准分布式测量等优势,可为叶片类旋转机械的动态检测提供新的有效传感手段。

6.3.1 旋转叶片的光纤光栅测点布置

旋转叶片测点布置需结合叶片自身应变分布情况进行测点布设位置与数目的优化，因此，这里首先借助有限元分析软件仿真模拟叶片在静态与动态工况下的动力学特性[102]。

(1) 旋转叶片的受力分析

借助有限元仿真软件对旋转叶片进行静力分析时一般采用六面体和四面体单元作为网格划分单元，并采用网格尺寸控制法来对不同对象进行网格划分。这是由于叶片本身尺寸相对于轴和叶轮较小，因此在采用有限元进行分析时，叶片上的网格尺寸也应选择得相对较小，划分得相对密集。轴和叶轮上的网格尺寸划分则相对较大，网格比较稀疏，这样数值仿真结果将会较为精确。旋转叶片系统有限元分析网格划分如图 6-6 所示。对旋转叶片进行静力分析时，假设旋转叶片系统分别以 ω=200 r/min、300 r/min、400 r/min 的转速空转。此外，在分析时还需考虑旋转叶片系统同时受到重力场作用及空气流体阻碍作用(简化为空气阻力处理)。因此，仿真时确定旋转叶片系统加载载荷为：① 整个转子模型旋转产生的离心力；② 整个转子模型受重力场作用产生的重力；③ 叶片旋转时受到的空气阻力。边界条件设置为：① 在安装轴承的轴段施加圆柱面约束，轴向和径向都是固定约束，而切向是自由的，即可以转动；② 叶片和叶轮、叶轮和轴之间的接触处采用绑定接触。

通过有限元数值仿真，最终可分析得到旋转叶片系统的应变分布情况。图 6-7为旋转叶片系统在 400 r/min 转速情况下的应变分布图。从图中可以看出旋转叶片系统的应变主要集中在叶轮外缘部分与叶片靠近叶根部分，转轴和叶尖部分应力应变较小。

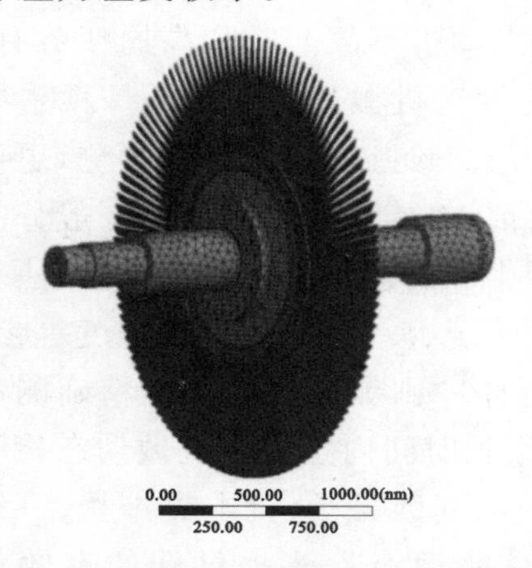

图 6-6 旋转叶片系统有限元分析网格划分

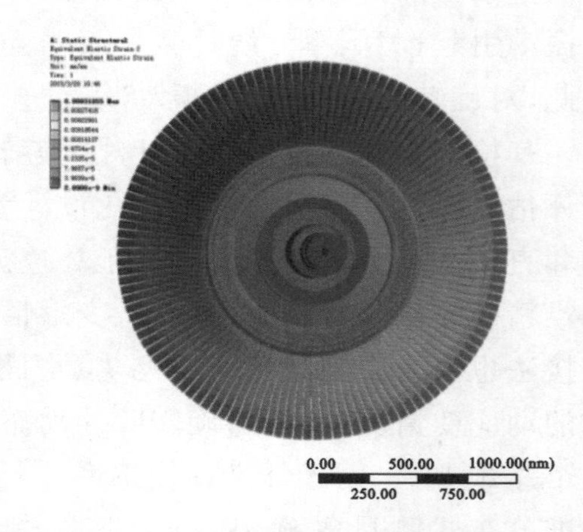

图 6-7 400 r/min 转速下旋转叶片系统应变分布图

图 6-8 与图 6-9 展示了完好叶片在 400 r/min 转速下的应变分布状况。从图中可以很清楚地看到应变在整个叶片的分布情况：叶片中部及根部应变较大，而叶片顶部的应变则较小；叶片的同一截面上背弧面（凸面）比内弧面（凹面）的应变大，而且背弧面上叶片应变呈现沿两端到中间方向递增的分布规律，最大应变位置是背弧面中间位置。

图 6-8 400 r/min 转速下完好叶片背弧面应变分布图

图 6-9 400 r/min 转速下完好叶片内弧面应变分布图

此外，从图 6-8 和图 6-9 中可以看出，完好叶片在 400 r/min 转速下，其叶片背弧面上的等效应变值基本在 10～20 με 之间，而内弧面上的等效应变值则更多地分布在 2～12 με 的范围内。最大应变出现在叶根处，最小应变位于叶尖部分。

图 6-10 则是完好叶片在 300 r/min 转速下背弧面的应变分布图。从图 6-10 中可以看到，其应变值主要集中在 6～15 με 范围内，而靠近叶片顶部和两侧边缘处的应变值则在 1～6 με 之间，最小应变出现在叶尖部位，最大应变在叶根处。

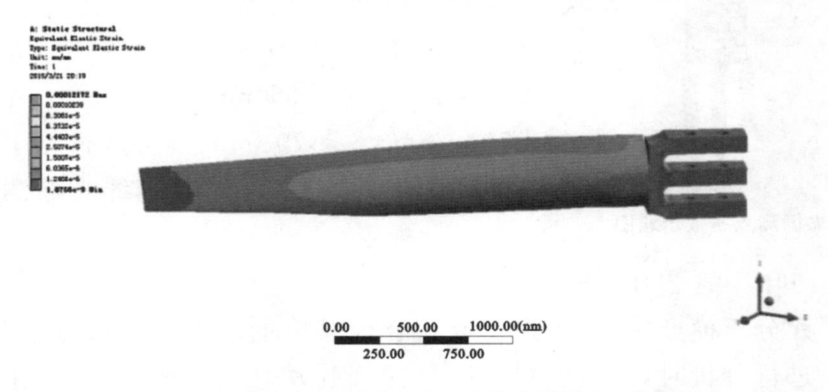

图 6-10 300 r/min 转速下完好叶片背弧面应变分布图

图 6-11 是完好叶片在 200 r/min 转速下背弧面的应变分布图，从图中可以清楚地观察到，叶片此时的应变值主要分布在 3～10 $\mu\varepsilon$ 之间。叶尖部分和叶片进汽侧、出汽侧的应变较小，最大应变值同样是在叶根部位。

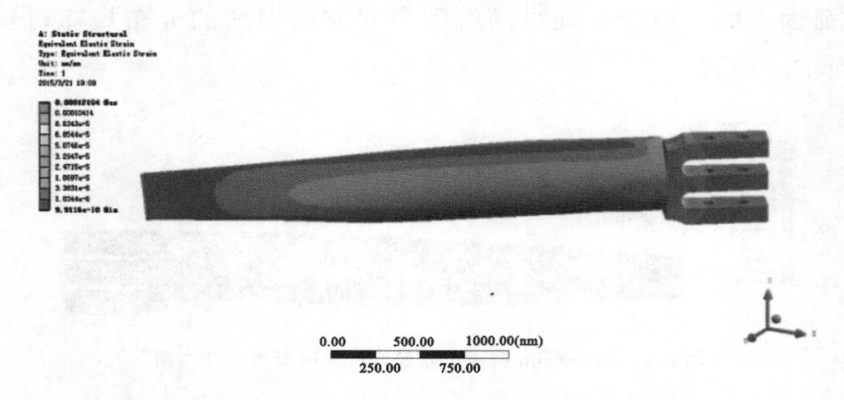

图 6-11　200 r/min 转速下完好叶片背弧面应变分布图

从上面三种转速下的应变分布规律可知：随着转速的不同，其叶片具体应变值会有所变化，但是其分布规律相似。因此，由分析得出的叶片应变分布规律，可以确定光纤光栅分布式测点的布置方案。由于背弧面应变较大，计划在沿叶片的背弧面总共布置 8 个测点。以400 r/min转速下的叶片应变分布图为例，图 6-12展示了光纤光栅测点在叶片上的具体布设位置。

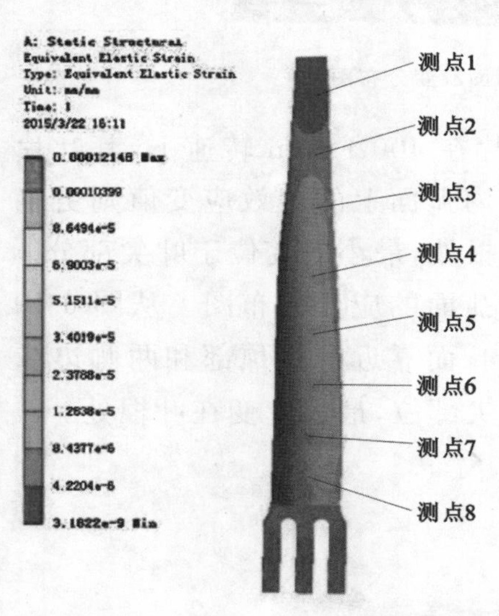

图 6-12　400 r/min 转速下完好叶片光纤光栅测点布置示意图

如图 6-12 所示，实验计划设置 8 个光纤光栅测点，沿被测叶片顶部到根部依次编号为 1、2、3、4、5、6、7、8。定义叶身和叶根连接处的中点为 a，各光纤光栅测点间的距离为 $L_{8-a}=20$ mm，$L_{8-7}=40$ mm，$L_{7-6}=54$ mm，$L_{6-5}=63$ mm，$L_{5-4}=65$ mm，$L_{4-3}=80$ mm，$L_{3-2}=70$ mm，$L_{2-1}=70$ mm。此外，根据三种转速下的理论仿真结果，可对各光纤光栅测点的灵敏度进行标定。

(2) 损伤叶片的受力分析

在有限元分析模型中，可用损伤叶片替代其中的一个完好叶片，然后再进行静力分析。进行分析时，各项设置情况与完好叶片静力分析的一样，采用同样的网格划分方法、载荷加载情况及约束条件。图 6-13 与图 6-14 是得到的损伤叶片在 400 r/min 转速下的应变分布图。

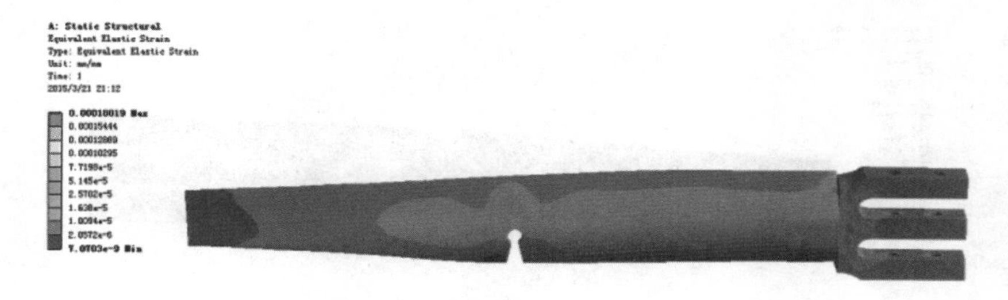

图 6-13　损伤叶片 400 r/min 转速下的背弧面应变分布图

图 6-14　损伤叶片 400 r/min 转速下的内弧面应变分布图

由图 6-13 及图 6-14 可知，损伤叶片应变分布情况总体来说与完好叶片相似。例如，应变主要产生在叶片中部和根部，背弧中间位置应变较大，其应变值在 10～16 με之间，靠近叶片顶部、进汽边和出汽边应变较小，应变值分布在 2～10 με范围内。但是，从图中可以明显看到，损伤部位附近的应变值显著增大。以损伤部位为中心，应变分布成一个圆弧发散状，该区域应变值高达 25～50 με。换言之，叶片损伤将会造成损伤部位附近的光纤光栅测点所测应变值出现较大的突变。

为进一步验证该结论，还进行了 300 r/min 和 200 r/min 转速下的损伤叶片静力学仿真。图 6-15 是损伤叶片在 300 r/min 转速下的应变分布图。从图中可以看出，叶尖部位同样是应变最小部位，叶根部位出现应变最大值，叶片背弧面的应变绝大部分是集中在 2～11 με。与 400 r/min 转速下的相类似，在叶片的缺陷部位也有一个小范围的较大应变突增区域分布，应变值在 11～20 με 之间，而最靠近缺口边缘位置应变值接近 30 με。

图 6-16 是损伤叶片在 200 r/min 转速下的应变分布图。从图中可以看出，最小应变和最大应变同样分别出现在叶尖和叶根部位叶片，应变值主要分布在 1～6 με，叶片靠近根部中间有较小部分应变值在 6～15 με 的范围内。叶片缺陷部位附近仍有应变突增现象，但已经不是很明显，只有靠近缺口边缘位置有一小部分区域应变值增加到 15～30 με。

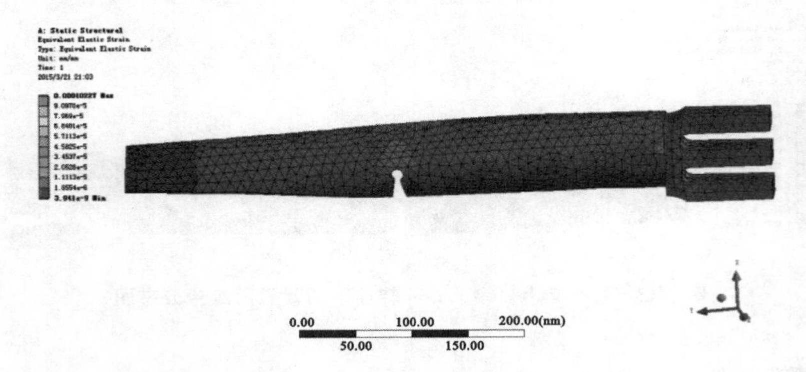

图 6-15 损伤叶片 300 r/min 转速下的背弧面应变分布图

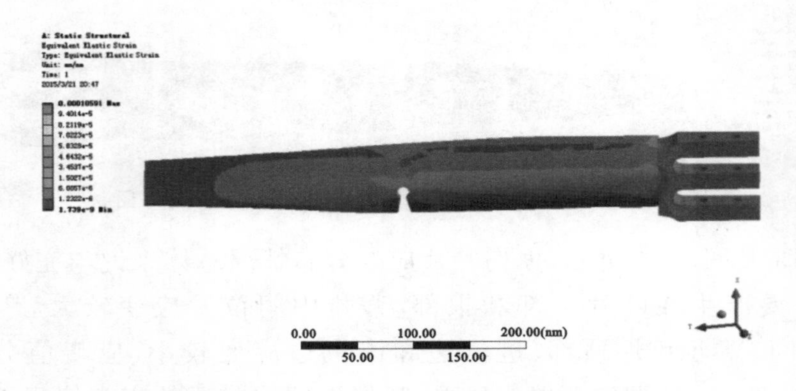

图 6-16 损伤叶片 200 r/min 转速下的背弧面应变分布图

为了进一步对比的方便，图 6-17～图 6-19 归纳了三种转速下完好叶片和损伤叶片的叶片背弧面的应变分布情况。根据图 6-17～图 6-19 的理论仿真结果可以总结得到：① 损伤叶片应变分布规律和完好叶片相似；② 在叶片缺陷部位附近一定范围内，应变值会有显著增大，但这个现象随着转速的降低，越来越不明显。

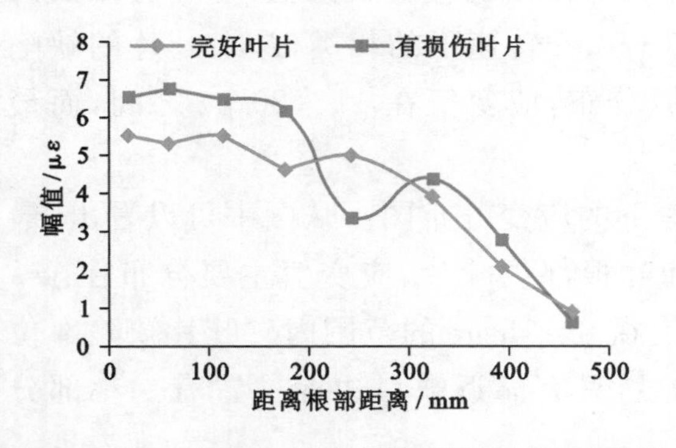

图 6-17 200 r/min 转速下叶片损伤前后应变对比图

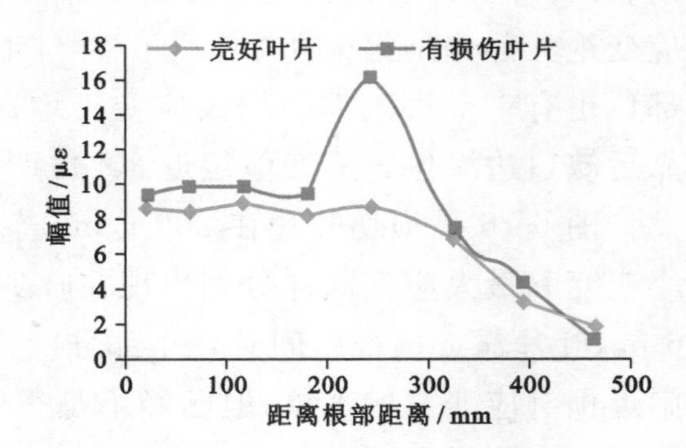

图 6-18 300 r/min 转速下叶片损伤前后应变对比图

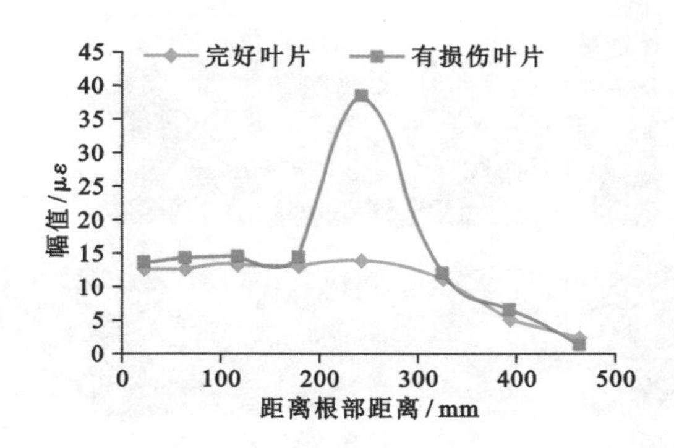

图 6-19 400 r/min 转速下叶片损伤前后应变对比图

总体来说,损伤叶片转速达到一定值后,叶片损伤区域附近范围会出现应变幅值的异常突增。而上节所设定的 8 个应变测点则有望根据应变值突增这一现象识别出叶片损伤并定位损伤区域。

6.3.2 基于光纤光栅的旋转叶片状态监测实验系统

图 6-20 为旋转叶片光纤光栅动态检测系统框架原理图。实验平台的驱动装置由长江动力公司提供,平台最高转速为 400 r/min。光信号通过准直器引出并与光纤光栅解调仪相连接,由解调仪解调反射回的光信号中心波长的变化。为了验证光纤光栅传感器的性能,光纤光栅测点附近均安装了无线传输信号的电类应变片,与光纤光栅采集数据作对比。此外,如图 6-21 所示,为了实时获取转速信号,在输入轴处还加装了光电旋转编码器。

叶片上 8 个测点布置实物图如图 6-22 所示,每个测点均布置一个光纤光栅传感器与一个对比用无线传输电阻应变片。8 个光纤光栅传感器中心波长与测点位置对应表见表 6-1,光纤光栅传感器用 AB 胶粘贴于被测叶片表面,感知叶片表面的应变变化情况。实验采用的电阻应变片型号为 BX120-3AA,阻值为 120 Ω,灵敏度系数为 1。

表 6-1 测点与 FBG 中心波长对应表

测点	1	2	3	4	5	6	7	8
中心波长/nm	1316	1314	1305	1302	1300	1292	1290	1285

光纤光栅动态检测系统信号传输框图如图 6-23 所示,其中光纤光栅解调仪与计算机是通过 LAN 接口利用网线连接,从而实现数字信号的传输。

值得注意的是,实验布置的 8 个光纤光栅测点均被刻蚀在一根光纤上,并在解调仪的一个通道内进行光信号的传递与解调处理。光纤光栅传感系统的这一"一线多点"特点可有效节省实际布线空间。但在实际使用中,还需注意到在光信

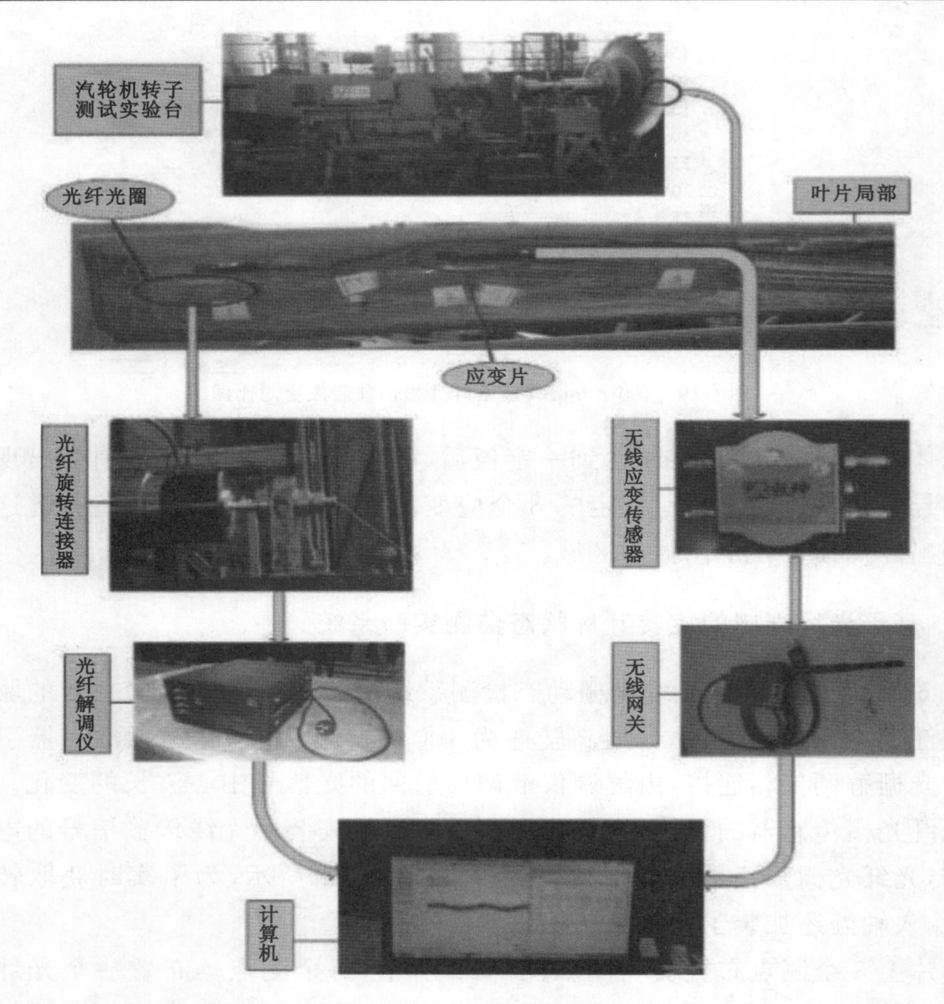

图 6-20 旋转叶片光纤光栅动态检测系统框架原理图

图 6-21 光电式转速传感器实物图

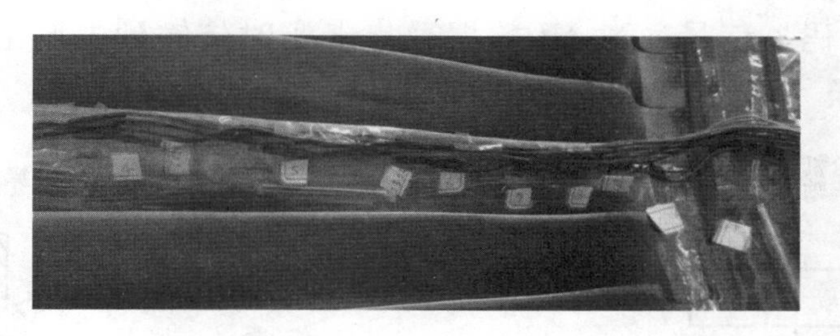

图 6-22 旋转叶片光纤光栅测点布置实物图(部分)

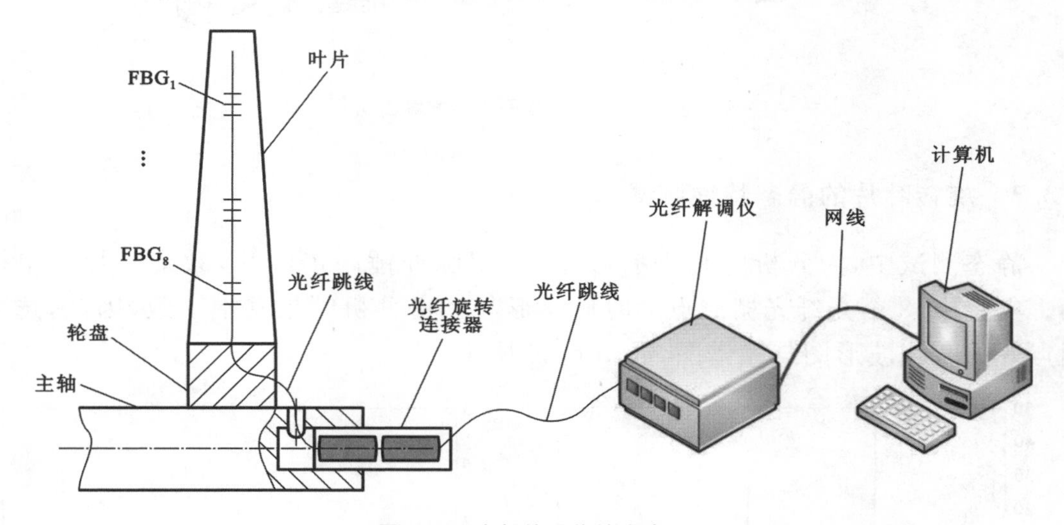

图 6-23 光纤信号传输方案图

号的传输过程中,特别是通过光纤准直器时,光强会有较大的衰减。而光强剧烈衰减后,解调仪将无法对其中心波长进行解调。因此,一根光纤上一般建议只串接 8~10 个光纤光栅测点。

叶片上粘贴的电阻应变片所检测到的应变值会通过无线信号发射出来,并利用与电脑相连的无线网关进行接收。其无线信号传输框图如图 6-24 所示。

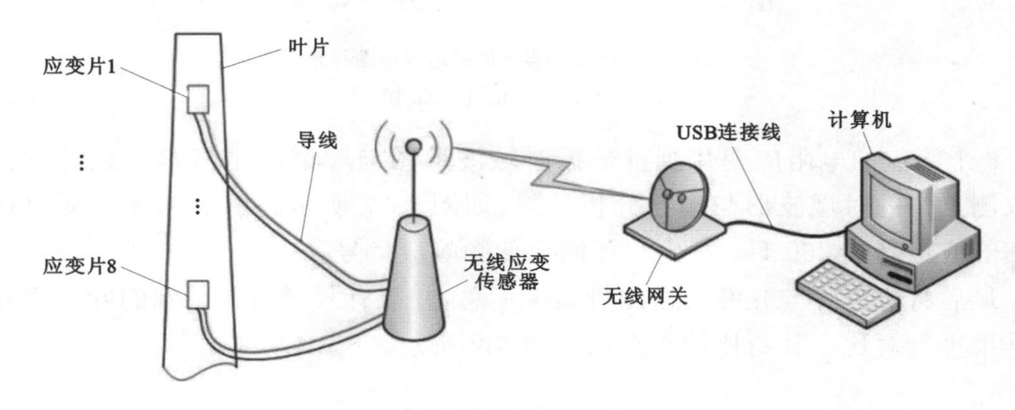

图 6-24 应变片信号传输方案图

光电旋转编码器信号通过 NI 数据采集卡实时传输到电脑上，其信号传输框图如图 6-25 所示。

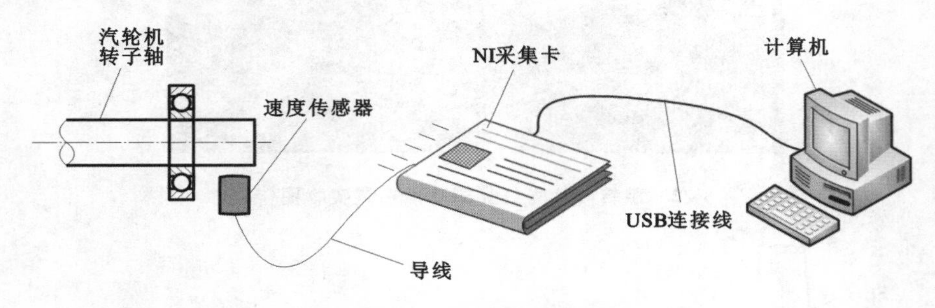

图 6-25　转速信号传输方案图

6.3.3　旋转叶片的静态特性测试

静态测试中，为分析叶片固有频率，采用脉冲锤敲击叶片，激励叶片自由振动。实验中，8 个光纤光栅测点的时域波形与频谱分析结果基本一致，因此，选取测点 6 的时域波形图与频谱图，如图 6-26 所示。

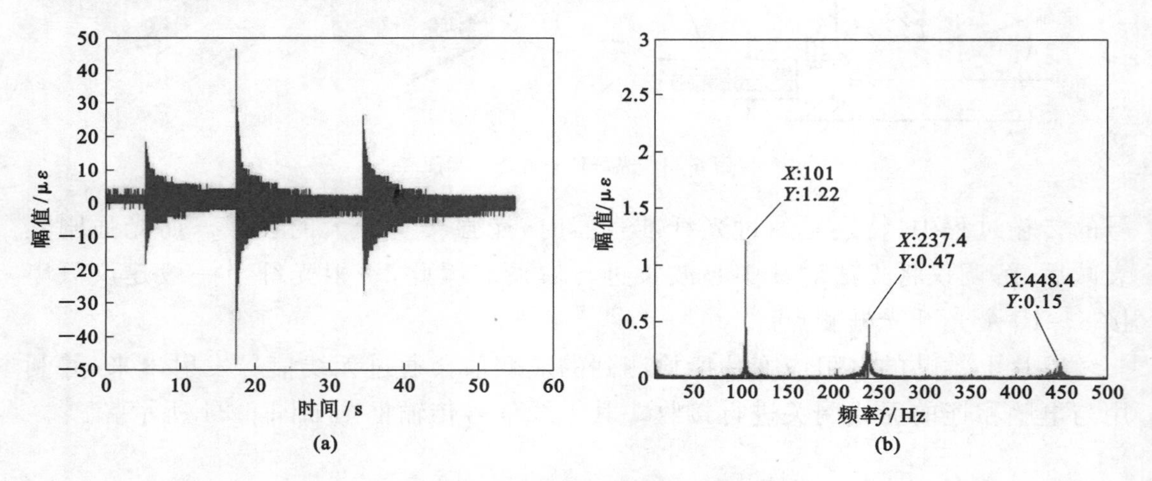

图 6-26　光纤光栅测点 6 的时域波形图和频谱图

(a) 时域波形图；(b) 频谱图

8 个测点的电阻应变片测量数据时域波形图与频谱图也基本一致，因此，同样取测点 6 的时域波形与频谱分析结果，如图 6-27 所示。由于无线应变模块的频率响应最高是 260 Hz，故它只能测出低频响应信号。

最后将应变片与光纤光栅测量结果汇总，并与有限元仿真得到的叶片固有频率结果进行对比。其对比结果总结如表 6-2 所示。

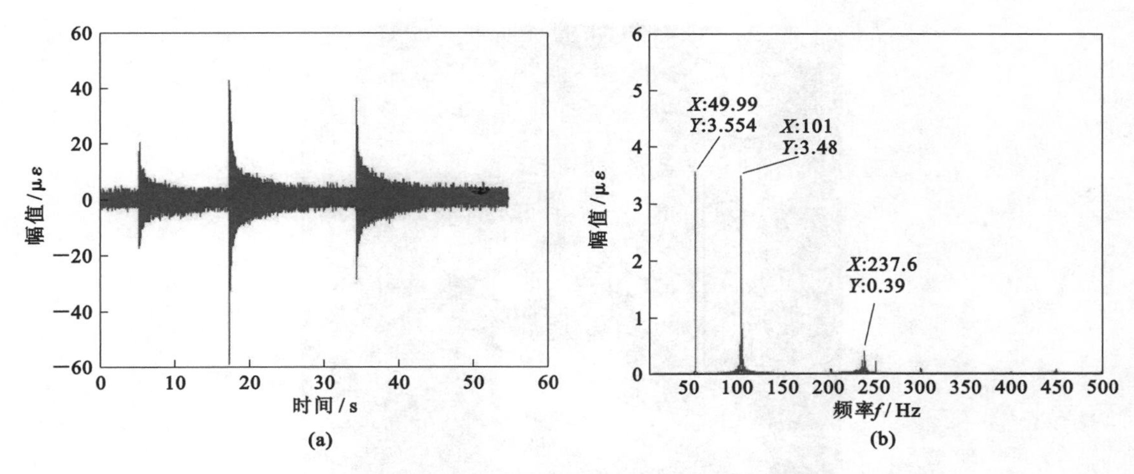

图 6-27 电阻应变片测点 6 的时域波形图和频谱图

(a) 时域波形图;(b) 频谱图

表 6-2 完好叶片固有频率仿真与实验结果对比表

	一阶固有频率	二阶固有频率
仿真结果/Hz	102.56	234.55
FBG 测量结果/Hz	101.00	237.40
电测测量结果/Hz	101.00	237.60
FBG 相对仿真的误差	1.52%	1.22%
电测相对仿真的误差	1.52%	1.30%
FBG 相对电测的误差	0.00%	0.08%

由图 6-26、图 6-27 及表 6-2 中可以看出,无论是时域波形图还是频谱图,光纤光栅传感器与电阻应变片的测量信号都比较吻合,两者的测量值与仿真结果也非常接近,相对误差在 2%以内,验证了光纤光栅传感系统测量的准确性。此外,在频谱分析中,还可以观察到无线传输的电测信号多出一个 50 Hz 的工频信号干扰,并且该系统无法感知高频响应。

6.3.4 旋转叶片的动态特性测试

动态实验中,光纤光栅传感系统对最高转速 200 r/min、300 r/min、400 r/min 三种不同工况下的叶片应变情况进行了监测。由于实验台采用开环控制方式控制转速,因此实际转速可能会与设定转速有所偏差。实验具体过程如下:驱动电机带动与转轴连接的拨盘加速,叶片旋转机械加速到所设定的转速后,驱动电机与拨盘脱开,整个叶片旋转机械开始自由降速旋转,直至停止。实验整体测试系统实物如图 6-28 所示。

图 6-28 旋转叶片动应变分布测试系统实物图

在动态实验中，利用带有同步触发接口的光纤光栅解调仪，触发 NI 数据采集卡的 LabVIEW 采集程序，达到同步采集转速信号与光纤光栅信号的目的。图 6-29 所示为转速信号采集图。

图 6-29 转速信号采集图

通过各测点所测量的叶片应变值可以得出叶片表面应变分布规律，进而实现对叶片振动应变的分布式监测。同时转速信号与应变信号的同步采样，可以精确确定被测应变信号所对应时间点的转速信息。图 6-30 所示是测点 6 在最高转速 300 r/min工况下的光纤光栅传感器与电阻应变片传感器的时域波形对比。

从图 6-30 中可以清楚地观察到从加速到自由降速整个过程中的叶片应变变化趋势。同时，可以看到，两种传感器的波形趋势基本一致。但是，由于在测点布置的时候不能将传感器重叠粘贴，因此，两种传感器时域波形幅值会略有偏差。表 6-3 比较了最高转速 300 r/min 工况下各测点两种传感器的幅值。

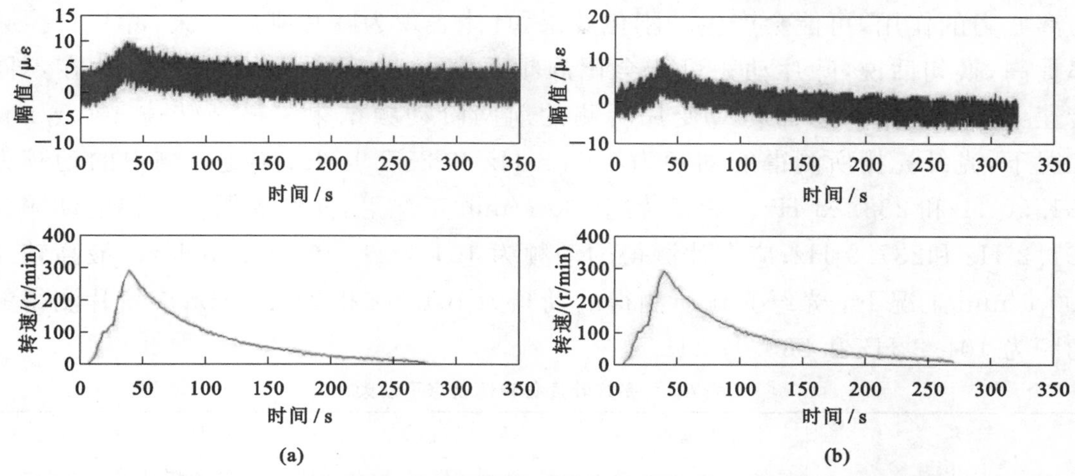

图 6-30 测点 6 的光纤光栅传感器测量信号和电阻应变片测量信号时域波形图

(a) 光纤光栅传感器测量信号时域波形图；(b) 电阻应变片测量信号时域波形图

表 6-3 各测点在 300 r/min 转速下的应变值

测点	1	2	3	4	5	6	7	8
FBG 测试结果/με	4.60	6.90	7.80	8.90	9.50	11.00	16.50	17.40
电测结果/με	5.10	7.30	8.50	9.70	10.50	9.90	15.60	16.30
FBG 相对于电测误差	9.80%	5.40%	8.20%	8.20%	9.50%	11.00%	5.80%	6.70%

从表中可以看到，各测点两种传感器应变幅值的误差基本上在 10%以内。图 6-31 是测点 6 在最高转速 300 r/min 工况下的两种传感器频谱图。

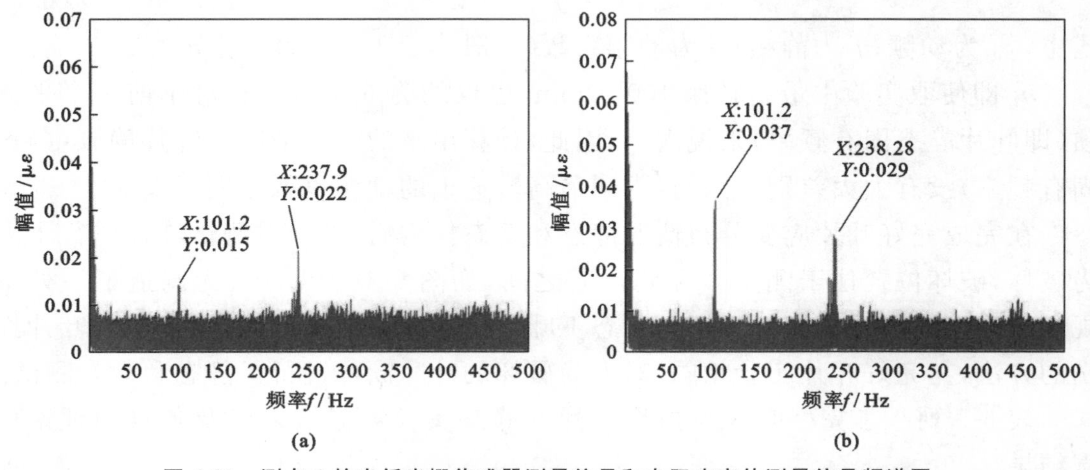

图 6-31 测点 6 的光纤光栅传感器测量信号和电阻应变片测量信号频谱图

(a) 光纤光栅传感器测量信号频谱图；(b) 电阻应变片测量信号频谱图

从图 6-31 可以看出，测量信号在叶片前两阶固有频率 102 Hz 和 234 Hz 附近有两个峰值，它们为测试叶片在该转速状态下的动频。叶片在旋转状态下，因为离心力的作用，可能会产生动刚化效果，具体表现为叶片刚度增大，叶片自振频率提高，换句话说，叶片动频可能会比静频要高。表 6-4 归纳了完好叶片在不同转速下光纤光栅传感器与应变片所测的前两阶动频结果。最高转速 400 r/min 工况下，光纤光栅所测得的动频为 101.2 Hz 和 237.9 Hz；应变片测得的动频为 101.56 Hz和 238.28 Hz。最高转速 300 r/min 工况下，光纤光栅所测得的动频为 101.2 Hz 和237.9 Hz；应变片测得的动频为 101.2 Hz 和 238.28 Hz。最高转速 200 r/min 工况下，光纤光栅所测得的动频为 101 Hz 和 230.7 Hz；应变片测得的动频为 101.2 Hz 和 230.47 Hz。

表 6-4 完好叶片各转速状态下动频

	最高转速 200 r/min		最高转速 300 r/min		最高转速 400 r/min	
	一阶动频	二阶动频	一阶动频	二阶动频	一阶动频	二阶动频
FBG 测量结果/Hz	101.00	230.70	101.20	237.90	101.20	237.90
电测测量结果/Hz	101.20	230.47	101.20	238.28	101.56	238.28
FBG 相对于电测的误差	0.20%	0.10%	0.00%	0.70%	0.35%	0.83%

从表 6-4 中可以看出，两种测量数据结果基本吻合，相对误差在 1%以内。这充分表明了光纤光栅传感系统的测量精度足以媲美传统电类应变测量系统的测量精度。此外，从表中可以看出，不同最高转速下的同阶动频变化不大，和叶片动刚化理论似乎有点不相符，实际上这是由实验转速变化并不显著造成的，根据动频的计算公式：

$$f_d^2 = f^2 + Bn_s^2 \tag{6-3}$$

式中，f_d 为动频；f 为静频；B 为动频系数(一般小于 1)；n_s 为实验转速。

n_s 即使取实验中最高转速 400 r/min，也仅约为 6.7 r/s，相对于前一个平方项(即叶片静态固有频率)来说太小，因此，计算出来的叶片动频与叶片静频(静态固有频率)没有太大差别。因而，不同最高转速下的动频也就差别不大。

在完成完好叶片应变分布情况静态和动态检测后，随即对测试叶片进行了人为破坏，破坏位置位于测点 4 和测点 5 之间，如图 6-32 所示，人为制造了一处不规则缺陷。为了进行完好和损伤状态下叶片应变分布情况对比，验证识别叶片损伤的方法，与完好叶片实验相同，对人为破坏的叶片同样进行了静态和动态测试。

表 6-5 列举了完好叶片与损伤叶片的静态实验数据结果以及各自的理论仿真结果。

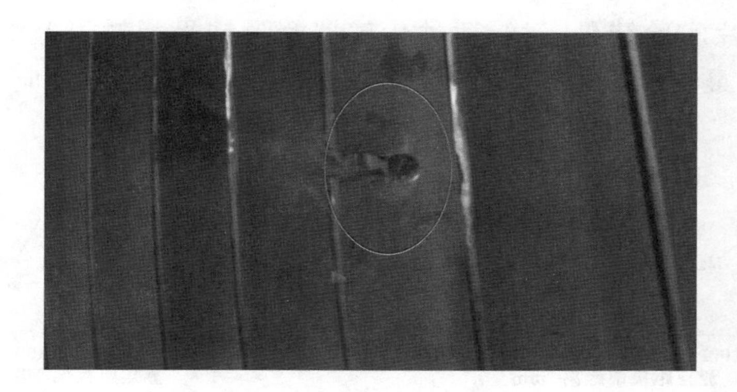

图 6-32 损伤叶片缺口示意图

表 6-5 叶片损伤前后静频对比表

	完好叶片一阶静频	完好叶片二阶静频	损伤叶片一阶静频	损伤叶片二阶静频
仿真结果/Hz	102.56	234.55	82.47	195.48
FBG 测量结果/Hz	101.00	237.40	87.55	209.70
电测测量结果/Hz	101.00	237.60	87.68	210.00
FBG 相对仿真的误差	1.52%	1.22%	6.21%	7.27%
电测相对仿真的误差	1.52%	1.30%	6.32%	7.43%
FBG 相对电测的误差	0.00%	0.08%	0.15%	0.10%

对表 6-5 数据进行横向对比，可以观察出，损伤叶片的同阶固有频率相较完好叶片要低。从纵向对比来看，损伤状态下两种传感器测量数据的分析结果与仿真的结果偏差较大，但是完好情况下测量结果与仿真结果偏差则很小。其原因主要是叶片破坏的位置和形状与仿真模型会有差别。仿真时，损伤叶片的缺口模型虽然是通过实物模型上测量的尺寸数据来建立的，但是，由于缺口本身就是一个不规则形状，给测量带来不便，造成测量误差。故而建立的模型与实物相比，缺口位置不够精确，形状大小不够吻合，导致了实验结果与仿真结果差别较大。但是就实验中两种传感器的测量结果而言，相对误差很小，吻合程度很高，足以验证光纤光栅传感系统的可靠性和准确性。

类似完好叶片，表 6-6 列出了损伤叶片在最高转速 300 r/min 工况下各测点应变值。

表 6-6 损伤叶片 300 r/min 状态下各测点的应变值

测点	1	2	3	4	5	6	7	8
FBG 测量结果/$\mu\varepsilon$	7.40	10.60	11.60	27.00	13.90	16.50	21.50	22.40
电测测量结果/$\mu\varepsilon$	8.20	11.20	12.80	29.20	13.30	15.50	18.90	20.40
FBG 相对于电测误差	9.80%	5.40%	9.40%	7.50%	4.50%	6.50%	8.50%	9.80%

同完好叶片实验结果一样，两种传感器测量结果相对误差都在10%以内。图6-33对比了最高转速300 r/min工况下完好叶片与损伤叶片应变分布情况。

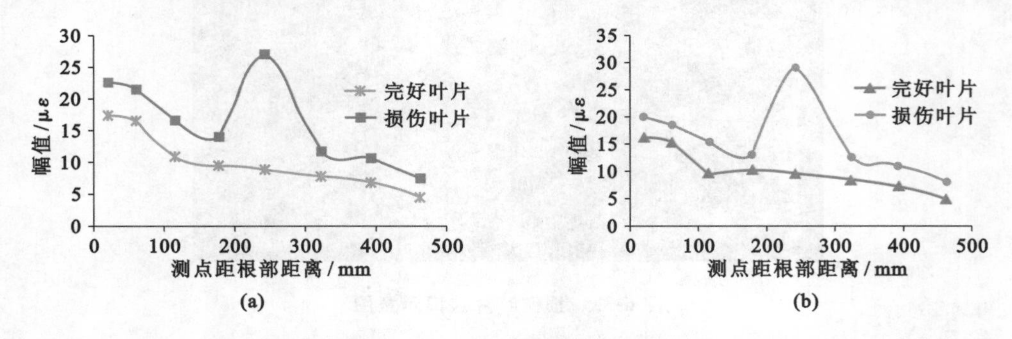

图6-33 最高转速300 r/min工况下叶片应变分布情况

(a) 光纤光栅传感器信号；(b) 应变片测量信号

从表6-6与图6-33中的对比结果可以看出，两种传感器测得的应变分布走势规律一致，并且符合仿真理论结果(图6-18)，只是在具体数值上有较小误差存在。同时，从图6-33中可以清楚地看到，两种传感器的测量结果一致显示损坏后的叶片在测点4处的应变幅值有明显增大，说明有缺陷存在的区域，叶片变形会明显增大，应变值也随之剧增。这一时域特征规律可用来进行叶片损伤的识别。

探究完叶片损伤时域特征之后，再来对其频域特征进行进一步分析。图6-34是测点6在最高转速400 r/min工况下的两种传感器频谱图。

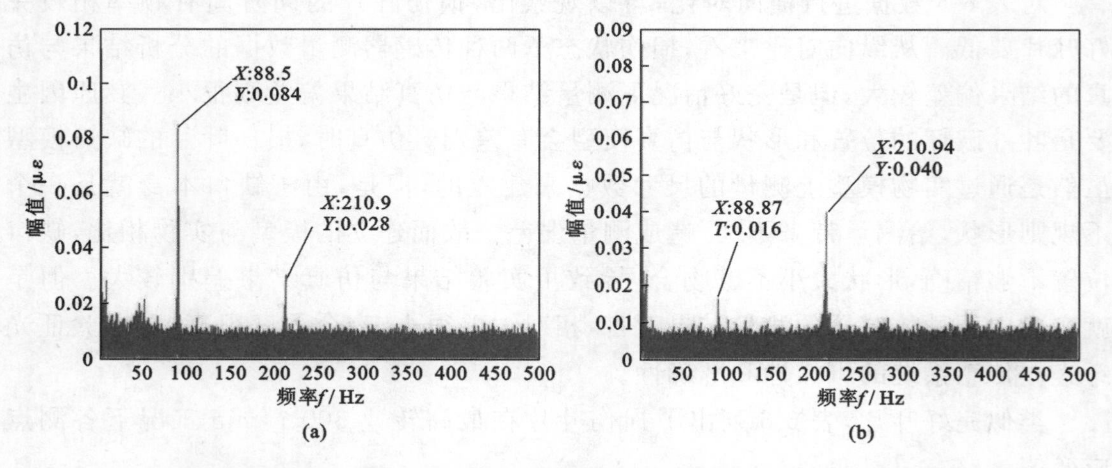

图6-34 测点6的光纤光栅传感器测量信号和电阻应变片测量信号频谱图

(a) 光纤光栅传感器测量信号频谱图；(b) 电阻应变片测量信号频谱图

从图6-34中可以看到，它们包含两个共同频率成分。而根据损伤叶片的静态仿真结果可知，该损伤叶片的前两阶固有频率为82 Hz和195 Hz，故而图6-34中所含的两个共同频率成分就是该损伤叶片在400 r/min转速下的动频。

类似完好叶片的动频分析，表 6-7 归纳了不同最高转速下光纤光栅传感与应变片传感所测得的损伤叶片前两阶动频。

表 6-7 损伤叶片各转速状态下的动频

	最高转速 200 r/min		最高转速 300 r/min		最高转速 400 r/min	
	一阶动频	二阶动频	一阶动频	二阶动频	一阶动频	二阶动频
FBG 分析结果/Hz	87.85	210.70	88.26	210.80	88.5	210.90
电测分析结果/Hz	87.89	210.94	88.38	210.94	88.87	210.94
FBG 相对于电测的误差	0.05%	0.10%	0.14%	0.07%	0.42%	0.02%

同表 6-4 的完好叶片动频测试结果相比，表 6-7 显示的损伤叶片的动频有所下降，这为叶片损伤的识别提供了频域方面的依据。

旋转叶片系统的有限元仿真与实验结果确定了对损伤叶片进行故障诊断的时域与频域故障特征，验证了光纤光栅传感系统在旋转叶片系统动态检测应用中的可行性与可靠性。相比电类传感器，在实际应用中，光纤光栅传感系统有着布线简单、信号传输稳定等优势，在旋转叶片的动态检测方向上应用潜力巨大。

6.4 汽轮机转子的光纤光栅动态检测

转子不平衡是旋转机械最常见的故障，转子部件质量偏心或转子部件出现缺损等原因均可以造成转子不平衡。据统计，旋转机械约有一半以上的故障与转子不平衡有关[103]。因此，对转子平衡的动态检测研究与诊断最具实际意义。

6.4.1 转子的光纤光栅测点布置

光纤光栅转子动态检测实验台基于上节旋转叶片系统实验台搭建，实验中采用半瓦轴承支撑转子，可通过半瓦轴承侧面的预紧手柄调节转子在轴瓦中的松紧程度，使得其支撑刚度发生改变，进而实现转子振动幅值的控制。由于实际安装位置的限制，光纤光栅振动传感器与作为对比的电涡流传感器均布置在转子转轴的同侧位置，与水平面向上成 45°，如图 6-35(a)中的测点 2 与测点 3 所示。

与旋转叶片动态实验一致，转子振动实验是通过电机驱动拨盘带动转子转动，当转速上升到 300 r/min 或 400 r/min 时迅速使拨盘脱离转子，转子进入自由振动状态，直至停止。

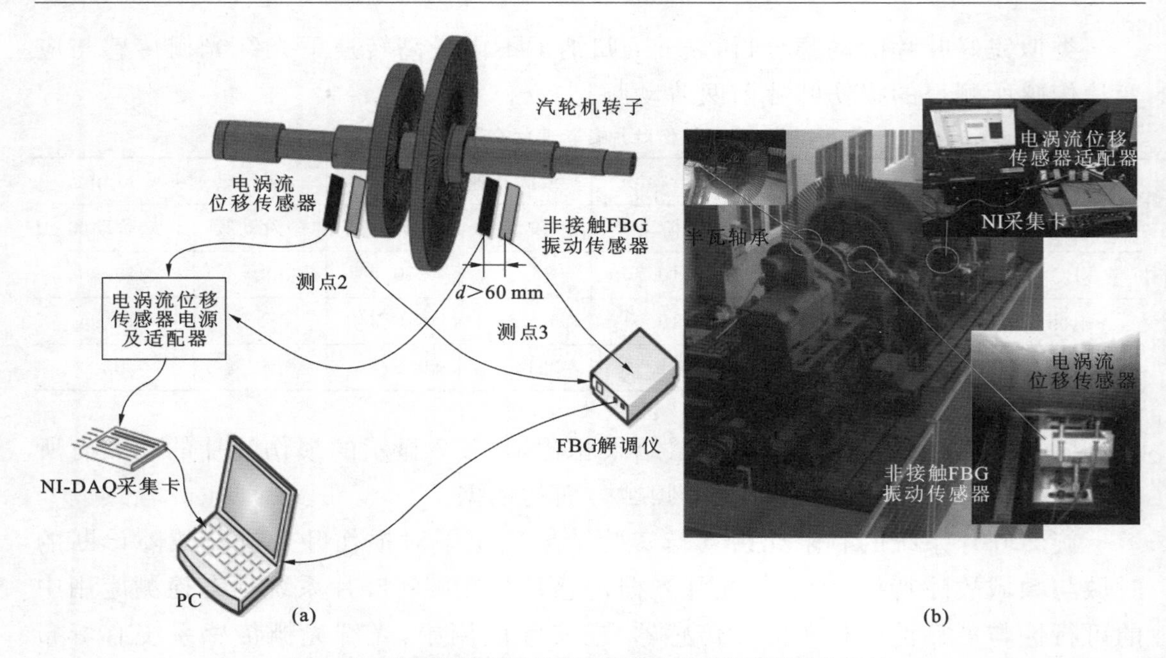

图 6-35 汽轮机转子动平衡实验台振动检测信号采集系统

(a) 汽轮机转子动平衡实验台振动检测系统原理图；(b) 实验台振动检测系统实物图

6.4.2 转子的光纤光栅动态检测与分析

通过电涡流和光纤光栅两类振动传感器对汽轮机转子实验平台中转子振动情况进行了动态检测。图 6-36 和图 6-37 给出了最高转速 300 r/min 和 400 r/min 工况下测点 2 和测点 3 两类传感器的三组时域测量结果。

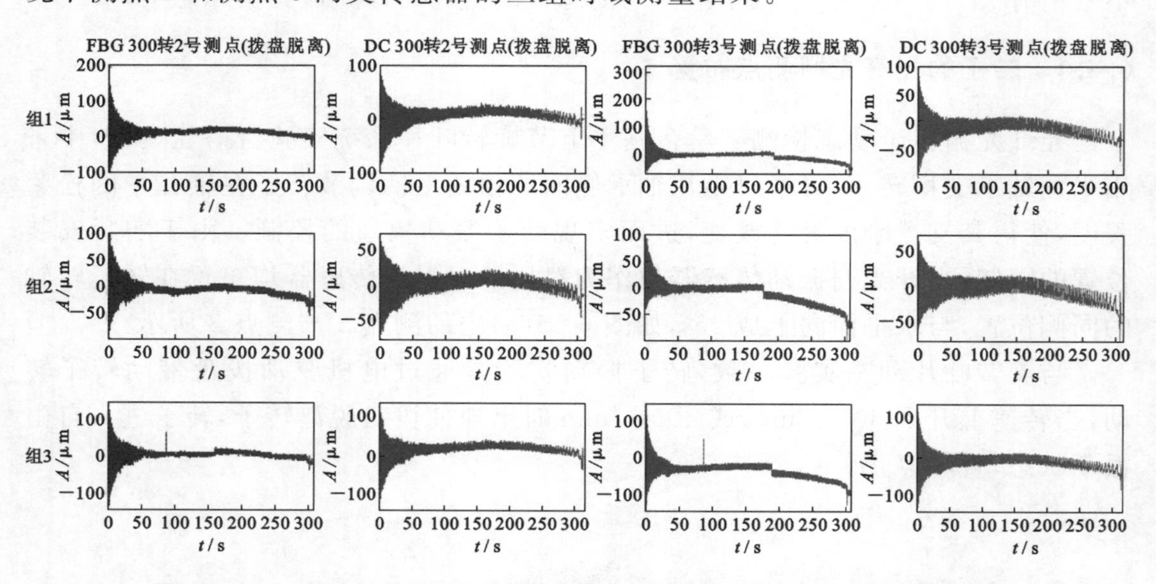

图 6-36 300 r/min 下基于光纤光栅传感器和电涡流传感器的旋转轴振动测量结果

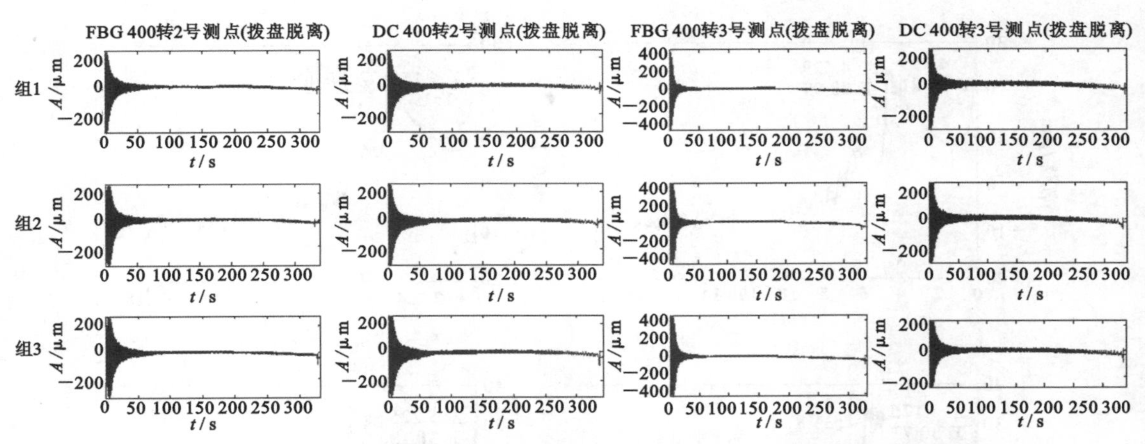

图 6-37 400 r/min 下基于光纤光栅传感器和电涡流传感器的旋转轴振动测量结果

图 6-38 和图 6-39 是最高转速 300 r/min 和 400 r/min 工况下测点 2 和测点 3 光纤光栅振动传感器与电涡流振动传感器所测量信号的频谱图。

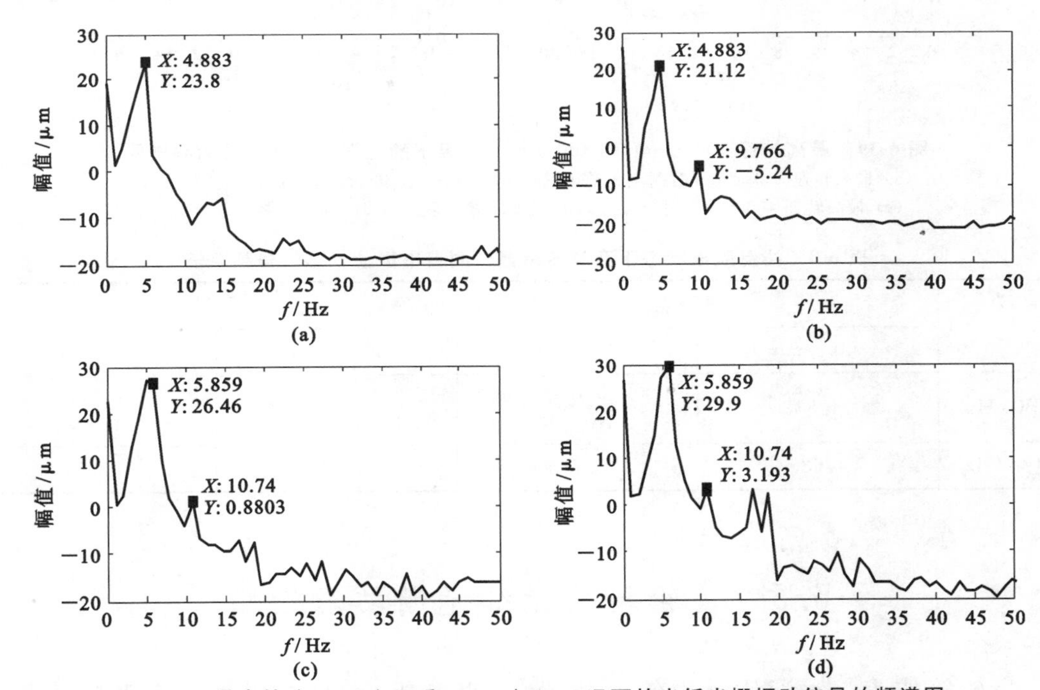

图 6-38 最高转速 300 r/min 和 400 r/min 工况下的光纤光栅振动信号的频谱图

(a) 最高转速 300 r/min 时测点 2 频谱图；(b) 最高转速 300 r/min 时测点 3 频谱图；
(c) 最高转速 400 r/min 时测点 2 频谱图；(d) 最高转速 400 r/min 时测点 3 频谱图

表 6-8 归纳了图 6-38 和 6-39 中两类传感器所测量频谱图中的主要频率成分。从表 6-8 中可以看出光纤光栅振动传感器与电涡流传感器获取的振动信号频率值基本一致，并且相较电涡流振动传感器，光纤光栅振动传感器频域响应特性更广，能有效测量高阶转频，更利于通过振动信号对大型旋转设备进行故障诊断，展示了光纤光栅传感系统在旋转机械动态检测上的应用潜力。

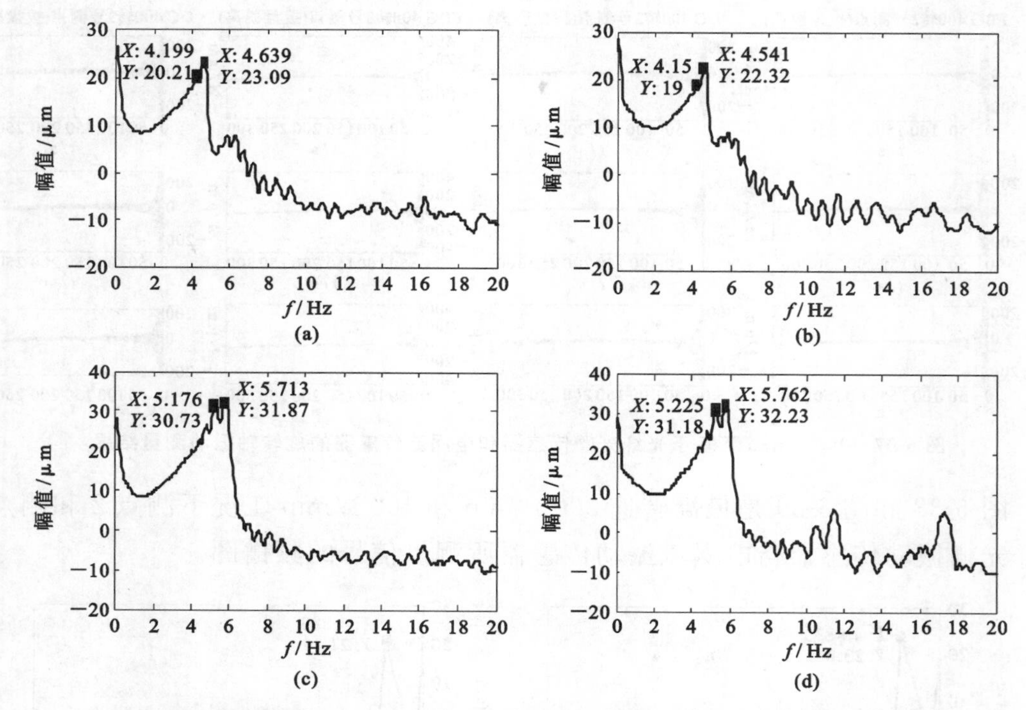

图 6-39 最高转速 300 r/min **和** 400 r/min **工况下的电涡流振动信号的频谱图**

(a) 最高转速 300 r/min 时测点 2 频谱图；(b) 最高转速 300 r/min 时测点 3 频谱图；
(c) 最高转速 400 r/min 时测点 2 频谱图；(d) 最高转速 400 r/min 时测点 3 频谱图

表 6-8 拔盘脱离状态下两类传感器检测自由振动状态信号频率值

	2 号测点		3 号测点	
	300 r/min	400 r/min	300 r/min	400 r/min
FBG/Hz	4.88	5.859 10.74	4.88 9.766	5.859 10.74
电测/Hz	4.639	5.713	4.541	5.762

6.5 齿轮箱的光纤光栅动态检测

齿轮箱作为一种通用动力传动装置，是直升机、大型核电循环泵和风力发电机等高端重型装备的核心部件[104]。由于齿轮箱往往工作于重载荷、瞬时大范围变速和变载荷等复杂工况下，它容易出现故障，进而可能引起严重的经济损失，甚至造成人身伤亡事故。齿轮传动系统在国外被形象地称为高端重型装备的“阿喀琉斯之踵(Achilles’ Heel)”。因此，发展面向齿轮传动系统的动态检测与故障诊断方法，实现齿轮箱的智能状态监测和预知维护，对保障高端重型装备安全、经济的运行十分重要[105]。当前，商用齿轮箱诊断系统一般采用电类加速度传感器固定在箱体外部来监测箱体振动，故障响应经过时变传递路径畸变后变得微弱且频率成分变得繁杂，这导致通过箱体振动信号获取齿轮系统故障信息的难度大大提高[106]。并且传统的电类传感器存在抗电磁干扰能力差、不能浸泡在润滑油液中、不便于多点布置等局限，难以布设进工业实际用齿轮箱内部进行长期性的分布式在线监测。而光纤光栅传感系统由于具有体积小、安装灵活、抗电磁干扰、抗油液腐蚀、一线多点准分布式测量及对应变、振动和温度多参数敏感等优势，能嵌入到箱体内部且不干涉齿轮箱正常运转，直接靠近各部件潜在故障点测量齿根应变、啮合副振动、轴系扭振和部件温度等多状态参数，简化信号传递路径。因而，利用光纤光栅传感可突破现有在线监测手段的瓶颈，开辟融合多状态参数、多测点分布式信息的齿轮箱在线故障诊断等新的研究方向。

6.5.1 旋转齿轮的光纤光栅测点布置

一对齿轮副啮合时，其齿根间的缝隙非常狭窄[图 6-40(a)]，特别是对于小模数的齿轮啮合副，常规的电类应变片难以粘贴和走线。而光纤的直径只有 0.25 mm，十分适合在狭小空间内布设。然而，必须注意到，虽然光纤的直径较小，但常用的布拉格光栅长度通常为约 3 mm、5 mm 或 10 mm。因此，光纤光栅往往因为栅距长度原因不能沿齿高方向粘贴。如图 6-40(b)所示，光纤光栅测点一般沿齿宽方向设置在齿根附近或沿齿根圆外径设置。此外，实际布设分布式多测点时，还需考虑光纤不能大角度弯折等光纤自身特性及各啮合副接触齿对拓扑关系，结合动力学理论分析的故障敏感测点及实际箱体中光纤光栅的可安装部位，优化光纤光栅的测点设置位置和测点布设数目。最后，在不干扰齿轮箱正常运转的前提下，通过准直器实现箱体内部光纤光栅传感数据的有效传输。典型齿轮箱光纤光栅动态检测系统结构框图如图 6-41 所示。

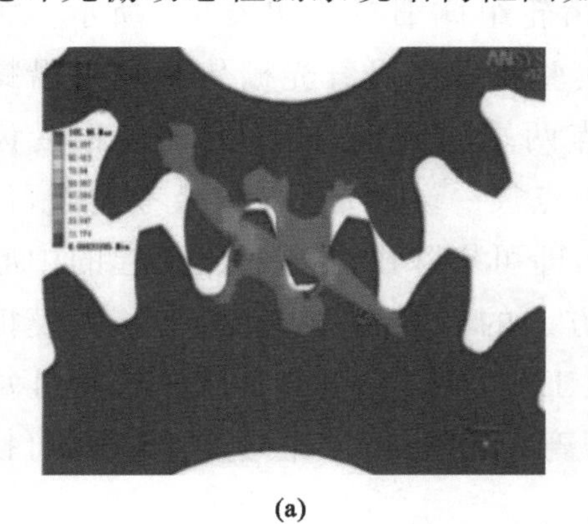

(a)

(b)

图 6-40 齿轮啮合情况及光纤光栅测点布设

(a) 齿轮啮合情况示意图；(b) 光纤光栅测点布设位置示意图

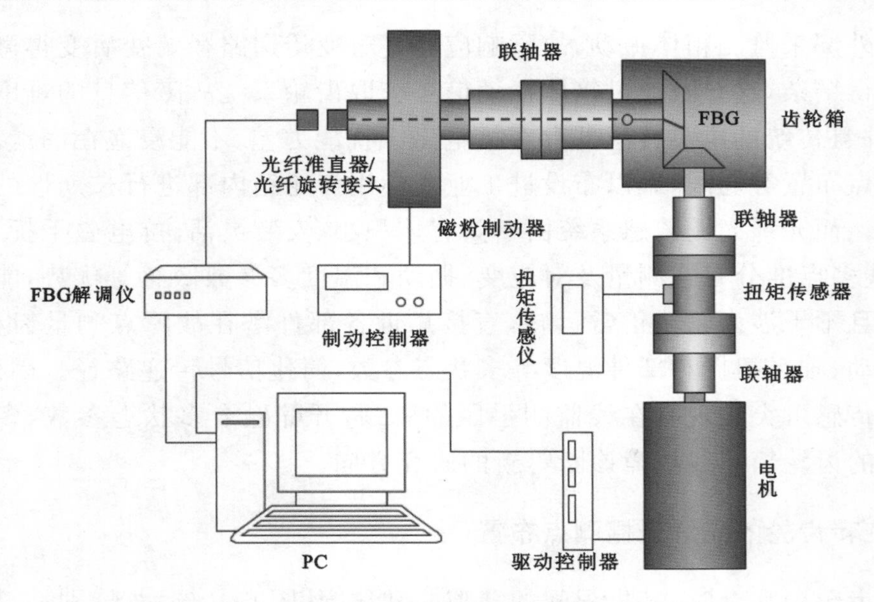

图 6-41　齿轮箱光纤光栅动态检测系统结构框图

6.5.2　旋转齿轮的光纤光栅动态检测与分析

螺旋锥齿轮箱被广泛用于直升机尾翼及船用螺旋桨等高端机械装置。但螺旋锥齿轮组由于重合度较大,从箱体测量的振动响应不如一般齿轮组的明显,测量信号更容易受背景及测量噪声干扰。因此,螺旋锥齿轮组的动态检测问题一直困扰着科研人员和工程实践人员。由于光纤光栅动态检测系统可直接布设在螺旋锥齿轮组齿根处,因而该系统能直接测量螺旋锥齿轮组的齿根弯曲应力,有望为解决螺旋锥齿轮箱在线监测与故障诊断难题提供有效的信号获取手段。为验证光纤光栅动态检测系统对螺旋锥齿轮箱的在线监测性能,搭建了一对螺旋锥齿轮实验台,如图 6-42 所示。实验用螺旋锥齿轮组详细参数如表 6-9 所示。为解决光纤光栅对应变和温度的交叉敏感问题,实验将两个光纤光栅传感测点沿螺旋锥齿轮齿宽方向安装,其中一个光纤光栅测点两端均固定,同时感知齿根沿齿宽方向的应变及温度变化;另外一个光纤光栅测点仅一端固定,作为参考光栅,仅感知温度变化。比较两个光纤光栅测点的信号,即可剔除由温度变化引起的中心波长漂移,最终测得所测试的螺旋锥齿轮齿宽方向的齿根弯曲应变 ε_{PY}。为模拟低速准静态状态,实验时采用手动加载方式,人工施加 50 N·m 的扭矩,并且每旋转 11.5°就记录该螺旋锥齿轮齿宽方向的齿根弯曲应变 ε_{PY}。根据式(6-4),可换算出该螺旋锥齿轮所受的弯曲应力[107]:

$$\sigma_{PX} = Ei\varepsilon_{PY} \tag{6-4}$$

式中,$E=2.1\times10^5$ MPa,是实验用螺旋锥齿轮材料的弹性模量;i 为螺旋锥齿轮齿深方向应变与齿宽方向应变之比，它取决于螺旋锥齿轮几何尺寸。

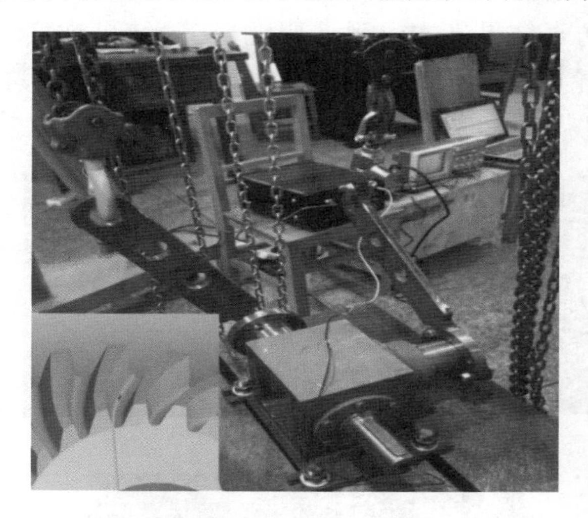

图 6-42 螺旋锥齿轮组静态加载手动实验台

表 6-9 实验用螺旋锥齿轮组详细参数

参数	小齿轮	齿轮
模数	4.5	
齿数	18	27
螺线方向	右	左
中心螺旋角	30°	
轴间角	90°	
弹性模量	2.1×10^5 MPa	
泊松比	0.3	

为求得所测试的螺旋锥齿轮齿深方向应变 ε_{PZ} 与齿宽方向应变 ε_{PY} 之间的比例关系 i，首先在 Solid Works 软件中根据实验用螺旋锥齿轮几何尺寸建立一个螺旋锥齿轮的三维几何模型，然后将所建立的模型导入到 ANSYS 软件中利用有限元法进行分析。如图 6-43 所示，选择齿根处的点 P 来进行分析。设定点 P 为原点，轴 X 沿齿深方向，与啮合面相切；轴 Y 沿着齿宽方向，也与啮合面相切；轴 Z 定义为点 P 处沿啮合面的法线方向。由有限元分析结果可得 $i=\varepsilon_{PZ}/\varepsilon_{PY}=5.93$。

为验证实验所得的结果，采用商用齿轮箱设计 ROMAX 分析该螺旋锥齿轮的理论弯曲应力（图 6-44），ROMAX 软件仿真结果显示该几何尺寸螺旋锥齿轮齿面理论平均弯曲应力均值约为 20.8 MPa。光纤光栅动态检测系统所测得的结果如图 6-45 所示，从图中可知螺旋锥齿轮齿面弯曲应力在不同的啮合角度下会发生变化，并且测试得到的该螺旋锥齿轮最大齿面弯曲应力为 25.2 MPa，这与ROMAX分析软件仿真结果基本一致。因此，实验结果证实，光纤光栅传感系统可用于在线检测齿轮应变与弯曲应力情况，这种新的测试方法对旋转齿轮传动系统的故障诊断与在线监测也具有很大的潜力。

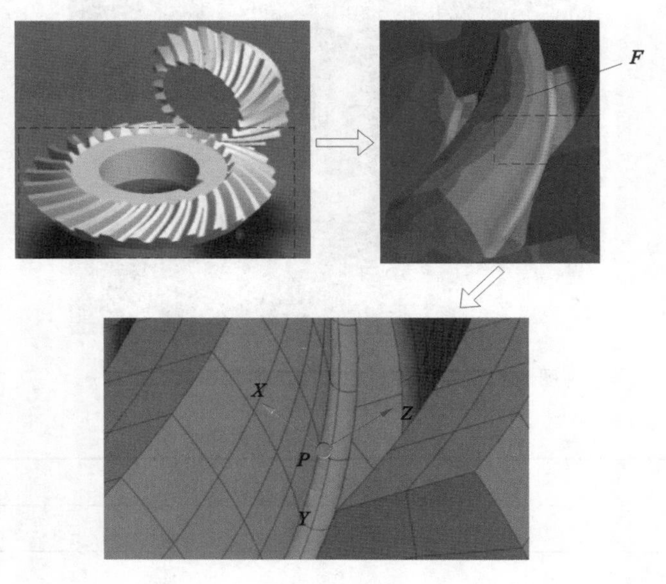

图 6-43 螺旋锥齿轮有限元分析

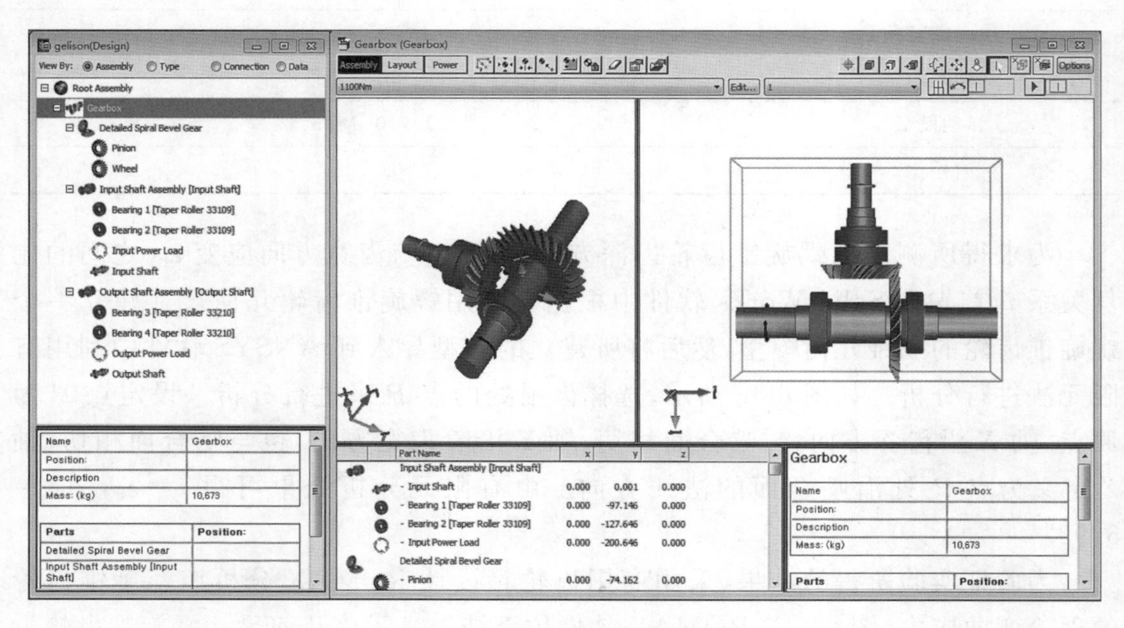

图 6-44 ROMAX 仿真软件设置

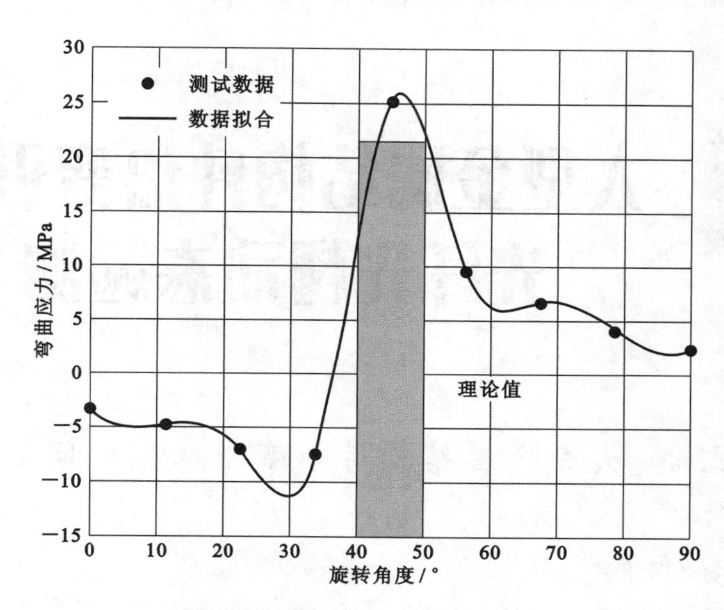

图 6-45　光纤光栅动态检测系统 ROMAX 仿真分析实验结果

7 大型金属结构件热变形的光纤光栅动态检测

7.1 大型金属结构件热变形的基本问题

7.1.1 热变形的基本概念

物体的热胀冷缩是我们熟知的一种自然现象，在工业中的应用十分广泛，如水银温度计、热继电器和机械部件装配中的冷装、热装等。另外，在一些工程结构中往往需要采取一定措施避免热胀冷缩的危害，如修建水泥路时每隔一段要预留一定的间隙，高速公路的金属护栏在接头处总要留有空隙，高档高精密数控机床在使用前需要采取预热措施或在恒温室中使用以减小机床热变形带来的工件加工误差。

固体的热变形在微观上表现为处于热振动状态的原子之间的间距发生变化，较经典的传统热膨胀理论有弗兰克尔的双原子模型及准谐振近似理论。这些理论建立了热膨胀最简单的模型，它们认为温度变化后原子的平均位移是温度的线性函数，即物体的热膨胀系数是常数。然而，在大量的工程实践中，人们发现物体的热膨胀量一般随温度的升高而增大，但并不一定是温度的线性函数。这主要是因为实际应用的材料晶体结构与理想结构相差较大，且同一物体中的晶体，其形状、大小、晶相各不相同，各晶粒存在不同的晶格缺陷，晶粒间的相互作用力无法确定，晶体中的元素成分复杂，加之影响材料热膨胀系数的因素众多而且颇为复杂，所以至今仍无法从理论上确定出某种材料的热膨胀系数，材料的热膨胀系数最终只能通过实验测定。

固体的热变形在宏观上表现为在空间坐标系中结构空间几何尺寸的变化，即表示为结构空间坐标点的位移。一般情况下，固体的温度发生变化时，体内任一微小单元的热变形均受到周围相邻各单元的限制而不能完全自由地变形。同样，如果固体的边界受到其他物体的约束，这也会使其体内任一微小单元的热变形不能自由地产生。固体内任一微小单元实际的热变形是指受到限制后的热变形，它与热应力一般不具有直接对应关系[108-109]。

机械零部件加工、测量和使用中的热变形误差目前已成为机械行业提高产品精度和保证产品质量的关键问题。1990 年，英国伯明翰大学的 Bryan 教授在国际制造工程协会(CIRP)年报上指出，在精密加工中，由热变形引起的制造误差约占总制造误差的 40%～70%[110]。因此，深入研究机械零部件的热变形规律及热变形的动态检测方法，对精密加工、精密测试及机械设备的使用都具有重大的意义。

7.1.2 热变形测量的主要方法

热变形的测量对于研究金属结构件的热变形规律、机械设备的结构优化和误差补偿具有十分重要的意义。由于结构热变形表现为空间坐标点的位移，因此可用位移测量方法来获得结构的热变形，现有的位移测量方法总体上可以分为三类：机械式位移测量方法、电类位移测量方法、光学位移测量方法。

1. 机械式位移测量方法

机械式位移测量方法主要有千分表测量法和双球规法。

(1) 千分表测量法

千分表是机械行业中一种常用的位移测量装置，它主要通过杠杆原理及齿轮传动对微小位移(变形)进行放大，再通过表盘或者其他方式对测量位移进行显示。1890 年，美国人 B C Ames 制造出了最早的千分表原型。19 世纪后，此类量具的应用范围越来越广泛，最终形成了一个以相似原理为分类标准的庞大的量具家族：百分表、杠杆千分表、扭簧表等一系列的位移测量工具。

将千分表与磁性表座进行合理的组合后，将磁性表座固定于固定面上，同时将千分表的测头与待测结构的测点进行接触，可以进行热变形的测量。为了更进一步地提高千分表的测量范围和精度，以及使测量操作简便，近年来不少学者融合电子技术和信息技术开展了深入的研究。例如，通过使用光栅尺等高精度测量结构对现有的千分表结构进行改进，在不失灵敏度的情况下可提升其精度和测量范围，获得一种超级千分表，使得千分表类型的量具的应用范围更加广泛，对结构变形的测量结果更为精确。这种超级千分表通过运用光栅尺与光电转化元件代替传统的齿轮杠杆等机械结构，因此也被称作光电测长仪。光电测长仪的使用与常规千分表的使用场合和方式基本相同。

千分表类型的位移测量装置的优点在于结构简单，价格较为低廉，能够通过相关工装的组合和设计进行不同结构、不同位置的位移测量。其缺点是在长时间的测量过程中，虽然千分表的测头较小，温度传递较慢，但千分表的机械结构与待测结构的长时间温度传导作用会产生一定的误差，从而导致测量结果出现较大的误差。

(2) 双球规检测法

双球规检测法也叫球杆仪检测法，是 1982 年 J B Bryan 在美国 Lawrence Livermore 国家实验室开发用于测量数控机床误差的一种方法，其中包括测量热误差引起的机床结构误差，其主要结构如图 7-1 所示。双球规主要由三个部分组成：固定座（测试台）、可伸缩连杆（测试杆）及移动座。其中固定座和移动座上固定有高精度的金属圆球，可伸缩连杆中嵌入位移传感器。双球规工作时，将固定座安装在数控机床的工作台上，移动座安装在主轴上，通过数控系统控制主轴在各个平面做圆插补运动，通过双球规上的位移传感器跟踪主轴画圆的轨迹。对比标准圆既可以获知数控机床在各个平面内经过圆插补测试所得到的误差。

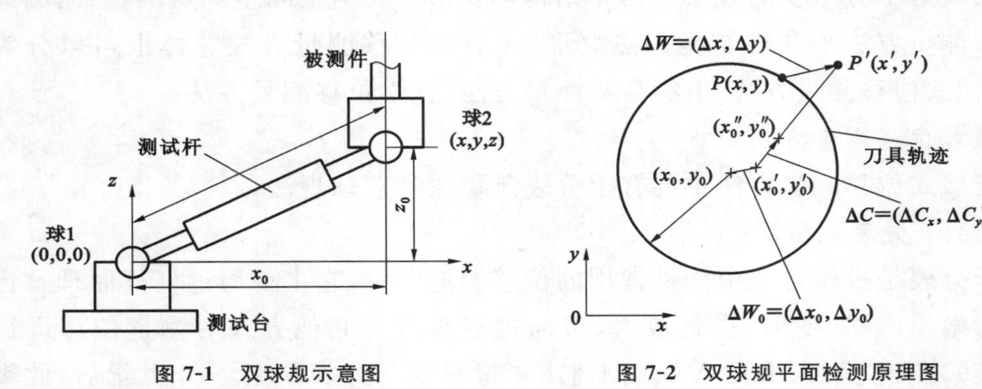

图 7-1 双球规示意图　　图 7-2 双球规平面检测原理图

具体检测原理如图 7-2 所示，(x_0, y_0) 为绝对坐标系，(x_0', y_0') 为导轨坐标系，(x_0'', y_0'') 为控制坐标系，指令位置为 $P(x,y)$，实际位置为 $P'(x',y')$。在数控机床理想状态下 $P=P'$，但是由于机床存在各式各样的误差，因此理想坐标点与实际坐标点不相等。理想位置和实际位置的关系可以从图 7-2 中得知

$$x_0'' = x_0 + \Delta x_0 + \Delta C_x \tag{7-1}$$

$$y_0'' = y_0 + \Delta y_0 + \Delta C_y \tag{7-2}$$

$$x' = x + \Delta x, y' = y + \Delta y \tag{7-3}$$

$$\Delta R = R' - R = \sqrt{(x' - x_0'')^2 + (y' - y_0'')^2} - R \tag{7-4}$$

式中，ΔR 为测试圆半径误差值；R' 为测试圆半径；R 为标准圆半径。

令 C_x、C_y 为 x 轴和 y 轴的误差元素，则有

$$\begin{cases} C_x = \Delta x_0 + \Delta C_x \\ C_y = \Delta y_0 + \Delta C_y \end{cases} \tag{7-5}$$

因此求解以上方程组，即可得到

$$\Delta R = (xC_x + yC_y)/R \tag{7-6}$$

即在平面上所测得的圆度误差由机床 x 轴和 y 轴方向上的误差合成，由此可以求解两个方向上的误差。

双球规广泛应用于数控机床的运动误差和热误差检测。

2. 电类位移测量方法

(1) 磁致伸缩传感器

1842 年，英国著名科学家焦耳(James Prescott Joule)发现了磁致伸缩效应，即磁致伸缩材料在受到外界磁场作用时，其自身尺寸会发生变化。1960 年，美国科学家泰勒曼(Jack Tellerman)向美国政府申请了磁致伸缩位移传感器的专利权，由此磁致伸缩效应渐渐用于微位移传感领域。磁致伸缩位移传感器是一种以磁致扭转波为传播媒介的位移传感器，其主要结构如图 7-3 所示[111]。

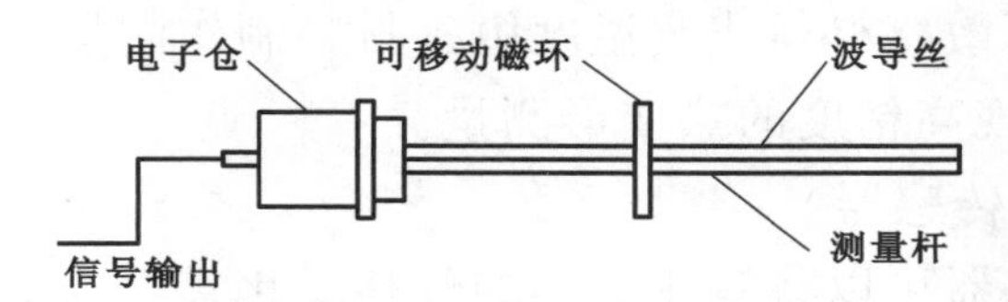

图 7-3　磁致伸缩位移传感器原理

磁致伸缩传感器主要由可移动磁环、磁致伸缩材料制成的波导丝、测量杆、电子仓等组成。可移动磁环无接触地套在测量杆上，可以沿着测量杆滑动，而波导丝嵌于测量杆内，电子仓内含有脉冲发生器，用于发射沿着波导丝传播的激励电流脉冲。传感器在工作时，电子仓内部的脉冲发生器会发出一个激励电流脉冲，激励脉冲将沿波导丝以固定速度传播，该激励脉冲同时会产生一个垂直于波导丝轴线方向的环形磁场，并且这个环形磁场将随着激励脉冲以相同速度沿波导丝传播。安装在测量杆上的可移动磁环中装有永久磁铁，永久磁铁会产生一个沿波导丝轴线方向的静磁场。当激励脉冲产生的环形磁场与磁环产生的静磁场相遇时，两个磁场叠加并形成一个螺旋磁场。根据维德曼效应，这个螺旋磁场将使波导丝发生瞬时扭转变形，从而产生一个扭力波，传播至传感器有电子仓的一端时，扭力波信号被安装在电子仓内的磁致伸缩换能器接收，换能器通过对扭力波信号的分析和处理，将其转换为可输出的电信号。这里，环形磁场与静磁场叠加后产生的扭力波沿波导丝的传播速度为：

$$v=\sqrt{\frac{G}{\rho}} \tag{7-7}$$

式中，G 为波导丝的剪切模量，ρ 为波导丝密度。

因此，只要测量电子仓发射信号和获取扭力波信号之间的时间间隔即可获得可移动磁环到电子仓之间的距离，即位移的大小。

磁致伸缩传感器的主要特点是:① 寿命长。由于磁致伸缩位移传感器是基于磁致伸缩效应,无机械可动部分,移动磁环与测量杆之间无任何接触,因此可以进行反复测量而不被磨损损坏。② 精度高。磁致伸缩位移传感器通过对沿波导丝传播的扭力波的传播时间进行测量,进而测量出被测物体的位移量。因为扭力波在其波导丝内传播的速度是固定的,而传感器电子仓内的电子电路和换能器对时间的测量可以达到很高的精度,传感器的输出信号是一个真正的绝对值,即不需要进行数字信号的复杂处理。③ 量程大。磁致伸缩位移传感器可以根据测量工作的需要配备从几毫米到十几米长度不同的波导丝,测量范围大,适用范围广,能够胜任大量程的热变形测量任务。因此,磁致伸缩位移传感器在机床等行业得到了广泛的应用。但是,它也存在相应的缺点,即波导丝会受温度变化的影响,解决方案是利用温度不敏感材料或负温度敏感材料制作测量杆,对波导丝进行温度膨胀的补偿,从而实现高精度的热变形测量。

(2) 电容式位移传感器

电容式位移传感器可以将被测物体的位移变化转换为电容器的电容变化,再通过电荷放大器或电压放大器对信号进行放大,获取位移信号。图 7-4 是电容式位移传感器的两种不同形式,左边是变间距型,右边为横向错位型。变间距型电容位移传感器一般用于测量较小的线位移,横向错位式电容传感器一般用于测量角位移或者较大的线位移。

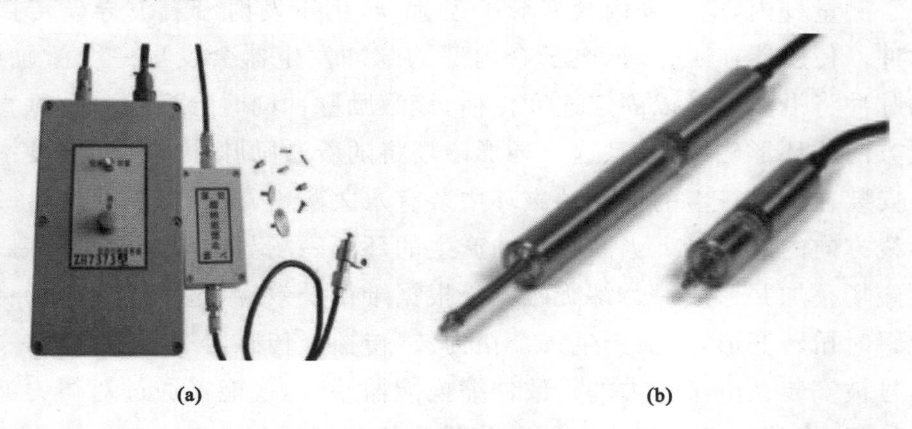

图 7-4 电容式位移传感器

(a) 变间距型;(b) 横向错位型

与其他结构的位移传感器相比,电容式位移传感器具有的独特点是灵敏度高、分辨力强,能测量出 0.01 mm 甚至更小的位移;结构简单,能实现非接触式测量,只要极小的输入力就能使电容极板发生移动,并且在移动的过程中,几乎没有摩擦力和反作用力;能在恶劣条件下(高温、低温、辐射等)工作;动态响应好。但是，电容式位移传感器也存在一些缺点，比如输出特性的非线性和对绝缘电阻要求较高等。

为消除寄生电容的影响，减小电容传感器内阻抗，人们往往采用较高的电源频率、对传感器及输出导线采取屏蔽措施等。由于这种位移传感器的测量范围较小，不能满足大位移的测量，因此不适用于有较大的热误差存在的热变形测量，仅适用于微小热变形的测量。

(3) 电感式位移传感器

电感式位移传感器是利用电磁感应原理，把被测物体的位移量转换为电感量变化的位移传感器。这种位移传感器输出的电感变化量需要经过测量电路的放大才能得到电流、电压或频率变化的电信号，从而测出被测物体位移量的大小。典型的电感式位移传感器如图 7-5 所示。

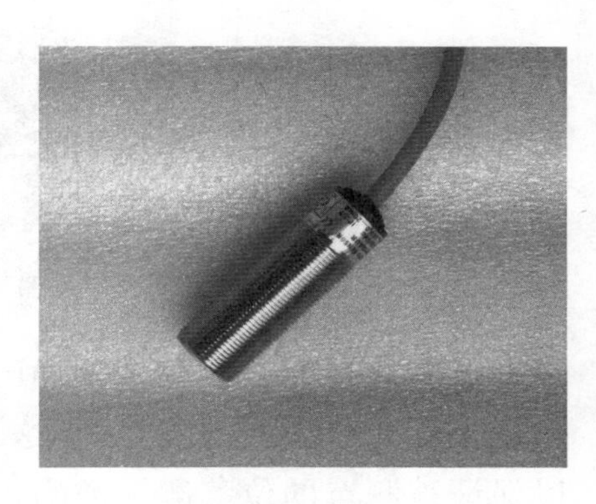

图 7-5 电感式位移传感器

电感式位移传感器具有灵敏度高、输出功率大、结构简单可靠、测量精度高等优点，可以测出 0.1 μm 甚至更小的线性位移变化量，输出信号强，电压灵敏度一般每毫米可达数百毫伏，有利于信号的传输。这种位移传感器的测量精度与电容式位移传感器的测量精度差不多，但因其频率响应较低，故不适宜于高频动态测量。

电感式位移传感器种类比较繁多，目前常用的有变间隙型、变面积型和螺管型。虽然这三种电感式位移传感器的形式各有不同，但都包含线圈、铁芯和活动衔铁三部分。变间隙型电感位移传感器中的间隙大小会随着被测物体位移量的变化而变化，从而使磁路中间隙的磁阻发生变化，引起线圈电感的变化。这种电感量的变化与间隙的大小(即被测物体的位移量)呈比例关系。因此，测出这种电感量的变化，就可测出被测物体位移的大小。变面积型电感位移传感器的间隙长度保持一定，而铁芯与衔铁之间的相对覆盖面积随被测物体的位移量变化而变化，从而引起线圈电感的变化。螺管型电感位移传感器的线圈电感会随着衔铁插入长度的变化而变化，电感的相对变化量与衔铁位移的相对变化量成正比，但由于线圈内磁场强度沿轴向分布不均匀，因而螺管型电感位移传感器的输出是非线性的。

(4) 电涡流式位移传感器

电涡流式位移传感器是 19 世纪 70 年代兴起的一种无接触检测技术，主要是利用电磁感应原理，通过测定在被测材料中感应产生的电涡流的变化来对材料的一些特性进行检测。而电涡流式位移传感器正是利用电涡流效应将位移转换为阻抗的变化，即变频电流产生高频场，使金属面产生涡流，电涡流反向磁场又影响线圈电感量，电感量的变化与线圈至金属面间隙有关，故位移使电流产生变化，通过测定电涡流的变化来获得位移测量值。典型的电涡流式位移传感器如图7-6所示。

图7-6 电涡流式位移传感器

以上几种电类位移传感器已经十分成熟，应用也相当广泛，但是用作热变形测量还存在着一些缺陷，对于这几种传感器而言需要在被测点旁边设置固定点，以保证被测点的位移测量准确，这是由于这些传感器利用的是固定点与变形点之间的相对位移来进行测量。对于大型结构的热变形而言，很难在被测点附近找到一个不变的传感器安装基准以设置固定点，因为任何用于安装传感器的基准结构在变温环境下自身也会产生一定的热变形，从而导致测量误差。这种误差难以消除，只能通过补偿的方式或者材料的选择减小一定的误差，但在原理上无法消除。因此，这几种位移传感器鲜见于大型结构的热变形测量[112]。

3.光学位移测量方法

(1) 光栅尺

光栅尺，也称为光栅尺位移传感器，是基于光栅尺光衍射所形成莫尔条纹的高精度位移测量装置，常用于数控机床等领域要求高精度位置控制的伺服系统中，可用于直线位移测量，也可用于角位移测量。其输出信号一般为数字脉冲，具有测量范围大、精度高、响应快速等特点。

在使用中，光栅尺对振动、烟雾、油污等有严格要求，严重的振动会影响光栅尺正常工作，甚至使光栅尺断裂。烟雾和油污也会影响光栅尺的莫尔条纹分布，从而影响测量精度，特别是在严重腐蚀环境下工作，光栅尺易受腐蚀而损坏。

(2) 激光位移传感器

激光是人类在20世纪的一项重大发明，具有高能量密度、高度方向性、空间同调性、窄带宽等特点，十分适用于对物体位移的测量，激光位移传感器正是利用激光的这些特点而开发的一种位移测量传感器。激光位移传感器是一种非接触式的高精度位移传感器,它是基于激光测距技术实现空间点位移测量的。因此,它不但可测量物体的位移,也可测量物体的厚度、振动等。

激光位移传感器的测量方法可以分为两种:激光三角测量法和激光回波测量法,图 7-7 和图 7-8 所示分别是激光三角测量法和激光回波测量法的原理示意图。

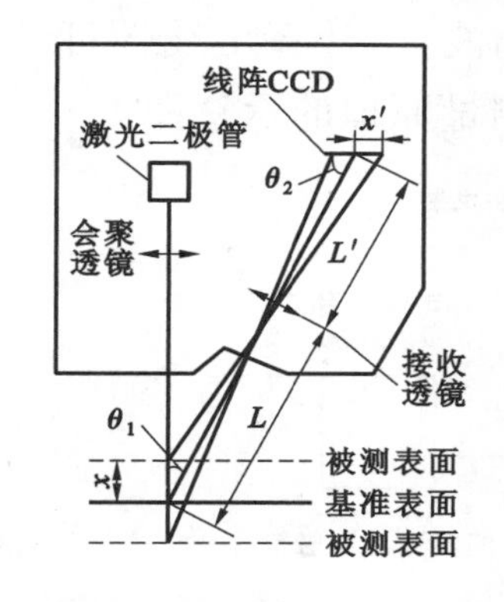

图 7-7 激光三角测量法原理

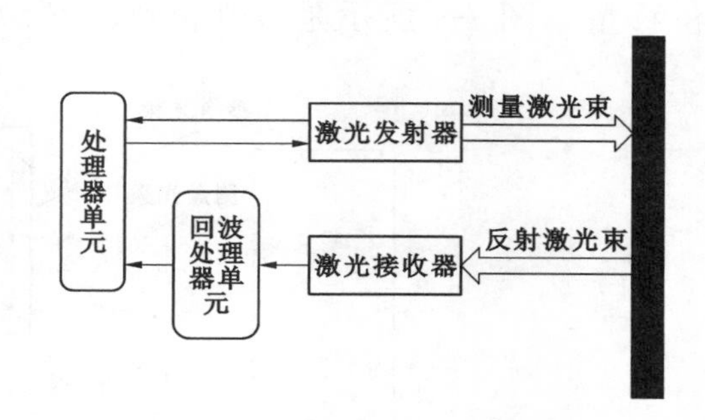

图 7-8 激光回波测量法原理

在图 7-7 所示的激光三角测量法中,激光发射器(激光二极管)通过会聚透镜将可见红色激光汇聚为一束激光射向被测物体表面,经过物体表面反射回激光位移传感器,经过接收透镜将反射回的激光汇聚于一个 CCD 线性阵列传感器,这个反射回的激光将投射在 CCD 阵列中的某点,即将被测物体的位移转化为了 CCD 阵列中的光点位移,那么根据激光投射位置、被测物体反射点位置和 CCD 上激光点位置之间的三角关系就可计算出被测物体的位移量。

基于三角测量法的激光位移传感器的分辨率可以达到 0.1 μm,但是又受三角测量法的限制而测量距离较短,当被测物体偏离基准面较大时其测量精确度会有所下降。

在图 7-8 所示的激光回波测量法中,测量系统主要由处理器单元、回波处理器单元、激光发射器以及激光接收器组成。处理器单元发出信号激励激光发射器对被测物体表面发射激光脉冲,激光束经过被测物表面的反射由激光接收器获取,再通过回波处理器单元将其转化为电脉冲信号传回给处理器单元。处理器单元对传回的电脉冲序列信号的间隔时间进行计算就可获取被测物体的距离。

激光回波测量法适合于长距离检测,但测量精度相对于激光三角测量法要低。

(3) 激光干涉仪

激光干涉仪是一种利用已知波长的激光,通过激光干涉系统对位移/角位移、速度等参量进行测量的一种测量仪器,测量主要利用的是多普勒效应与线性误差检测原理。根据激光光源发射的激光的种类,激光干涉仪可以简单地分为单频激光干涉仪与双频激光干涉仪。

单频激光干涉仪测距的原理:从激光器发出的光束,经扩束准直后由分光镜分为两路,并分别从固定反射镜和可动反射镜反射回来,然后会合于分光镜上而产生干涉条纹。当可动反射镜移动时,干涉条纹的光强变化由接收器中的光电转换元件和电子线路等转换为电脉冲信号,经整形、放大后输入可逆计数器计算出总脉冲数,再由计算机通过总脉冲数与已知的激光波长,计算出线性可动反射镜的位移量。图 7-9 所示是线性位移单频激光干涉测量原理的示意图[113]。

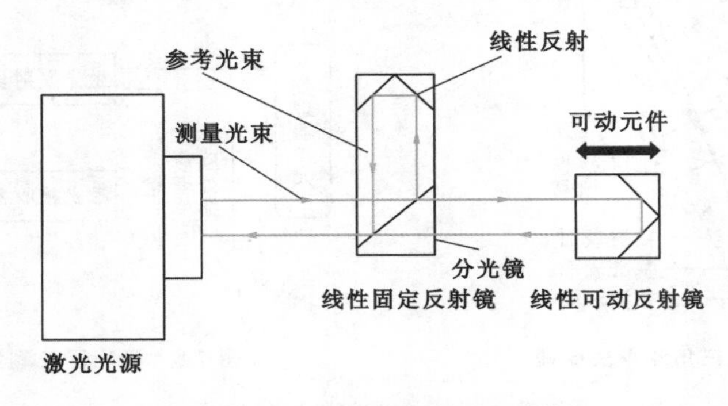

图 7-9 线性位移单频激光干涉测量原理

与线性位移激光干涉测量相似,角位移单频激光干涉测量通过角度分光器将激光光源发射出的光束分成两对平行光束,如图 7-10 所示,当角度可动反射镜发生角位移时,上下反射光束之间的光程差就发生变化,导致干涉条纹发生移动,通过干涉条纹的明暗变化规律就可对角位移进行计算。

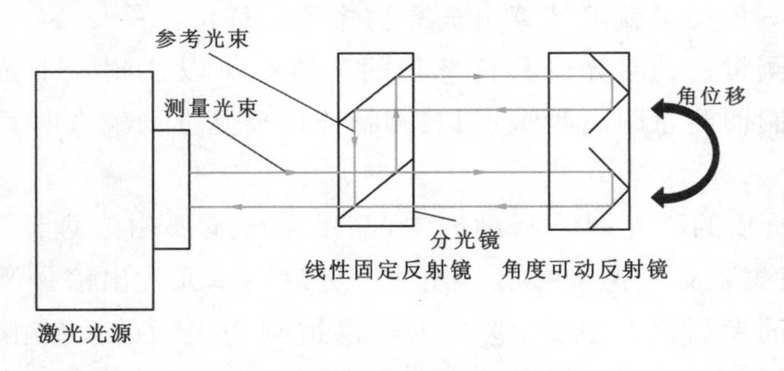

图 7-10 角位移单频激光干涉测量原理

单频激光干涉仪具有结构简单、测量精度高、抗电磁干扰、动态范围大和非接触性测量等优点,被广泛应用于纳米及亚纳米尺度测量中,尤其在微小位移测量领域具有不可取代的地位。

双频激光干涉仪测距原理:双频激光干涉仪是在单频激光干涉仪的基础上发展起来的一种外差式干涉仪,通过发射两种频率的圆偏振光,以频差为测量数据的载体对位移进行测量,具体的原理如图 7-11 所示[114]。

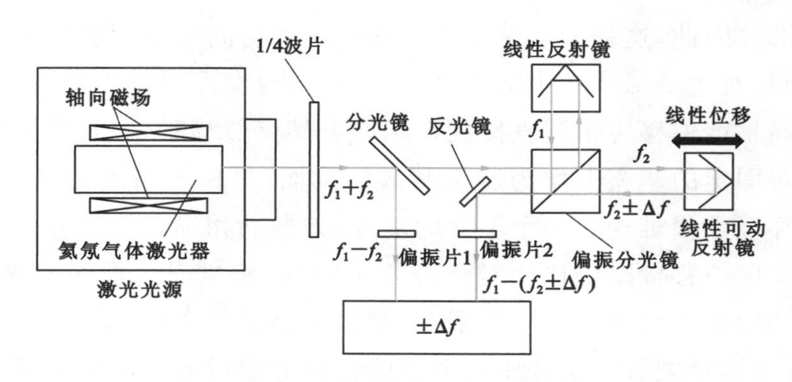

图 7-11　线性位移双频激光干涉测量原理

在激光器上加一个轴向磁场，由于塞曼分裂效应和频率牵引效应，激光器产生 f_1 和 f_2 两个不同频率的左旋和右旋圆偏振光。两个圆偏振光经 1/4 波片后成为两个互相垂直的线偏振光，并由分光镜分为两路。一路经偏振片 1 后成为含有频率 f_1-f_2 的参考光束；另一路经偏振分光镜后又分为两路，一路成为仅含有 f_1 的光束，另一路成为仅含有 f_2 的光束。当线性可动反射镜移动时，含有 f_2 的光束经线性可动反射镜反射后成为含有 $f_2\pm\Delta f$ 的光束，Δf 是线性可动反射镜移动时因多普勒效应而产生的附加频率，正负号表示移动方向。这路光束和由固定反射镜反射回来仅含有 f_1 频率的光的光束经偏振片 2 后会合成为 $f_1-(f_2\pm\Delta f)$ 的测量光束。测量光束和参考光束经各自的光电转换元件、放大器、整形器后进入减法器相减输出成为仅含有 $\pm\Delta f$ 的电脉冲信号，这种电脉冲信号经可逆计数器计数后，就可计算得出线性可动反射镜的位移量。同样，将线性反射镜更换为角度反射镜，线性可动反射镜替换为角度可动反射镜，就可测量其角位移。

双频激光干涉仪是应用频率变化来测量位移的，这种位移信息载于 f_1 和 f_2 的频差上，对由光强变化引起的直流电平变化不敏感，所以抗干扰能力相对于单频激光干涉仪更具有优势。实际上，只要更换激光干涉仪的相关反射镜与更改安装方式就可以进行更多参量的测量。激光干涉仪与不同的附件组合，可以测量位置精度、直线度、垂直度、偏摆角、平行度、平面度、转台精度等，在机床结构件热变形的检测中可发挥重要作用[115]。

7.1.3　热变形测量的主要问题

以上介绍的各种热变形测量方法，有些测量系统复杂，有些对测量环境要求苛刻，有些测量范围较小，特别是采用高精度位移传感器进行结构变形测量时，往往只能进行单点或少数几点测量。

目前，对于结构变形测量主要是采用高精度位移测量与重构算法相结合的方法，即依据高精度位移传感器获得结构某点（或者几点）的位移，通过插值拟合计算出结构变形。因此，这种变形测量方法在时间和空间上还无法完整描述结构变形情况，特别是对大型结构件中最常见的力、热复合变形更是无能为力。

在采用高精度位移传感器直接测量结构上某点位移时，一般需要将传感器安装在一个相对固定的基座上作为测量基准。然而，机械设备运行环境，特别是重型装备工作环境中很难找到一个不变的基准，如振动和温度等的变化都会造成基准变化。高精度位移传感器往往对环境要求较高，特别是在测量热变形时，高精度传感器对（高）温度变化的适应性很差，难以满足工程实际中长期变形监测的要求。所以，直接测量大型结构件中离散点的位移的测量方法难以完成大型结构件变形的实时长期监测。为此，国内外学术界和工业界都在努力寻求更加可靠、实用的结构变形测量原理和方法。

7.2　大型金属结构件热变形光纤光栅测量

7.2.1　大型金属结构件热变形光纤光栅测量的优势

光纤光栅传感器是一种新型的光学测量传感器，具有体积小、防爆、对电绝缘、抗电磁干扰、精度高、可靠性高、环境适应性好（普通光纤一般可承受 500 ℃以内的高温），且在单根光纤上可以布置多个传感光栅的特点。因此，光纤光栅传感器在许多工程领域获得了广泛的应用[116]，如在大型桥梁、隧道、防护边坡等工程结构变形的监测中，光纤光栅检测技术发挥了极其重要的作用。

将光纤光栅传感器技术用于机械装备运行状态监测的历史还不长，机械装备的结构和运行工况往往都较复杂，进行结构变形测量时要求技术手段的环境适应性要强、技术方法适于动态测量。光纤光栅传感检测技术就满足这些要求，主要优势是：

① 光纤光栅体积小、质量轻，特别是在单根光纤上可以布置多个针对不同或相同参数的测量光栅形成分布式（或准分布式）传感器，可解决大型金属结构件体量大、热源多、结构复杂、分布或多点测量等难题。

② 光纤光栅耐腐蚀、耐高温（普通光纤一般能承受 500 ℃内的温度），特别适用于加工过程中高温、高湿、振动和粉尘等恶劣的环境，能满足大型金属结构件动态检测的可靠性要求。

③ 光纤光栅传感对电绝缘、抗电磁干扰，特别适用于有强电磁场变化的加工环境，光纤材料的稳定性很好，能满足大型金属结构件长期动态监测的稳定性要求。

7.2.2　大型金属结构件热变形的光纤光栅测点布置

大型金属结构件的光纤光栅测点布置包括两个方面的内容：一是光纤光栅测点位置的优化，二是光纤光栅测点数量的优化。目前，国内外针对金属结构件变形测量的光纤光栅传感器数量优化的研究还很不充分[117]。传感器测点分布位置和测点数目的优化在许多工程应用中具有重要意义，通过优化布置，不但可以减少传感器的数目，而且还可从较少的传感信号中获得较多的结构信息。

一般地，传感器的位置优化分为两个步骤：首先要结合被测金属结构件的结构特点、热源分布特点及受热变形机理建立优化准则（目标函数），然后选择合适的优化算法进行优化，优化函数极值所对应的检测点即为光纤光栅传感器的最优布点。在大型金属结构件热变形检测系统中，光纤光栅测点的优化布置要根据被测结构件的结构特点和受载条件、工作环境等一系列背景因素综合考虑。根据国内外研究现状，目前对温度测点的优化布置准则大致分为如下几点[118-120]：

（1）主因素准则

主因素准则是指用于热误差建模的各温度测点数据应与热误差数据有较强的联系，即两者之间有很强的相关性，一般当相关系数 $P>0.8$ 时，即可视为符合主因素准则。

（2）互不相关准则

根据主因素准则可获得一定数量的与热误差有关的温度测点，但这些温度测点之间有的具有相关性，可相互表达，若把这些温度测点全部用于建模，由于温度测点之间相关会造成相互影响，热误差的估计精度从而会下降。若各温度测点之间线性相关，则热误差建模时的系数矩阵会出现奇异降秩现象，所以应极力避免。因此，对与热误差有关的温度测点应聚类选取，即从每一个相关类中选出一个作为代表用于热误差建模。这样既可以减少用于热误差建模的温度测点数量，又可提高建模精度。

（3）最少布点准则（经济性准则）

在满足机械加工精度要求的条件下，若能用最少的温度测点来进行热误差建模和利用所建模型来进行热误差的估计，所带来的好处是显而易见的。在符合主因素准则、互不相关准则及满足被测结构件工作要求的条件下，放宽残差限度，逐步在热误差建模中减少温度测点，搜索最佳测点组合，使必须使用的温度传感器数量减少到最低限度。最少布点准则不仅能降低成本，还能简化模型，增加实用性，但前提是不能降低测量精度。

（4）最大灵敏度准则

热源及温度变化所引起金属结构件热误差明显变化的这些点为热误差敏感点，热误差对温度的变化率就是灵敏度，理论上应选择灵敏度大的温度测点。具体的选择过程可以为：首先建立各温度测点的温度变化与热误差变化之间的相互关系，然后根据这种关系所确定的导数关系（斜率）辨识各温度测点的温度对热误差的影响程度，影响程度大的温度测点即为热误差敏感点，作为热误差建模的候选点。

（5）最近线性度准则

通过温度测点的布置建立出线性热误差模型。线性热误差模型与传统的非线性多元回归模型相比，具有训练速度快的特点和更好的外插性能。如果能够把温度传感器安装在一些"策略"位置上，便可采用线性模型进行热误差分析，以缩短热误差检测所必需的测量时间，并提高热误差模型内部拟合能力和外部推断能力。

（6）能观测性准则

能观测性准则是指所选温度测点的信号能以一定的精度表达被测金属结构件热变形误差。温度对于热误差的表达与传感器在被测金属结构件上的位置密切相关，只要传感器布置合适，少量的测点也能表达热误差。为了保证能观测性或用温度表达热误差，温度传感器应避免布置在特征函数的零点位置上。

以上六个准则之间是相互联系、相互影响的，有些只是考虑的角度不同。因此，这些条件有时难以同时达到，在大型金属结构件温度测点的优化布置过程中需要根据实际情况作具体的综合分析。一般应先考虑主因素准则，即对各温度测点的数据与热误差数据作相关分析，选出符合主因素准则的温度测点；其次考虑互不相关准则，即对各测点之间的温度数据作相关分析，可使用模糊理论对温度测点进行聚类分组；然后综合考虑最近线性度准则、最少布点准则和最大灵敏度准则，在各同类测点中选择有代表性的温度测点。

对于光纤光栅作为温度传感器测量金属结构件的热变形，还应考虑力、热交叉敏感的影响，对于同时受力、热载荷作用产生变形的金属结构件，光纤光栅布点应能够实现力、热载荷解耦。

7.2.3 基于测量数据的大型金属结构件热变形计算方法

1. 大型金属结构件热变形特征分析

对于一般意义上的大型金属结构件的刚性变形监测是十分困难的，因为刚体的变形往往都表现为其表面在不同方向上的位移，目前为止还没有哪一种传感器可以进行全面的变形测量。但是，从引起热变形的因素分析入手，可以通过有限的测点数据来计算或估算结构的热变形。

这里，以重型数控机床的大型金属结构件作为主要研究对象，这些大型金属结构件主要包括床身导轨、立柱、横梁等大型零部件，在工作时受力、热载荷而产生变形，而其中的热变形更是机床在加工过程中产生误差的主要原因。要彻底了解这些大型结构件热变形的情况就有必要对其上的热载荷进行分析。

重型机床大型结构件的热载荷分析如图7-12所示。数控机床大型结构件的热载荷主要来源于外部环境温度变化、内部零部件摩擦、电器和液压部件发热及加工车间辐射等因素。外部环境温度主要是受天气变化、通风情况、有无气温调节装置等影响，但是对于单个零件来说，环境温度作用造成的结构件上各部位间温差（或温度梯度）一般不会很大，所引起的结构件变形主要是整体变形；内部零部件摩擦发热、电器和液压部件发热往往会造成结构件不同部位之间的较大温差，所引起的结构件变形往往是局部变形。

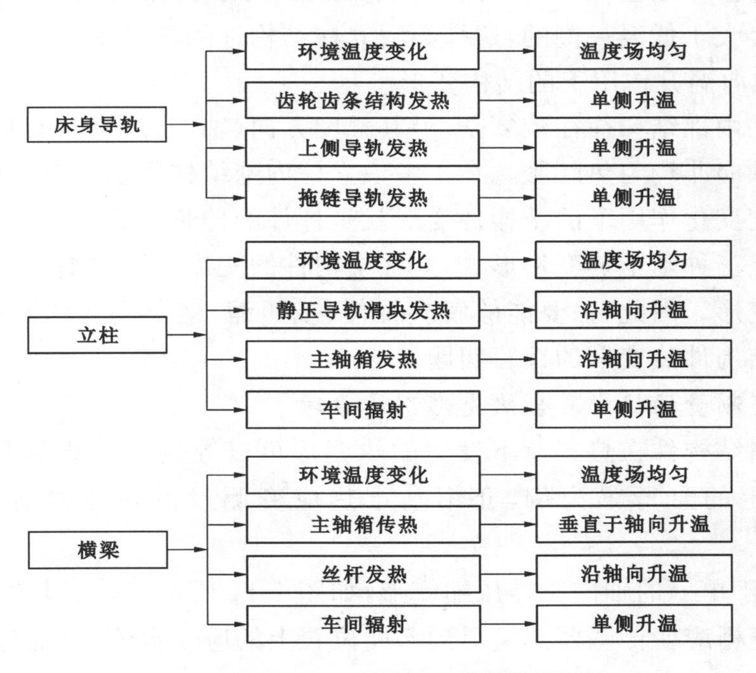

图7-12　重型机床大型结构件热载荷分析

电器及液压部件发热主要是通过热传导和液压油的输送向机床结构件传送热量，具有局部发热的特点。由于机床上的旋转零部件（如旋转主轴等）一般由轴类零件组成，局部的热源往往会形成沿轴向散热的情况，导致轴类零件的轴向温差较大。车间辐射主要有室外阳光照射、车间内的高温设备辐射，这种热源一般具有确定的方向，会引起结构件的单侧温升。综合来看，数控机床结构件的热载荷主要有全局热载荷（环境温度）、局部热载荷和轴向分布热载荷三种不同的表现形式。

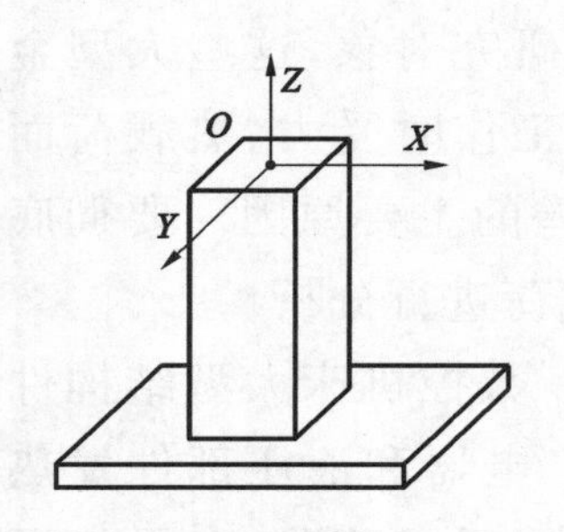

图 7-13 大型数控机床立柱结构件简化模型

以大型数控机床立柱结构件为例，分析三种热载荷对立柱结构件变形的影响。机床立柱结构一般采用长箱体结构设计，因此可看作杆状或者梁状结构，立柱简化示意图如图 7-13 所示。

(1) 整体温升作用下的变形

当结构构件处于均匀的温度场中时，各部分受热温升的情况相同，此时结构件会在 X、Y、Z 轴三个方向上均发生变形。但是由于机床立柱结构通常是轴向尺寸比较大，所以立柱轴向上的膨胀量远远大于另外两个方向上的膨胀量。

(2) 单侧温升作用下的构件变形

单侧温升会导致立柱结构件的单侧膨胀，相对于较低的温度一侧，高温一侧的材料膨胀会大于低温一侧的，这样导致立柱结构件的弯曲变形。

(3) 沿轴向温升作用下的结构变形

机床立柱内部结构往往较复杂，沿其长度方向(轴向)的温度变化会导致立柱结构件沿着轴向非均匀热膨胀。在不考虑立柱内部结构复杂性因素的情况下，可认为轴向温度变化作用下的结构件变形就是杆件的伸长变形。

结合以上三种基本热变形形式，立柱结构件的变形可以归纳为拉伸(或压缩)变形和弯曲变形。因此，只要能够解决拉伸(或压缩)变形和弯曲变形，就可以解决关于立柱结构件热变形的计算问题。

2. 基于热应变测量的拉弯复合热变形测量原理

大型金属结构件在热载荷下发生的热变形可以等效为力载荷下的变形。下面以一端固定的悬臂梁为例，介绍基于热应变测量的拉弯复合热变形测量原理[121]。

首先，对于单一的轴向拉伸压缩变形，如图 7-14 所示。若由粘贴在悬臂梁上的多个光纤光栅应变传感器测量得到不同位置上的应变数值，可通过线性拟合得到悬臂梁上表面或者下表面上沿轴向任意一点的应变 $\varepsilon_l(x)$。对于任意的 $\mathrm{d}x$ 微段，可计算出位于轴向 x 处该 $\mathrm{d}x$ 段伸长量为

$$\Delta l(x)=\varepsilon_l(x)\mathrm{d}x \tag{7-8}$$

对式(7-8)从 0 到 x 进行积分，就可得到杆件在 x 处的变形，即

$$\Delta L(x)=\int_0^x \varepsilon_l(x)\mathrm{d}x \tag{7-9}$$

然后，对于单一的弯曲变形，如图 7-15 所示。假设在悬臂梁上粘贴足够多的光纤光栅应变传感器，通过对光纤光栅应变传感器测得的数据进行线性拟合，可以得到悬臂梁上表面或者下表面上任意一点的应变 $\varepsilon_w(x)$ 和 $-\varepsilon_w(x)$。同样，取

dx 微段为研究对象，对于弯曲变形而言，若 dx 微段所受到的弯矩为恒定值，大小不变，则可以将 dx 微段的弯曲变形看作是纯弯曲变形。根据材料力学中的公式有：

$$\varepsilon = \frac{y}{\rho} \tag{7-10}$$

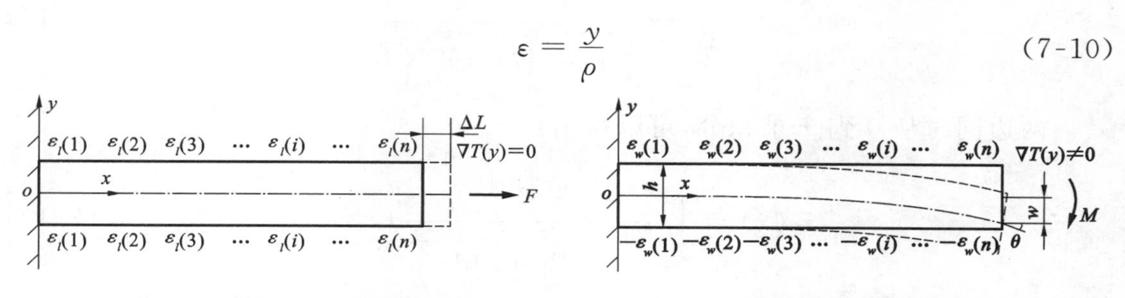

图 7-14 纯轴向拉伸压缩变形

图 7-15 纯弯曲变形

式中，ρ 为悬臂梁中性层的曲率半径，y 为距离中性层的距离。假设悬臂梁在 y 方向上的高度为 h，那么根据式(7-10)可以算出 dx 微段处的曲率半径为：

$$\rho(x) = \frac{h}{2\varepsilon(x)} \tag{7-11}$$

又根据坐标系中的几何关系有：

$$\frac{1}{\rho(x)} = \pm \frac{\dfrac{\mathrm{d}^2 w}{\mathrm{d}x^2}}{\left[1+\left(\dfrac{\mathrm{d}w}{\mathrm{d}x}\right)^2\right]^{\frac{3}{2}}} \tag{7-12}$$

式中，w 为悬臂梁的挠度，向下弯曲时挠度为负，曲线为凸，则$\dfrac{\mathrm{d}^2 w}{\mathrm{d}x^2}>0$。

设$\dfrac{\mathrm{d}w}{\mathrm{d}x}=p$，则$\dfrac{\mathrm{d}^2 w}{\mathrm{d}x}=\dfrac{\mathrm{d}p}{\mathrm{d}x}$，且令 $k(x)=\dfrac{1}{\rho(x)}$。那么，式(7-12)就可简化为：

$$k(x)\mathrm{d}x = \frac{\mathrm{d}p}{(1+p^2)^{\frac{3}{2}}} \tag{7-13}$$

令 $p=\tan u$，则 $\mathrm{d}p=\sec^2 u\mathrm{d}u$，$(1+p^2)^{\frac{3}{2}}=\cos^3 u$，式(7-13)进一步简化为：

$$k(x)\mathrm{d}x = \cos u\mathrm{d}u \tag{7-14}$$

对式(7-14)两边求积分可得：

$$\int k(x)\mathrm{d}x = \sin u - c_1 = \sin(\arctan p) - c_1 \tag{7-15}$$

$$\arctan p = \arcsin\left[-\int k(x)\mathrm{d}x + c_1\right] \tag{7-16}$$

$$p = \frac{\int k(x)\mathrm{d}x + c_1}{\sqrt{1-\left[c_1+\int k(x)\mathrm{d}x\right]^2}} \tag{7-17}$$

根据边界条件，当 $x=0$ 时，$p=\frac{dw}{dx}=0$，可以推得 $c_1=0$。代入式(7-17)可得：

$$\frac{dw}{dx}=\frac{\int k(x)dx}{\sqrt{1-\left[\int k(x)dx\right]^2}} \tag{7-18}$$

两边同时从 0 到 x 求积分，可以得出：

$$w(x)=\int_0^x \frac{\int k(x)dx}{\sqrt{1-\left[\int k(x)dx\right]^2}}dx+c_2 \tag{7-19}$$

又根据边界条件，当 $x=0$ 时，$w(0)=0$，可得 $c_2=0$。再将 $k(x)=\frac{1}{\rho(x)}$ 及式(7-11)代入式(7-19)中，即可得出中性轴挠度函数 $w(x)$ 的表达式为

$$w(x)=\int_0^x \frac{\int \varepsilon(x)dx}{\sqrt{\frac{h}{4}^2-\left[\int \varepsilon(x)dx\right]^2}}dx \tag{7-20}$$

式(7-20)表示了悬臂梁杆件产生单一弯曲变形时的挠度曲线，根据这个挠度曲线可以描述悬臂梁杆件上某位置处的弯曲变形量。

在实际情况中，构件的受载情况比较复杂，受载以后产生的变形往往是多种基本变形叠加而成的组合变形。在立柱变形的测量方法中，我们主要考虑的就是立柱在 x、y 两个方向上的弯曲变形和 x 方向的拉伸变形所形成的组合变形。

根据小变形情况下力的独立作用原理，可以将构件的组合变形分解为几个基本变形，由对应测量的应变数据计算各基本变形量，然后将各种基本变形量组合叠加就可得到构件的变形。对于产生组合变形的悬臂梁模型，也就可以分别计算出构件的轴向伸长和横向弯曲，最后将变形叠加起来就可得到悬臂梁的组合变形。

当悬臂梁发生一个方向上的轴向伸长及竖直方向上的弯曲变形时，假设梁在弯曲时满足弯曲变形的平面假设，如图 7-16 所示。对于这样的悬臂梁，在其弯曲方向的上下表面的对称轴上粘贴光纤光栅应变传感器，以测量上下表面两轴线上的应变值。假设上下表面两轴线上各有 n 个测点，上表面测得应变值分别为 $\varepsilon_a(1)$、$\varepsilon_a(2)$、$\varepsilon_a(3)$、…、$\varepsilon_a(i)$、…、$\varepsilon_a(n)$，n 个测点所在轴线方向上对应的位置为 x_1、x_2、x_3、…、x_i、…、x_n，通过数据的线性拟合就可以得到上表面轴线方向上随着位置变化的应变函数 $\varepsilon_a(x)$，同理也可以根据测量数据拟合得到下表面轴线上随着位置变化的应变函数 $\varepsilon_b(x)$。

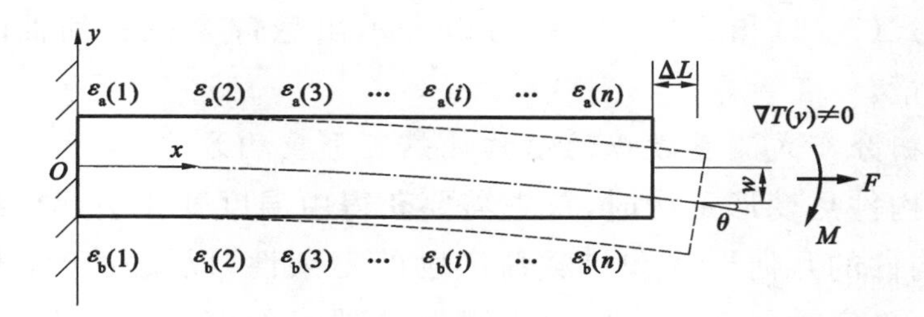

图 7-16 拉伸弯曲复合变形

对于悬臂梁上任意的 $\mathrm{d}x$ 微段，上下表面的应变值分别为 $\varepsilon_a(x)$ 和 $\varepsilon_b(x)$。这里的应变是由组合变形产生的，包括轴向伸长及竖向弯曲。但是，对于杆件来说，拉伸会使得这段杆件上下表面的应变同时增大，而弯曲则会使得这段杆件上下两个表面应变值的变化呈相反方向。假设拉伸变形使得 $\mathrm{d}x$ 微段上下表面的应变值各增加了 ε_1，而弯曲变形使得上下表面的应变值各变化了 ε_2 和 $-\varepsilon_2$，那么可得如下方程组：

$$\varepsilon_1 + \varepsilon_2 = \varepsilon_a \tag{7-21}$$

$$\varepsilon_1 - \varepsilon_2 = \varepsilon_b \tag{7-22}$$

解方程组可以算出伸长变形所对应产生的应变值为：

$$\varepsilon_1 = \frac{\varepsilon_a + \varepsilon_b}{2} \tag{7-23}$$

弯曲变形所对应产生的应变值为：

$$\varepsilon_2 = \frac{\varepsilon_a - \varepsilon_b}{2} \tag{7-24}$$

将式(7-23)代入到式(7-8)中，就可以算出 $\mathrm{d}x$ 微段上的伸长量为：

$$\Delta l(x) = \frac{\varepsilon_a + \varepsilon_b}{2}\mathrm{d}x \tag{7-25}$$

又根据已知的应变函数 $\varepsilon_a(x)$ 和 $\varepsilon_b(x)$，在 x 方向上对式(7-25)进行积分就可得到悬臂梁在 x 轴向上的伸长量为：

$$\Delta L(x) = \int_0^x \frac{\varepsilon_a(x) + \varepsilon_b(x)}{2}\mathrm{d}x \tag{7-26}$$

将式(7-24)代入到式(7-11)中，可得到此时各点曲率的表达式为：

$$\rho(x) = \frac{h}{\varepsilon_a(x) - \varepsilon_b(x)} \tag{7-27}$$

再将上式代入到式(7-20)中，可得此时的挠度表达式：

$$w(x) = \int_0^x \frac{\int[\varepsilon_a(x) - \varepsilon_b(x)]\mathrm{d}x}{\sqrt{h^2 - \left\{\int[\varepsilon_a(x) - \varepsilon_b(x)]\mathrm{d}x\right\}^2}}\mathrm{d}x \tag{7-28}$$

这样根据式(7-26)和式(7-28)就可以表示出悬臂梁在受到轴向拉伸和竖向弯曲时的变形量。

3. 基于光纤光栅分布式测量数据的结构件热变形重构方法

在进行结构件热变形重构时,首先需要获得由温度变化引起的结构件应变分布,考虑到结构件的几何形状和热载荷激励的复杂性,以及便于结构件热变形重构计算等问题,确定需要获取结构件上哪些位置点的应变值是关键。因此,在进行结构件热变形重构时,一般需先确定应变传感器的测量位置。

对于图 7-17 所示的结构件,为了求解结构件的拉伸与弯曲变形,首先在弯曲面内建立 xOw 坐标系。其中 x 轴与结构件的中性层重合,w 轴位于固定端,且垂直于 x 轴。在结构件的上、下表面(a 面与 b 面)的对应位置 $x_i(i=1,2,\cdots,n)$ 上安装若干光纤光栅应变传感器,分别记为$\{s_a(x_1),s_a(x_2),\cdots,s_a(x_i),\cdots,s_a(x_n)\}$与$\{s_b(x_1),s_b(x_2),\cdots,s_b(x_i),\cdots,s_b(x_n)\}$,其中$\{s_a(x_1),s_a(x_2),\cdots,s_a(x_i),\cdots,s_a(x_n)\}$代表 a 表面上安装的 n 个应变传感器,且沿 x 方向的位置分别是$\{x_1,x_2,\cdots,x_i,\cdots,x_n\}$;$\{s_b(x_1),s_b(x_2),\cdots,s_b(x_i),\cdots,s_b(x_n)\}$代表 b 表面上安装的 n 个应变传感器,且 x 方向的位置分别是$\{x_1,x_2,\cdots,x_i,\cdots,x_n\}$。

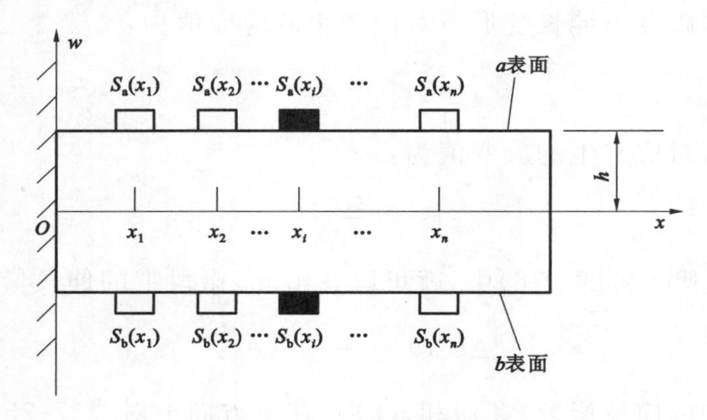

图 7-17 双层传感器布置图

设光纤光栅应变传感器测量各个测点的应变值(共 $2n$ 个)记为$\{\varepsilon_a(x_1),\varepsilon_a(x_2),\cdots,\varepsilon_a(x_i),\cdots,\varepsilon_a(x_n)\}$与$\{\varepsilon_b(x_1),\varepsilon_b(x_2),\cdots,\varepsilon_b(x_i),\cdots,\varepsilon_b(x_n)\}$,其中$\{\varepsilon_a(x_1),\varepsilon_a(x_2),\cdots,\varepsilon_a(x_i),\cdots,\varepsilon_a(x_n)\}$代表 a 表面 n 个测量点的应变值;$\{\varepsilon_b(x_1),\varepsilon_b(x_2),\cdots,\varepsilon_b(x_i),\cdots,\varepsilon_b(x_n)\}$代表 b 表面 n 个测量点的应变值。那么,基于这些热应变测量数值,按照前面给出的计算思路就可计算获得结构件的变形。

第一步,求解两对应表面应变分布函数,分别对待测物体两侧离散的应变测点数据$\{\varepsilon_a(x_1),\varepsilon_a(x_2),\cdots,\varepsilon_a(x_i),\cdots,\varepsilon_a(x_n)\}$与$\{\varepsilon_b(x_1),\varepsilon_b(x_2),\cdots,\varepsilon_b(x_i),\cdots,\varepsilon_b(x_n)\}$进行插值或拟合,获得两相对表面($a$、$b$ 两面)应变分布的连续函数 $\bar{\varepsilon}_a(x)$ 与 $\bar{\varepsilon}_b(x)$,其中所用插值的方法可以是多项式插值法、Newton 插值法、拉格朗日

插值法、Hermite 插值法、分段插值法、样条函数插值法等，拟合方法可以是最小二乘法、回归逼近法等。

第二步，提取拉伸、弯曲应变分量，利用第一步求得的两个表面应变函数 $\bar{\varepsilon}_a(x)$ 与 $\bar{\varepsilon}_b(x)$ 求解其差模分量 $\varepsilon_w(x)=\dfrac{\bar{\varepsilon}_a(x)-\bar{\varepsilon}_b(x)}{2}$ 和共模分量 $\varepsilon_l(x)=\dfrac{\bar{\varepsilon}_a(x)+\bar{\varepsilon}_b(x)}{2}$，并将差模分量作为弯曲应变分量，共模分量作为拉伸应变分量。

第三步，分别求解拉伸变形场和弯曲变形场，如图 7-18 所示，在拉伸与弯曲复合变形作用下，结构件的任意位置 x 处截面 a 运动到 a'，其拉伸位移记为 $\Delta L(x)$，弯曲位移 $w(x)$。其中拉伸位移 $\Delta L(x)$ 可以通过对拉伸应变分量直接求积分获得，$\Delta L(x)=\int_0^x \varepsilon_1(x)\mathrm{d}x$，其中 $\Delta L(x)$ 为结构件在 x 处的伸长变形量，$\varepsilon_1(x)$ 为拉伸应变分量；对于弯曲变形，先利用弯曲应变分量求曲率半径 $\rho(x)=\dfrac{h}{\varepsilon_w(x)}$，其中 h 为应变测点距结构件弯曲中性层的高度，$\rho(x)$ 为结构件在 x 处的弯曲曲率半径，然后根据函数各点曲率求得弯曲变形场函数。即

$$w(x)=\int_0^x \frac{\int_0^x \frac{1}{\rho(x)}\mathrm{d}x}{\sqrt{1-\left[\int_0^x \frac{1}{\rho(x)}\mathrm{d}x\right]^2}}\mathrm{d}x \tag{7-29}$$

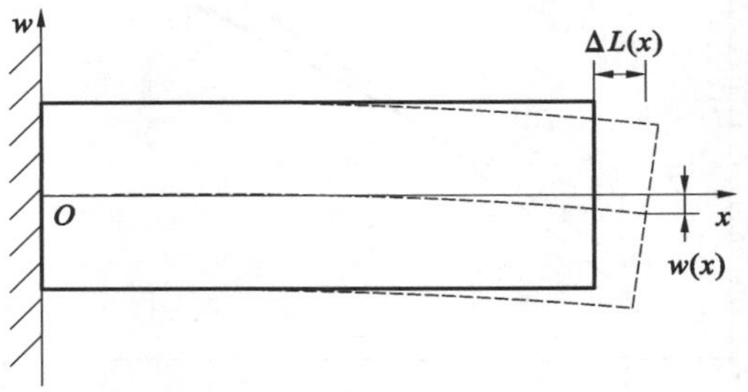

图 7-18　结构件的复合变形情况

第四步，求解复合变形场，将每一点的拉伸分量 $\Delta L(x_i)$ 与弯曲分量 $w(x_i)$ 组合，形成该点移动矢量 $\{\Delta L(x_i), w(x_i)\}$，用每点的移动矢量描述物体的复合变形场 $\{\Delta L(x), w(x)\}$，并绘制变形后的结构件复合变形图。

图 7-19 是一个基于光纤光栅分布式应变测量的结构件变形重构测试系统。该实验系统由悬臂梁、加载装置、光纤光栅传感器、CCD 激光位移传感器、光纤解调仪和计算机等组成。

实验中，待测件为铝件，尺寸为 20 mm×10 mm×200 mm。上表面粘贴两个波长分别为 1285 nm、1290 nm 的光栅，下表面对应位置粘贴两个波长分别为

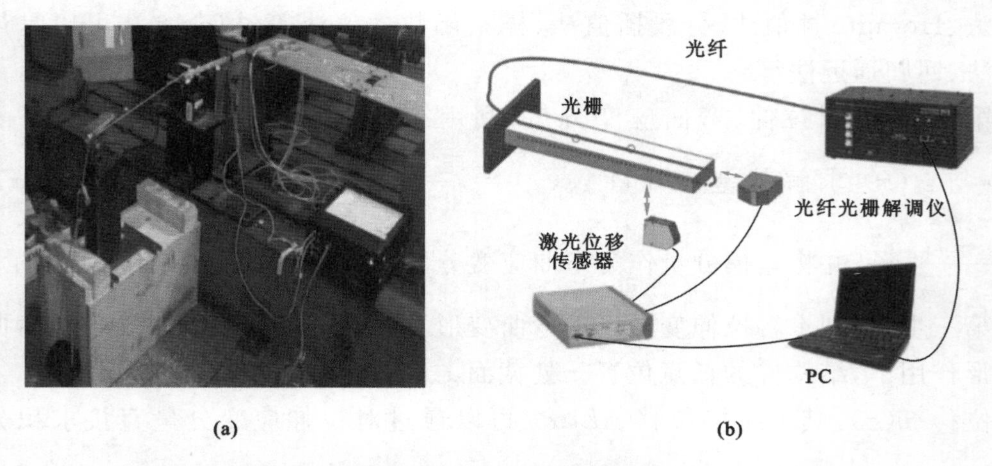

图 7-19　基于光纤光栅分布式应变数据的结构件变形重构测试系统

(a) 实景图；(b) 示意图

1302 nm、1314 nm 的光纤光栅，同时用激光位移传感器直接测量其变形。根据光纤光栅传感器测量数据计算获得的梁的变形情况如图 7-20 所示，可以看出由多点应变测量数据来重构结构件变形能较好地反映真实变形。

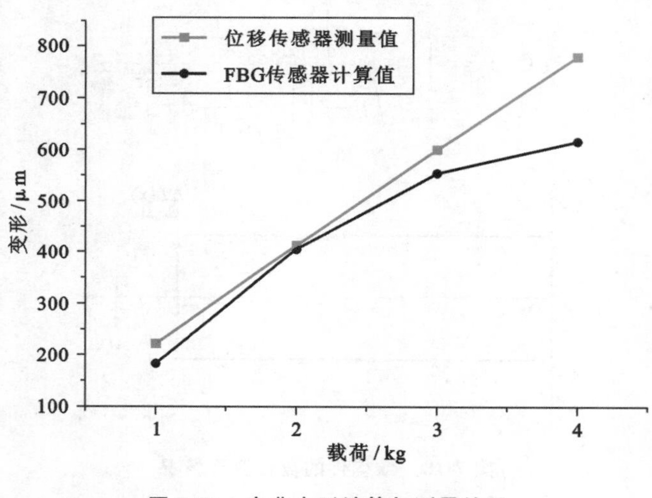

图 7-20　弯曲变形计算与测量结果

7.3　大型数控机床热变形误差的光纤光栅检测

7.3.1　大型数控机床热变形误差的基本问题

机床热误差的研究约有一个世纪的历史，然而一直以来对于数控机床热误差的研究以中、小型数控机床为多。一般地，大型数控机床运动部件体积大、质量大，工作中的切削量大、进给速度快，在工作过程中热、力误差具有较强的耦合效应，其热变形机理更为复杂，结构的优化设计难度更高。另外，大型数控机床精确热误差预测模型的建立也更困难，主要表现为所需的温度测点更多且更为分散，温度测点的优化更为复杂，由于受环境温度的影响更大，热误差预测模型的鲁棒性更难以控制等。

在近些年的大型数控机床热误差研究中，国外的 Mayr J 等人提出结合有限差分法和有限元法来研究大型数控机床的热行为，采用有限差分法计算大型数控机床各离散点处的瞬态温度分布，然后将其作为温度边界条件，采用有限元法计算大型数控机床的热变形[122-124]，Gomez-Acedo 等人采用一种安装了精度球的矩形测试框架测量大型龙门数控机床热变形。首先在大型龙门机床靠近主轴箱的多个位置安装了电阻温度传感器，进行主要热源的确定，然后对温度和变形同时进行测试，建立了大型龙门数控机床的温度场和 X、Z 两个方向的变形量之间的关系[125]。国内，沈阳机床厂的仇健等人使用 FLIR 热像仪测量主轴箱温度，采用五个激光位移传感器对大型龙门数控铣床的主轴热误差进行测量，研究发现主轴热误差和主轴箱温度存在单调对应关系，温度对主轴轴向的热伸长误差要远大于主轴径向的热漂移误差，但温度变化相对各坐标变形存在热延迟和热惯性等特性[126]。哈尔滨工业大学的崔岗卫等人研究了大型数控落地镗铣床的热误差分离与建模技术，减小了立柱在 X 和 W 方向的直线度误差[127-129]，该校的刘一磊等人则进一步研究了大型数控落地镗铣床在 Z 方向的热误差建模和补偿[130]，文献[131-133]也对该类大型数控机床开展了热态特性和误差补偿方面的研究。2014年华中科技大学的谭波等人针对 XK2650 大型数控机床开展了为期一年的温度和刀具热致空间误差监测，重点研究了季节性变化、昼夜温度变化等环境温度因素对大型数控机床热误差的影响，建立的考虑环境温度影响的热误差预测模型能预测 85％的热误差，具有较好的鲁棒性[134]。

与数控机床热误差有关的监测技术是进行数控机床热误差机理研究、机床系统结构合理优化设计及机床热误差预测模型建立的重要基础，主要包括机床温度场监测技术、机床变形场监测技术和刀具热致空间误差监测技术。当前在数控机床热误差研究中，对机床温度场监测数据的要求较高，并且缺乏对温度场监测方法和技术的深入研究。长期以来对机床温度场的测量主要采用传统的热电偶、热电阻等电类温度传感器，需要在机床上进行大量的布线，且大型数控机床体积庞大，热源分散，传统机床温度场监测方法的局限性将会更加明显。同时，传统的电类温度传感器受工作环境影响大，如温度、湿度、电磁干扰等均会导致传感器性能不稳定和可靠性差。现有的机床变形检测技术大多是基于位移检测仪器，只检测结构件某点或某几个点的位移，通过插值估计机床结构变形情况，无法完整描述大型数控机床大型结构件的变形，热变形监测技术也反向制约了热变形机理的研究。解决大型数控机床的热误差问题，需要从分析机床的热误差成因入手，借助现有理论与检测技术深入开展机床热变形机理研究，优化现有热误差模型。同时，需要突破现有的监测技术，为大型数控机床热误差的研究提供新的技术支持[135]。

按照前面介绍的结构件变形与应变的关系，基于光纤光栅直接测量的热应变可以重构出大型数控机床结构件的热变形，但是由于大型数控机床的金属结构件较为复杂，结合面多，难以通过坐标转换反映刀尖热误差。

7.3.2　大型数控机床热变形误差光纤光栅测量

1. 重型车铣复合加工中心热变形误差光纤光栅监测

以 CR5116 型数控柔性加工单元为对象，如图 7-21 所示，采用光纤光栅传感器测量机床表面温度场和环境温度的变化，同时采用 CCD 激光位移传感器测量机床主轴热误差。

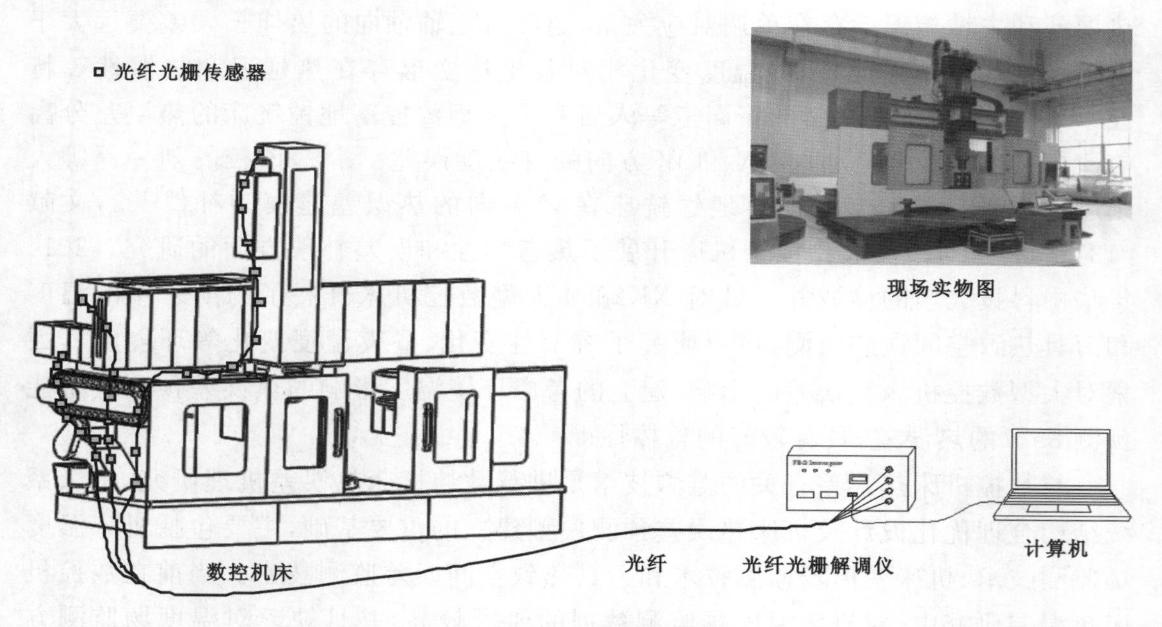

图 7-21　机床热误差光纤光栅测试

(1) 机床温度场测量

为了解决大型数控机床测温点的优化选择问题，提出热误差敏感稳定度优化选择法。依此，在机床表面上安装了 27 个测量温度的光纤光栅（见表 7-1），其安装位置如图 7-22所示，具体安装位置如图 7-23 所示。

表 7-1 光纤光栅的安装位置及数量

安装位置	安装个数
床身、立柱	13
电机、主轴箱、变速箱	10
环境温度	4
总计	27

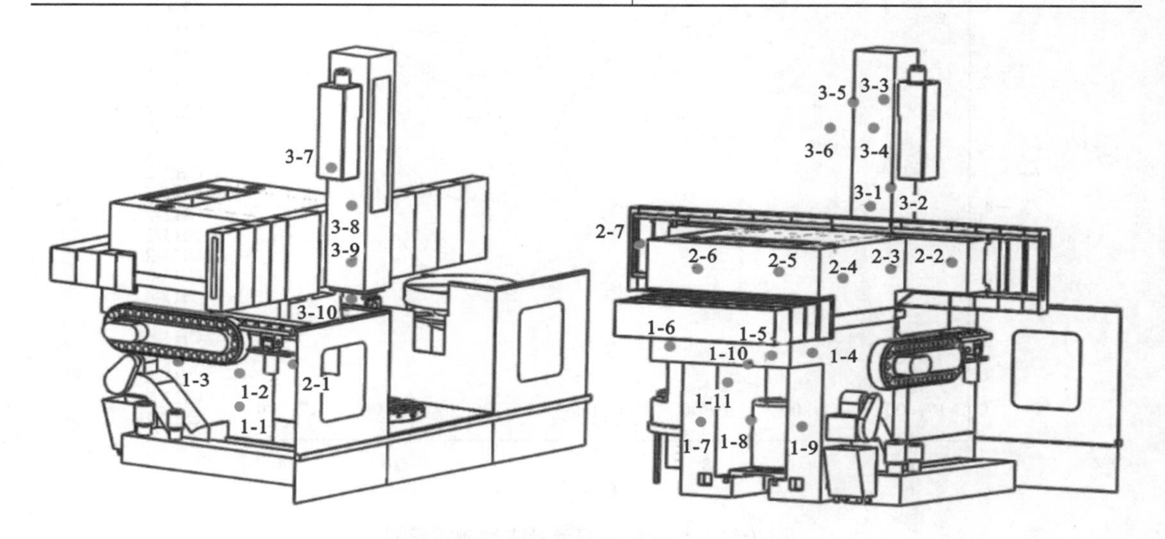

图 7-22 光纤光栅温度测点位置示意图

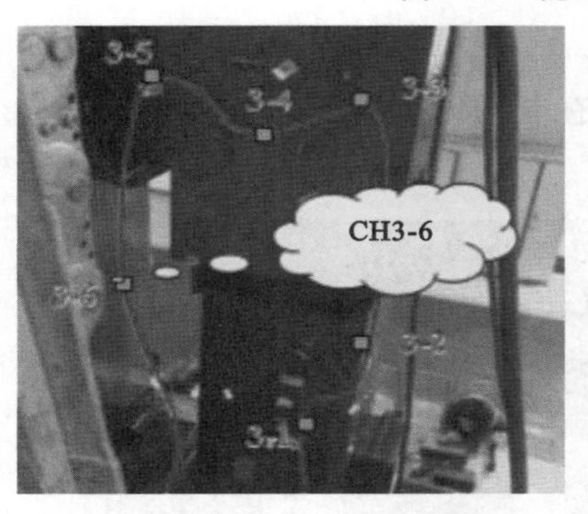

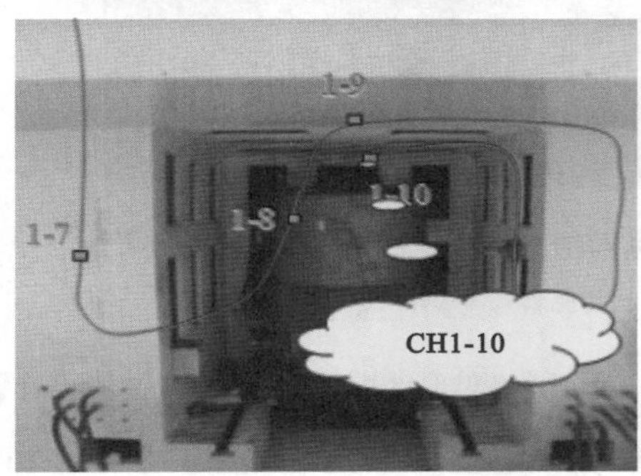

图 7-23 光纤光栅温度传感器安装位置

图 7-24 所示是由多个光纤光栅温度传感器测量获得的机床表面各测点温度及环境温度在 24 h 内的变化情况。

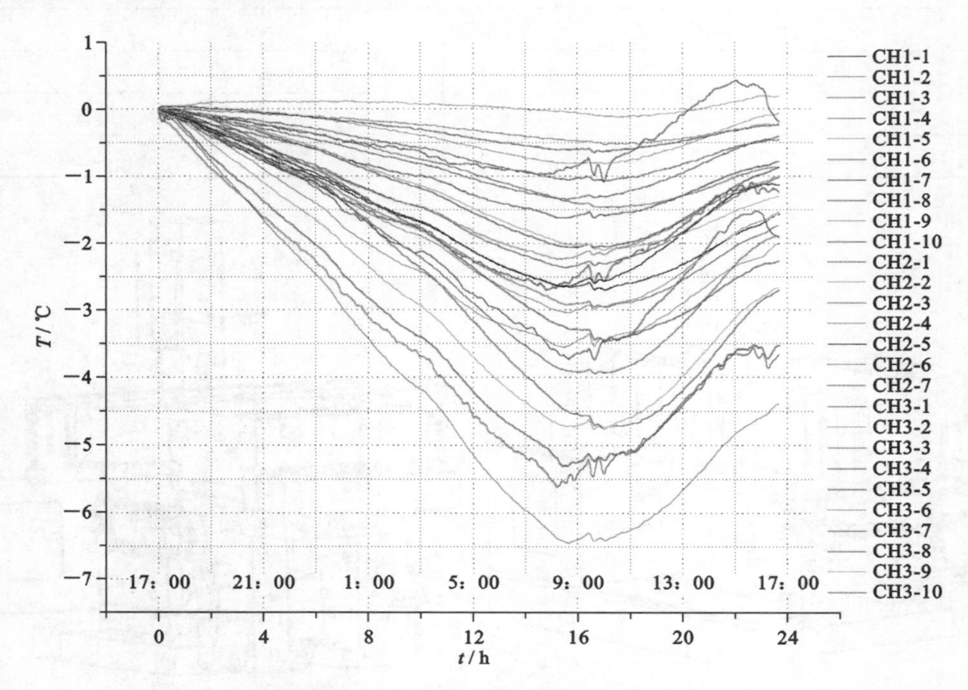

图 7-24　机床热误差光纤光栅测试结果

(2) 机床主轴热误差测量

采用 3 个 CCD 激光位移传感器测量安装在机床主轴上的芯棒在 x、y、z 三个方向的热漂移误差，如图 7-25 所示。

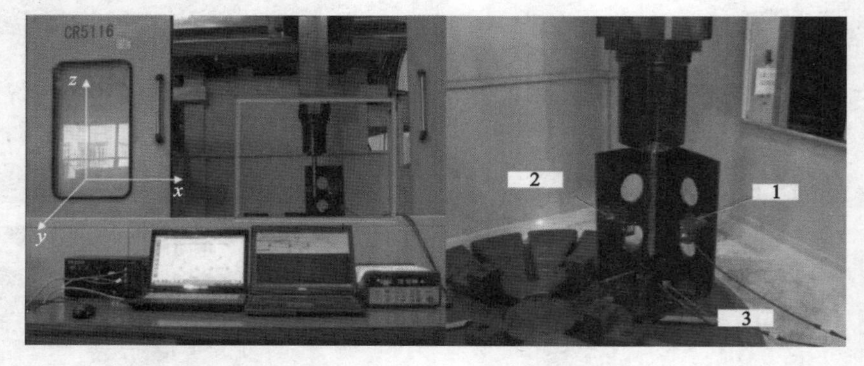

图 7-25　机床主轴热误差的测量实验装置

1—x 方向激光位移传感器；2—y 方向激光位移传感器；3—z 方向激光位移传感器

连续 24 h 内测得的机床主轴热误差随时间的变化情况如图 7-26 所示，可以看出 y 和 z 方向上的热漂移误差受温度的影响比较大，最大误差达到 20 μm，x 方向的热误差变化较小。

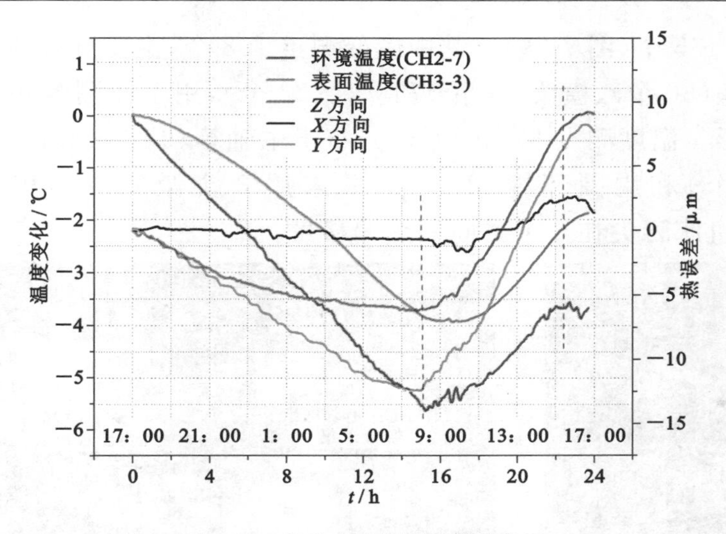

图 7-26　机床主轴热误差测试结果

以光纤光栅热误差测量数据为输入，机床主轴热误差测量数据为输出，通过BP神经网络建立热误差模型能够比较准确地预测热误差。图7-27所示为热误差学习和预测效果图，0～1300 min是学习的结果，后面1300～4200 min部分是预测的结果。

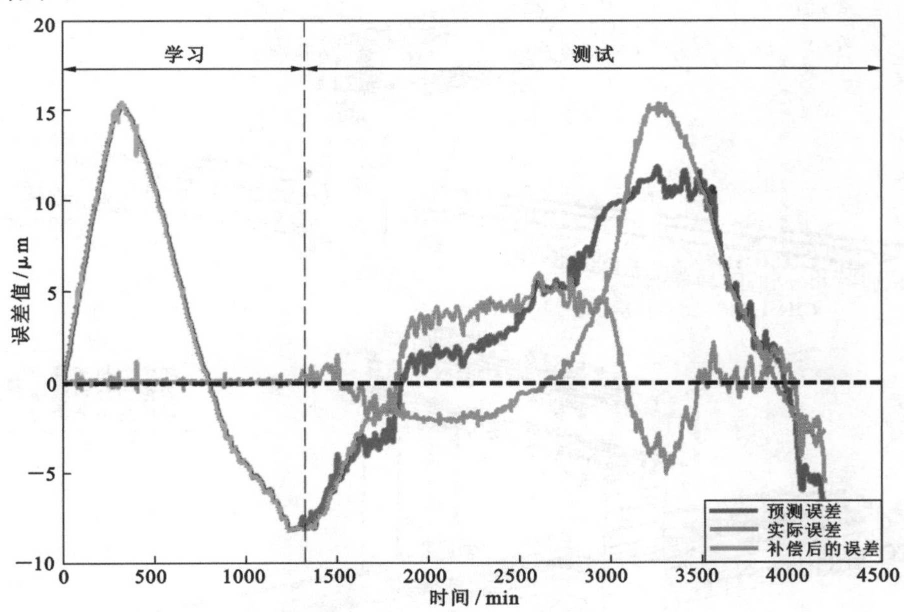

图 7-27　数控机床热误差预测与补偿

2. 重型固定式龙门数控铣床热变形误差光纤光栅监测

图7-28所示是一台典型的重型固定式龙门数控铣床，该重型机床各进给轴行程为 x 轴6200 mm、y 轴3500 mm、z 轴950 mm。在整个机床床身上共布置光

纤光栅传感器135个(图7-29)。其中应变测点108个,主要分布在机床的大型结构件上,即底座(60个)、横梁(26个)和立柱(22个),用于监测这些大型结构件的力、热复合变形。温度测点27个,主要分布于主轴箱(9个)、底座(9个)、横梁(5个)、立柱(2个)和周围环境(2个)。并采用3个激光位移传感器(基恩士LKH80)测量机床刀尖在3个方向的热偏移量。

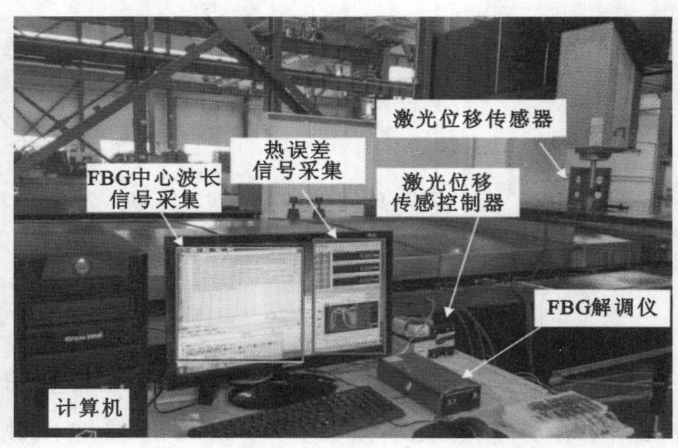

图7-28　重型固定式龙门数控铣床热误差监测实验系统

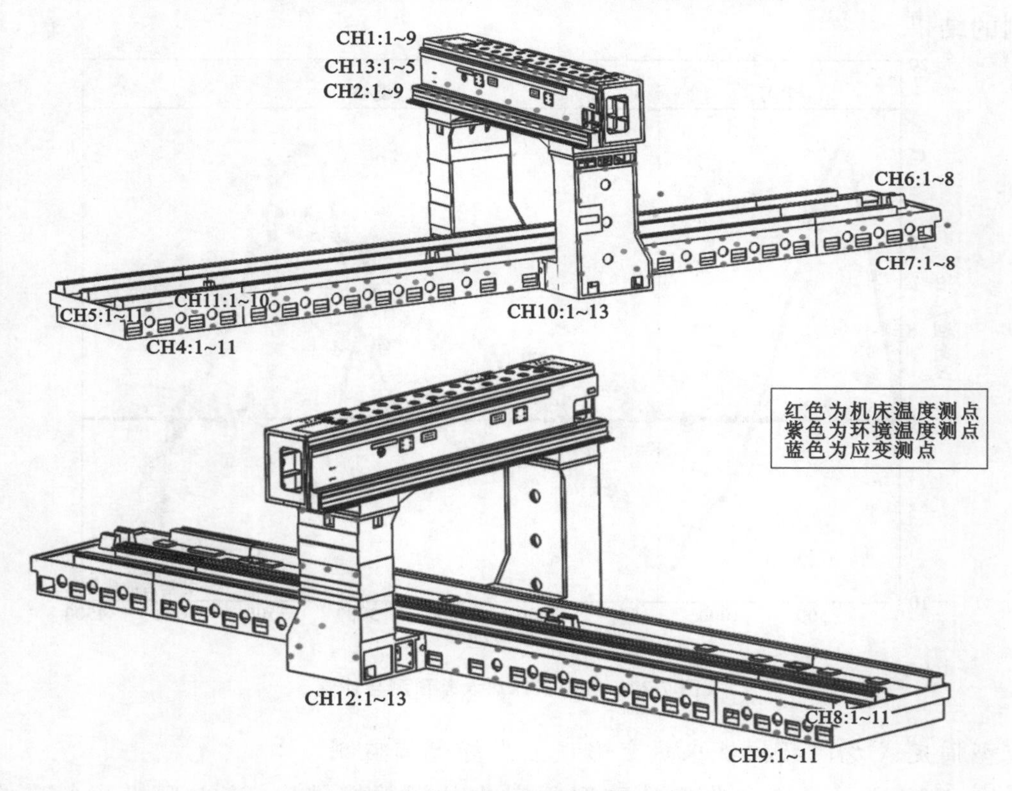

图7-29　数控机床光纤光栅测点分布图

主轴是重型数控机床最为关键的部件，也是重型数控机床热误差研究的核心部件。主轴机械结构复杂，其中前支撑轴承的摩擦生热是机床热误差产生的主要热源。图 7-30 所示为机床主轴上的光纤光栅温度测点分布图，其中 CH3-1 在主轴前支撑轴承处，CH3-2、CH3-3 和 CH3-4 分布在主轴滑枕表面，CH3-5 分布在主轴后支撑轴承处，CH3-6、CH3-7 分布在减速箱表面，CH3-8、CH3-9 分布在主轴电机表面。根据 ISO 230-3 标准，采用 BT50 测试芯棒和激光位移传感器测量刀尖热漂移，如图 7-31 所示。

图 7-30 主轴温度测点分布

图 7-31 测试芯棒安装调节

主轴以 4500 r/min 的转速旋转近 4 h，主轴箱各部分的温升及由此带来的测试芯棒 3 个方向的热漂移量如图 7-32 所示。主轴电机和减速箱温升较高，在前两个小时快速上升，两小时后逐渐达到热平衡状态，而主轴前后支撑轴承及滑枕的温度在 4 h 的测试时间内持续上升。由图 7-32(b)可以看出，随着主轴旋转带来的温升，测试芯棒在 Y 方向的偏移量最小，经过半个小时的温升后，偏移量就稳定在7 μm左右，这主要是因为该重型机床在 Y 方向上结构对称。而 X 方向和 Z 方向的热误差持续上升，4 h 的时间已上升到接近 50 μm。

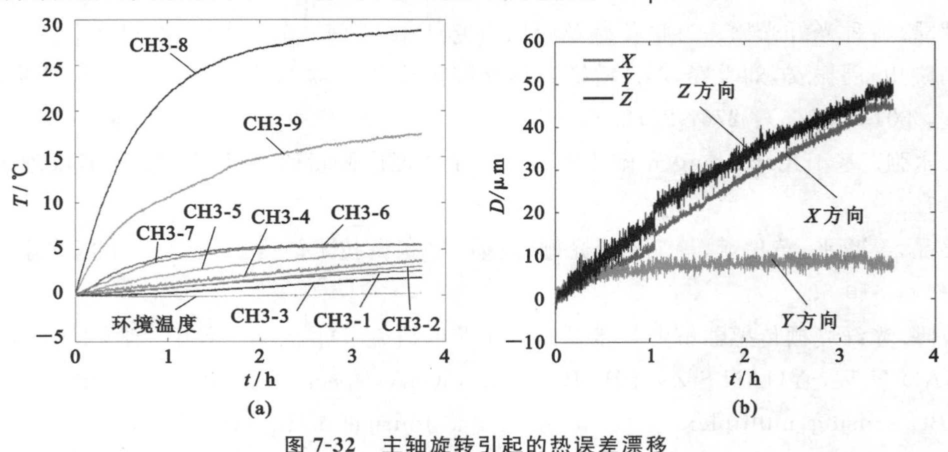

图 7-32 主轴旋转引起的热误差漂移

(a) 主轴温升图；(b) 刀尖热漂移图

参考文献

[1] 赵勇. 光纤光栅及其传感技术[M]. 北京:国防工业出版社，2007.

[2] HILL K O, FUJII Y, JOHNSON D C, et al. Photo sensitivity in optical fiber waveguildes: Application to reflection filter fabrication[J]. Applied Physics Letters, 1978, 32(10): 647-649.

[3] MELTZ G, MOREY W W, DORAN N J. Formation of Bragg gratings in optical fibers by a transverse holographic method[J]. Optical Letters, 1989, 14(15): 823-825.

[4] HILL K O, MALO B, BILODEAU F, et al. Bragg gratings fabricated in monomode photosensitive optical fiber by UV exposure through a phase mask[J]. Applied Physics Letters, 1993, 62(10): 1035-1037.

[5] 张伟刚，涂勤昌，孙磊. 光纤光栅传感器的理论、设计及应用的最新进展[J]. 物理学进展，2004,24(4): 398-421.

[6] 梁磊. 光纤光栅智能材料与结构理论和应用研究[D]. 武汉：武汉理工大学，2005.

[7] 张自嘉. 光纤光栅理论基础与传感技术[M]. 北京：科学出版社，2009.

[8] 孙丽. 光纤光栅传感应用问题解析[M]. 北京：科学出版社，2012.

[9] FRIBELE P. Fiber Bragg grating strain sensors: Present and future applications in smart structures[J]. Optics and Photonics News, 1998, 9(8): 33-37.

[10] 吴飞. 基于光纤光栅的多力参数测量及信号分析技术的研究[D]. 秦皇岛：燕山大学，2007.

[11] 赵静. 光纤光栅温度特性研究[D]. 秦皇岛：燕山大学，2010.

[12] 苏福根. 光纤布拉格光栅在传感中的应用研究[D]. 北京：北京邮电大学，2013.

[13] 陈达. 保偏和微结构光纤光栅及其传感应用[D]. 大连：大连理工大学，2008.

[14] 罗君. 特种光纤光栅多参量传感及应用研究[D]. 上海：东华大学，2011.

[15] 马晓川，周振安，刘爱春，等. 增敏光纤光栅温度传感器的性能研究[J]. 地球物理学进展，2013，28(5): 2767-2772.

[16] 彭永强. 基于光纤 Bragg 光栅传感的机床主轴温度测量研究[D]. 武汉：武汉理工大学，2012.

[17] 吴晶，吴晗平，黄俊斌，等. 光纤光栅传感信号解调技术研究进展[J]. 中国光学，2014，7(4): 519-531.

[18] 曹晔. 光纤光栅传感器解调技术及封装工艺的研究[D]. 天津：南开大学，2005.

[19] GAO H W, YUAN S Z, LIU B, et al. InGaAs spectrometer and F-P filter combined FBG sensing multiplexing technique [J]. Journal of Lightwave Technology, 2008, 26(14): 2282-2285.

[20] 李丽,林玉池,王为. 光纤光栅非平衡 M-Z 干涉解调技术研究[J]. 压电与声光, 2008, 30(1): 16-18.

[21] 王向宇,乔学光,李明,等. 光纤光栅传感的解调方法[J]. 光通信技术, 2006, 2: 18-20.

[22] 罗建花. 工程化光纤光栅传感器及其网络解调系统研究[D]. 天津: 南开大学,2005.

[23] 任国荣. 光纤光栅的调谐技术及在相控阵雷达中的应用研究[D]. 成都: 电子科技大学,2007.

[24] GUAN B O, YAN H Y, TAO X M,et al. Simultaneous strain and temperature measurement using a single fiber Bragg grating[J]. Electronics Letters, 2000, 26(12): 1018-1019.

[25] 乔学光,陈懿,贾振安. 基于双光纤光栅温度压力同时区分测量的研究[J]. 光电子·激光,2010,21(1): 12-14.

[26] 董新永,关柏鸥,张颖,等. 单个光纤光栅实现对位移和温度的同时测量[J]. 中国激光, 2001,28(7): 587-590.

[27] LI T L, TAN Y G, ZHOU Z D, et al. A noncontact FBG vibration sensor with the double differential temperature compensation [J]. Optical Review,2016,23: 26-32.

[28] RAO Y J, RIBEIOR A B L, JACKSON D A, et al. Simultaneous spatial, time and wavelength division multiplexed in-fiber grating sensing network[J]. Optics Communications, 1996, 125: 53-58.

[29] 李晓磊. 光纤传感复用扩容与组网研究[D]. 武汉: 华中科技大学,2013.

[30] 何玉苗. 光纤光栅应变传递机制及其影响因素[D]. 武汉: 武汉理工大学,2014.

[31] 周广东, 李宏男, 任亮. 光纤光栅传感器应变传递影响参数研究[J]. 工程力学, 2007, 24(6): 169-173.

[32] 任亮, 李宏男, 胡志强,等. 一种增敏型光纤光栅应变传感器的开发及应用[J]. 光电子·激光, 2008, 19(11): 1437-1441.

[33] HUANG J, ZHOU Z D, LIU M Y, et al. Real-time measurement of temperature field in heavy-duty machine tools using fiber Bragg grating sensors and analysis of thermal shift[J]. Mechatronics, 2015,31(10): 16-21.

[34] 关柏鸥,刘志国,开桂云,等. 光纤光栅温度传感器[J]. 传感技术学报,1999(2): 89-93.

[35] 雷飞鹏,宁提纲,周倩,等. 基于光纤的温度传感器[J]. 光电技术应用,2010,25(5): 39-42.

[36] 李天梁. 旋转机械的非接触式 FBG 振动传感器及测试系统的研究[D]. 武汉: 武汉理工大学,2014.

[37] LI T L, TAN Y G, WEI L, et al. A non-contact fiber Bragg grating vibration sensor [J]. Review of Scientific Instruments, 2014, 85(1), 015002.

[38] LI T L, TAN Y G, ZHOU Z D, et al. A non-contact FBG vibration sensor with the double differential temperature compensation [J]. Optical Review, 2015, 23(1): 26-32.

[39] 李天梁. 机械振动的光纤光栅传感原理与关键技术的研究[D]. 武汉：武汉理工大学,2016.

[40] LI T L, TAN Y G, ZHOU Z D, et al. Pasted type distributed two-dimensional fiber Bragg grating vibration sensor [J]. Review of Scientific Instruments, 2015, 86(7), 075009.

[41] LI T L, TAN Y G, LIU Y, et al. A fiber Bragg grating sensing based triaxial vibration sensor [J]. Sensors, 2015, 15(9), 24214-24229.

[42] 芦吉云. 光纤智能夹层自诊断系统研究[D]. 南京：南京航空航天大学,2006.

[43] 黄俊. 光纤光栅压力传感器的研制与应用[D]. 武汉：武汉理工大学,2013.

[44] 赵哲. 光纤布拉格光栅液位传感器的实验研究[D]. 北京：北京化工大学,2008.

[45] 王为. 光纤光栅在船舶结构健康监测中的关键技术研究[D]. 天津：天津大学,2010.

[46] 胡晓东,刘文晖,胡小唐. 分布式光纤传感技术的特点与研究现状[J]. 航空精密制造技术,1999,35(1)：28-30.

[47] 程黎明. 分布式光纤传感技术及其应用[J]. 光纤光缆传输技术,2001(4)：28-31.

[48] 王亚萍,胡辽林,张卫. 超分布式光纤光栅传感系统中微弱信号检测研究[J]. 西安理工大学学报,2013,29(4)：428-433.

[49] 彭蓓,孟丽君. 分布式光纤光栅传感的研究与发展[J]. 软件导刊,2012,11(6)：6-8.

[50] 吴朝霞,吴飞. 光纤光栅传感原理及应用[M]. 北京：国防工业出版社：2011.

[51] 谢毅. 转机械光纤信号无接触传输方法及特性的研究[D]. 武汉：武汉理工大学,2015.

[52] 吴国锋,张丽华. 四通道多模光纤旋转连接器的相关问题及措施[J]. 光通信技术,1998,22(3)：216-217.

[53] 米磊,姚胜利,孙传东,等. 光纤旋转连接器的发展及其军事应用[J]. 红外与激光工程,2011,40(6)：1139-1142.

[54] 程霁竑. 光纤旋转连接器理论研究[C]//航空学会 2007 年学术交流论文集. 2007.

[55] 贾大功,张以谟,井文才,等. 自聚焦透镜的装配误差对接收器系统耦合效率的影响[J]. 光电子激光,2004,15(6)：753-755.

[56] 袁磊. 基于高速旋转机械检测光纤信号非接触传输装置的研制[J]. 机械制造,2011,49(56)：68.

[57] 赵振. 多通道光纤旋转连接器的设计与研究[D]. 天津：天津大学,2011.

[58] 王祁. 传感器信息处理及应用[M]. 北京：科学出版社,2012.

[59] HALL D L, LLINAS J. 多传感器数据融合手册[M]. 杨露菁,耿伯英,译. 北京：电子工业出版社,2008.

[60] KLEIN L A. 多传感器数据融合理论及应用[M]. 戴亚平,刘征,郁光辉,译. 2 版. 北京：北京理工大学出版社,2004.

[61] 简小刚,贾鸿盛,石来德. 多传感器信息融合技术的研究进展[J]. 中国工程机械学报,2009,7(2)：227-232.

[62] 施立涛. 多传感器信息融合中的时间配准技术研究[D]. 长沙：国防科技大学,2010.

[63] 折晓宇. 多源信息协同处理与融合方法[D]. 西安：西安电子科技大学,2013.

[64] 王伟. 多传感器时空配准技术研究[D]. 上海：华东计算技术研究所,2014.

[65] 王兵,王建华,张冰. 基于无味卡尔曼滤波的多平台多传感器配准算法[J]. 弹箭与制导学报. 2008,28(2)：245-248.

[66] 唐向宁,李齐良.时频分析与小波变换[M].北京：科学出版社,2008.

[67] 余磊. Hilbert-Huang 变换及其在故障检测中的应用[D]. 武汉：武汉理工大学,2009.

[68] 吴睿. 基于 LabVIEW 和 HHT 的机械设备状态监测研究[D]. 昆明：昆明理工大学,2012.

[69] 任达千,杨世锡,吴昭同,等. 基于 LMD 的信号瞬时频率求取方法及实验[J]. 浙江大学学报(工学版),2009,43(3)：523-528.

[70] 张亢. 局部均值分解方法及其在旋转机械故障诊断中的应用研究[D]. 长沙：湖南大学,2012.

[71] 张辛林. 基于 LMD 旋转机械故障诊断方法的研究及特征提取分析[D]. 赣州：江西理工大学,2013.

[72] 魏莉. 基于光纤光栅传感的旋转机械扭振测量方法与实验研究[D]. 武汉：武汉理工大学,2015.

[73] 田雪琴. 基于 LEACH 协议的远程机械故障诊断研究[D]. 太原：太原科技大学,2013.

[74] 沃高金. 基于实时可视化数据挖掘的高并发性能监测系统设计与实现[D]. 上海：复旦大学,2010.

[75] 张猛. 风电机组状态监测及其可视化[D]. 北京：华北电力大学,2012.

[76] FLEMING G A, SOTO H L, SOUTH B W, et al. Advances in projection moire interferometry development for large wind tunnel applications[C]. SAE 1999 World Aviation Congress and Exposition, San Francisco, CA, 1999.

[77] BURNER A W, LIU T. Videogrammetric model deformation measurement technique [J]. Journal of Aircraft, 2001,38(4)：745-754.

[78] LE S Y, MIGNOSI A, DELGLISE B, et al. Model deformation measurement (MDM) at Onera[C]. 25th AIAA Applied Aerodynamics Conference, 2007.

[79] BOLLE R M, VEMURI B C. On three-dimensional surface reconstruction method[J]. IEEE Transactions on Pattern Analysis and Machine Intelligence, 1991, 13(1)：1-13.

[80] WEISS V, ANDOR L, RENNER G, et al. Advanced surface fitting techniques[J]. Computer Aided Geometric Design, 2002, 19(1)：19-42.

[81] 郭蒙.基于应变测量的柔性卫星天线阵列变形检测技术研究[D].长沙：国防科学技术大学, 2012.

[82] 从爽. 面向 MATLAB 工具箱的神经网络理论与应用[M]. 合肥：中国科学技术大学出版社, 2009.

[83] 张波. 基于遗传 BP 神经网络的数据挖掘系统及其应用[D]. 哈尔滨：哈尔滨理工大学, 2005.

[84] 孙延奎,朱心雄. 准均匀B样条曲面小波分解的快速算法[J]. 清华大学学报(自然科学版), 2001, 41(4): 209-213.

[85] CHAUHAN V, ARORA M, CHAUHAN R. Comparison of delaunay algorithm and crust algorithm for the optimization of surface reconstruction system[J]. Advances in Applied Science Research, 2011, 2 (6): 483-487.

[86] 李志,高健,吴海东. 面向扭曲叶片修复的曲面重构技术研究[J]. 机械设计与制造, 2012(10): 147-149.

[87] 莫堃. 基于隐式函数的曲面重构方法及其应用[D]. 武汉:华中科技大学,2010.

[88] 易金聪. 基于FBG传感阵列的智能结构形态感知与主动监测研究[D]. 上海:上海大学,2014.

[89] 刘含波,王昕,强文义. RBF隐式曲面的离散数据快速重建[J]. 光学精密工程. 2008, 16(2): 338-344.

[90] HOPPE H, DEROSE T, DUCHAMP T, et al. Surface reconstruction from unorganized points[J]. Computer Graphics, 1992, 26 (2): 71-78.

[91] 王国彪,何正嘉,陈雪峰,等. 机械故障诊断基础研究"何去何从"[J]. 机械工程学报, 2013(49): 63-72.

[92] SMITH R. Upfront: words on wind by Romax[J]. Windpower Monthly, 2005.

[93] DAVID J A K, BLUNTA M. Detection of a fatigue crack in a UH-60A planet gear carrier using vibration analysis vibration analysis[J]. Mechanical Systems and Signal Processing, 2006(20): 2095-2111.

[94] LEWICKI D G, EHINGER R T, FETTY J. Planetary gearbox fault detection using vibration separation techniques[R]. NANA technical report, NASA/TM—2011-217127, 2001.

[95] 雷亚国, 何正嘉, 林京,等. 行星齿轮箱故障诊断技术的研究进展[J]. 机械工程学报, 2011,47(19): 59-67.

[96] HONG L. Condition monitoring of heavy-duty planetary gearbox[D]. Singapore: Nanyang Technological University, 2014.

[97] 雷亚国,何正嘉. 混合智能故障诊断与预示技术的应用进展[J]. 振动与冲击, 2011, 30(9): 129-135.

[98] 蒋熙馨. 旋转叶片动应变FBG分布式检测及振动研究[D]. 武汉:武汉理工大学,2013.

[99] TAN Y G, MENG L J, ZHANG D S. Strain sensing characteristic of ultrasonic excitation-fiber Bragg gratings damage detection technique[J]. Measurement, 2013(46): 294-304.

[100] LI R Y, TAN Y G, HONG L, et al. A Temperature-independent force transducer using one optical fiber with multiple Bragg gratings[J]. IEICE Electronics Express, 2016,13(10):198.

[101] LI T L, TAN Y G, ZHOU Z D, et al. Turbine rotor dynamic balance vibration

measurement based on the non-contact optical fiber grating sensing[J]. IEICE Electronics Express, 2015,12(12):380.

[102] 喻劲森. 基于FBG的汽轮机旋转叶片动应变检测和损伤识别[D]. 武汉：武汉理工大学，2015.

[103] 李天梁. 机械振动的光纤光栅传感原理与关键技术的研究[D]. 武汉：武汉理工大学，2016.

[104] HONG L, DHUPIA J S, SHENG S W. An explanation of frequency features enabling detection of faults in equally-spaced planetary gearbox[J]. Mechanism and Machine Theory, 2014,73(2): 169-183.

[105] HONG L, DHUPIA J S. A time domain approach to diagnose gearbox faults based on measured vibration signals[J]. Journal of Sound and Vibration, 2014,333(7): 2164-2180.

[106] HONG L, QU Y Z, DHUPIA J S, et al. A novel vibration-based fault diagnostic algorithm for gearboxes under speed fluctuations without rotational speed measurement[J]. Mechanical Systems and Signal Processing, 2017,94: 14-32.

[107] LI R Y, TAN Y G, JIANG X X, et al. Measurement of gear tooth root bending stress based on fiber Bragg grating sensor[C]. International Conference on Innovative Design and Manufacturing, 2017.

[108] 王洪刚. 热弹性力学概论[M]. 北京：清华大学出版社，1989.

[109] 胡鹏浩. 非均匀温度场中机械零部件热变形的理论及应用研究[D]. 合肥：合肥工业大学，2001.

[110] BRYAN J B. International status of thermal error research [J]. Annals of CIRP, 1990, 39(2): 645-656.

[111] 靳利波. 磁致伸缩位移传感器在汽车减震器中的应用研究[D]. 郑州：郑州大学，2013.

[112] 杨振华. 双目视频模型变形测量系统设计及实现[D]. 武汉：华中科技大学，2011.

[113] 于妍妍，卢荣胜. 数字散斑干涉法测量金属热变形[J]. 光学仪器，2009,31(3): 18-22.

[114] 刘洪霞，赵洪涛. 利用双频激光干涉仪配合修理、校准绘图机[C]//航空试验测试技术学术交流会论文集，2010.

[115] 余治民. 数控机床精度链设计方法研究[D]. 长沙：湖南大学，2014.

[116] 周祖德，谭跃刚. 机械系统的光纤光栅分布动态监测与损伤识别[M]. 北京：科学出版社，2013.

[117] 易金聪. 基于FBG传感阵列的智能结构形态感知与主动监测研究[D]. 上海：上海大学，2014.

[118] 范金梅，许黎明，赵晓明，等. 机床热误差补偿中温度传感器布置策略的研究[J]. 仪器仪表学报，2005,26(8): 83-84.

[119] 钱华芳. 数控机床温度传感器优化布置及新型测温系统的研究[D]. 杭州：浙江大学，2006.

[120] 傅建中，姚鑫骅，贺勇，等. 数控机床热误差补偿技术的发展状况[J]. 航空制造技术，2010(4)：64-66.

[121] 陈明. 基于光纤光栅传感的机床结构件变形场测量方法与实验研究[D]. 武汉：武汉理工大学，2014.

[122] MAYR J，WEIKERT S，WEGENER K. Comparing the thermo-mechanical-behaviour of machine tool frame designs using a FDM-FEM simulation approach[C]//Proceedings of ASPE Annual Meeting，2007：17-20.

[123] MAYR J，ESS M，WEIKERT S，et al. Calculating thermal location and component errors on machine tools[C]//Proceedings of ASPE Annual Meeting，2009.

[124] 白炎光，数控磨床热误差分布及其补偿方法研究[D]. 沈阳：东北大学，2008.

[125] GOMEZ-ACEDO E，OLARRA A，CALLE L N L D L. A method for thermal characterization and modeling of large gantry-type machine tools [J]. Advance Manufacture Technology，2012，62(9-12)：875-886.

[126] 杨建国. 数控机床误差综合补偿技术及应用[D]. 上海：上海交通大学，1998.

[127] 祁鹏. 数控滚齿机热误差建模及补偿技术研究[D]. 重庆：重庆大学，2011.

[128] 崔岗卫，高栋，姚英学. 重型数控机床热误差的分离与建模[J]. 哈尔滨工业大学学报，2012，44(9)：51-56.

[129] 孙磊. 数控机床主轴热误差动态检测与分离研究[D]. 杭州：浙江大学，2013.

[130] LIU Y，LU Y，GAO D，et al. Thermally induced volumetric error modeling based on thermal drift and its compensation in Z-axis [J]. The International Journal of Advanced Manufacturing Technology，2013，69(9-12)：2735-2745.

[131] 黎新齐. 铣削加工中心主轴组件热特性的研究[D]. 兰州：兰州理工大学，2008.

[132] 韩江，昂金凤，夏链，等. 基于ANSYS的TK6920数控铣镗床滑枕系统热特性分析[J]. 组合机床与自动化加工技术，2012(9)：13-15.

[133] WU F H，QIAO L J，XU Y L. Deformation compensation of ram components of super-heavy-duty CNC floor type boring and milling machine[J]. Chinese Journal of Aeronautics，2012，25(2)：269-275.

[134] TAN B，MAD X，LIU H，et al. A thermal error model for large machine tools that considers environmental thermal hysteresis effects [J]. International Journal of Machine Tools and Manufacture，2014，82-83：11-20.

[135] 陈诚. θFXZ型坐标测量机结构分析与驱动系统热误差模型的研究[D]. 天津：天津大学，2010.